Susanne Liedtke und Jürgen Popp

Laser, Licht und Leben

Erlebnis Wissenschaft bei WILEY-VCH

Audretsch, Jürgen (ed.)
Verschränkte Welt
Faszination der Quanten
2002, ISBN 3-527-40318-3

Bartels, Cornelia / Göllner, Heike / Koolman, Jan / Maser, Edmund / Röhm, Klaus-Heinrich
Tabletten, Tropfen und Tinkturen
2005, ISBN 3-527-30263-8

Emsley, John
Parfum, Portwein, PVC ...
Chemie im Alltag
2003, ISBN 3-527-30789-3

Emsley, John
Fritten, Fett und Faltencreme
Noch mehr Chemie im Alltag
2004, ISBN 3-527-31147-5

Emsley, John
Mörderische Elemente
Prominente Todesfälle
2006, ISBN 3-527-31500-4

Froböse, Gabriele / Froböse, Rolf
Lust und Liebe – alles nur Chemie?
2004, ISBN 3-527-30823-7

Froböse, Rolf / Jopp, Klaus
Fußball, Fashion, Flachbildschirme
Die neueste Kunststoffgeneration
2006, ISBN 3-527-31411-3

Froböse, Rolf
Mein Auto repariert sich selbst
Und andere Technologien von übermorgen
2004, ISBN 3-527-31168-8

Genz, Henning
Nichts als das Nichts
Die Physik des Vakuums
2004, ISBN 3-527-40319-1

Koolman, Jan / Moeller, Hans / Röhm, Klaus-Heinrich (eds.)
Kaffee, Käse, Karies ...
Biochemie im Alltag
1998, ISBN 3-527-29530-5

Liedtke, Susanne / Popp, Jürgen
Laser, Licht und Leben
Techniken in der Medizin
2006, ISBN 3-527-40636-0

Morsch, Oliver
Licht und Materie
Eine physikalische Beziehungsgeschichte
2003, ISBN 3-527-30627-7

Morsch, Oliver
Sandburgen, Staus und Seifenblasen
2005, ISBN 3-527-31093-2

Reitz, Manfred
Auf der Fährte der Zeit
Mit naturwissenschaftlichen Methoden vergangene Rätsel entschlüsseln
2003, ISBN 3-527-30711-7

Renneberg, Reinhard / Reich, Jens
Liebling, Du hast die Katze geklont!
Biotechnologie im Alltag
2004, ISBN 3-527-31075-4

Schwedt, Georg
Was ist wirklich drin?
Produkte aus dem Supermarkt
2006, ISBN 3-527-31437-7

Unger, Ekkehard
Auweia Chemie!
2004, ISBN 3-527-31238-2

Vowinkel, Bernd
Maschinen mit Bewusstsein – Wohin führt künstliche Intelligenz?
2006, ISBN 3-527-40630-1

Voss – de Haan, Patrick
Physik auf der Spur
Kriminaltechnik heute
2005, ISBN 3-527-40516-X

Zankl, Heinrich
Nobelpreise
Brisante Affairen, umstrittene Entscheidungen
2005, ISBN 3-527-31182-3

Susanne Liedtke und Jürgen Popp

Laser, Licht und Leben

Techniken in der Medizin

WILEY-VCH Verlag GmbH & Co. KGaA

Autoren

Dipl.-Biol. Susanne Liedtke
Institut für Physikalische Chemie
Friedrich-Schiller-Universität
Helmholtzweg 4
07743 Jena

Professor Jürgen Popp
Institut für Physikalische Chemie
Friedrich-Schiller-Universität
Helmholtzweg 4
07743 Jena

1. Auflage 2006

Bibliografische Information der Deutschen Bibliothek
Die Deutsche Bibliothek verzeichnet diese Publikation in der Deutschen Nationalbibliografie; detaillierte bibliografische Daten sind im Internet über <http://dnb.ddb.de> abrufbar.

Printed in the Federal Republic of Germany

Gedruckt auf säurefreiem Papier.

Satz TypoDesign Hecker GmbH, Leimen
Druck und Bindung Ebner & Spiegel GmbH, Ulm
Titelbild Himmelfarb, Eppelheim
www.himmelfarb.de

ISBN-13: 978-3-527-40636-4
ISBN-10: 3-527-40636-0

Inhaltsverzeichnis

Laser, Licht und Leben. Susanne Liedtke und Jürgen Popp

ISBN 3-527-40636-0

Vorwort der Autoren

In den vergangenen Jahren haben uns die Naturwissenschaftler viele neue Begriffe beigebracht. Wir mussten Gene von Proteinen unterscheiden lernen, sind in den Mikrokosmos der Viren und Prionen entführt worden und begegneten in den Wissenschafts- und Wirtschaftsteilen der Zeitungen allerlei neuen Technologien, so etwa der Bio-, Informations- und Nanotechnologie, die neben Erkenntnis-Fortschritt auch hohe Börsenkurse versprachen. Dass die neuen Möglichkeiten auch Risiken und ethische Probleme bergen, haben die Diskussionen um Klonschafe und Embryo-Stammzellen gezeigt.

Nun präsentieren wir Ihnen noch einen neuen Begriff: Biophotonik. Diese wissenschaftliche Disziplin beschäftigt sich mit der Wechselwirkung von Licht mit biologischen Systemen. Der Begriff setzt sich zusammen aus den griechischen Silben *bios* für »Leben« und *phos* für »Licht«. »Photonik« ist der Fachausdruck für alle Verfahren und Technologien, die auf Lichtteilchen, Photonen, zurückgreifen. Insofern ist der Begriff Photonik ähnlich dem der Elektronik, die die Technologien des Elektrons umfasst, zu gebrauchen.

Es geht also, stark verkürzt, bei der Biophotonik um Licht und Leben. Beide Phänomene haben, wie wir in den ersten Kapiteln dieses Buches beschreiben werden, die Wissenschaft seit alters her ganz besonders fasziniert. Gerade weil beide für den Menschen so selbstverständlich und allgegenwärtig sind, war die Aufklärung der naturwissenschaftlichen Grundlagen von Licht und Leben für die Forschung eine besondere Herausforderung. Wie wir sehen werden, war es von den ersten Theorien der antiken Griechen über das Wesen des Lichtes bis hin zur Photonentheorie Albert Einsteins ein langer und oft verschlungener Weg. In gleicher Weise hat das Phänomen Leben Wissenschaftler und Philosophen beschäftigt, von den Lebensvorstellungen des Aristoteles bis zur molekularen Genetik des 20. Jahrhunderts.

Laser, Licht und Leben. Susanne Liedtke und Jürgen Popp

ISBN 3-527-40636-0

Dass es Sinn macht, diese beiden Bereiche zusammenzubringen, können wir von der Natur lernen. Sie macht es uns vor, wie nutzbringend die Wechselwirkung zwischen Licht und biologischen Systemen, also die Biophotonik, wie wir sie oben definiert haben, für das Leben sein kann. Denken Sie nur an die »Ernte« von Photonen, die Pflanzen bei ihrer Photosynthese als Energiequelle nutzen oder die Umwandlung von Photonen in einer langen Reihe komplizierter Vorgänge, die schließlich über den Weg durch das Auge in unserem Kopf ein Bild von der Welt erzeugen.

Wir Wissenschaftler, die sich mit Biophotonik beschäftigen, versuchen, die Natur zu verstehen, indem wir eines ihrer Grundprinzipien imitieren und uns der gleichen Werkzeuge bedienen wie sie. Dass wir mit diesen uralten Prinzipien hochinnovative zukunftsgerichtete Technologien entwickeln können, macht die Sache für uns so richtig spannend. Denn die Biophotonik ist für uns kein wissenschaftlicher Selbstzweck. Vielmehr eröffnet sie großartige Möglichkeiten für die Grundlagenforschung, die Biotechnologie und die Medizin. Wir hoffen, mit ihrer Hilfe die Ursachen von Krankheiten besser verstehen zu lernen, um sie in Zukunft verhindern oder sie zumindest früher und präziser diagnostizieren und damit effektiver behandeln zu können. Dazu jedoch ist es notwendig, dass wir als Wissenschaftler lernen, über unseren eigenen akademischen Tellerrand zu blicken. Denn nur, wenn die Entwickler photonischer Technologien, meistens Physiker, Chemiker oder Ingenieure, sich mit den Anwendern in Biologie, Medizin, Pharma-, Lebensmittel- und Umweltforschung an einen Tisch setzen, können die Potenziale der Biophotonik optimal ausgeschöpft werden. Wie wir sehen werden, haben die Innovationen, die die Biophotonik hervorbringt, verschiedene Väter oder natürlich auch Mütter: Mal sind es Biologen oder Mediziner, die ein bestimmtes natürliches Phänomen beobachten und die Idee haben, es mit Hilfe photonischer Technologien zum Beispiel zu einer neuen Diagnosemethode auszubauen. Andere Fortschritte beruhen darauf, dass ein Physiker einen interessanten technischen Ansatz verfolgt und ihn dann auf geeignete biologische oder medizinische Fragestellungen anwendet.

Mehrere Disziplinen erfolgreich zusammenzubringen, ist einer der großen Ansprüche, die die Biophotonik-Forschung an sich selbst stellt. Obwohl das auch in anderen Technologiebereichen sehr sinnvoll wäre, hat sich ein solches Vorgehen in Deutschland noch nicht weit genug durchgesetzt. Die Biophotoniker werden in ihren Bemühungen aber von der Bundesregierung sehr unterstützt. Diese hat schon früh den Trend erkannt, dass in Zukunft so viele Aufgaben wie möglich mit Hilfe von Licht, also von Photonen, erledigt werden und fördert die Optischen Technologien bereits seit einigen Jahren. »Licht bietet Optionen, für die es in der Technikgeschichte keine Vorbilder gibt«, heißt es in einem Bericht des Bundesministeriums für Bildung und Forschung. Die Optischen Technologien sieht das Ministerium als Schrittmacher für andere Entwicklungen an und weist ihnen einer Schlüsselfunktion bei der Lösung wichtiger Aufgaben für die Gesellschaft zu.

Biophotonik – dieser Wissenschaftszweig verheißt Patienten Durchbrüche für die Bekämpfung von Krankheiten, verspricht der Grundlagenforschung neue Werkzeuge und uns allen großen volkswirtschaftlichen Nutzen. Denn Fortschritte in Prävention, Diagnostik und Therapie der großen Volkskrankheiten wie Krebs oder Infektionen werden das Gesundheitssystem spürbar entlasten; außerdem werden die neuen Anwendungsmöglichkeiten dafür sorgen, dass in den Optischen Technologien, aber auch in den verschiedenen Zweigen der Bio- und Medizintechnik neue hochqualifizierte und zukunftssichere Arbeitsplätze entstehen, was letztlich zu einer allgemeinen Stärkung des Wirtschaftsstandortes Deutschland führt. Das klingt, mögen Sie einwenden, fast zu schön, um wahr zu sein. Doch werden Sie nach der Lektüre dieses Buches feststellen, dass die Ziele der Biophotonik zwar sehr hoch gesteckt sind, aber dank der engagierten interdisziplinären Arbeit vieler Forscher schon heute erreicht bzw. in greifbare Nähe gerückt sind.

In Deutschland wird das Forschungsgebiet Biophotonik im besonderen Maße durch das Bundesministerium für Bildung und Forschung (BMBF) in Form von speziellen Förderprogrammen gefördert. Der so genannte Forschungsschwerpunkt Biophotonik bringt – mit Unterstützung des Bundesministeriums für Forschung und Bildung und des VDI-Technologiezentrums – Wissenschaft und Industrie in zur Zeit 13 Forschungsverbünden zusammen, um optische Lösungen für biologische und medizinische Probleme zu erarbeiten. Gemeinsames Ziel ist es, mit Hilfe photonischer Technologien Krankheiten in ihren Ursachen zu verstehen, sie früh und präzise zu diagnostizieren und gezielt behandeln zu können.

Wir laden Sie ein auf eine Reise in die faszinierende Welt der Biophotonik. Sie werden »alten Bekannten« begegnen, dem Physiker Albert Einstein ebenso wie den Entdeckern der DNS-Doppelhelix, James Watson und Francis Crick; dem Erbauer des ersten Mikroskops, Antoni van Leeuwenhoek sowie den Jenaer Wissenschaftlern und Industriellen Abbe und Zeiss. Ihre wissenschaftlichen Leistungen bilden neben vielen anderen die Grundlage für unsere erfolgreiche Biophotonik-Forschung heute. In den einleitenden Kapiteln unseres Buches wollen wir ihre Theorien und Entdeckungen in neuem Licht betrachten. Außerdem werden wir Ihnen im zweiten Teil des Buches Labortüren öffnen und Forscher und Firmen vorstellen, die optisches Know-how in den Dienst der Gesundheit stellen, Antworten auf wissenschaftliche Fragen finden und dabei auch noch wirtschaftlich erfolgreich sind. Am Ende dieses Buches werden Sie verstehen, warum gerade die Biophotonik für Wissenschaftler und Ingenieure, Patienten und Verbraucher gleichermaßen konkrete Verbesserungen bringt. Hierbei werden wir die eine oder andere spannende Geschichte aus den Forschungsaktivitäten des BMBF-Forschungsschwerpunktes Biophotonik berichten.

Bevor wir jedoch in unsere Erzählung einsteigen, möchten wir die Gelegenheit nutzen, besonders auf die Personen die Aufmerksamkeit zu lenken und unseren besonderen Dank diesen zu kommen zu lassen, die zur Enstehung dieses Buches beigetragen haben. Unseren Kollegen Prof. Dr. Walter-Ulrich Grummt und PD. Dr. Michael Schmitt möchten wir recht herzlich für sehr konstruktive und kritische Diskussionen zu dem Buch danken. Der Versuch, naturwissenschaftliche Phänomene herunter zu brechen, so dass sich die Geheimnisse auch einem interessierten Laien erschließen, ist alles andere als leicht. Schnell überschreitet man die Grenze zur Unwissenschaftlichkeit. Durch ständige Diskussionen mit unseren Kollegen und ihre kritischen Anmerkungen bzw. Korrekturen hoffen wir, wissenschaftlich korrekt und dennoch anschaulich geblieben zu sein. Für die Erstellung der Vielzahl an Abbildungen sei unserer Mitarbeiterin Dana Cialla recht herzlich gedankt. In vielen Stunden hat sie die Graphiken nach unseren Wünschen erstellt. Besonderen Dank gilt es den Verantwortlichen des BMBF, des VDI, den Wissenschaftlerinnen und Wissenschaftlern der Verbünde des Forschungsschwerpunktes Biophotonik auszusprechen, ohne die es dieses Buch gar nicht gäbe und denen wir eine Vielzahl unserer spannenden Geschichten zu verdanken haben. »Last but not least« geht unser herzlicher Dank an unsere Familien Jens und Pia Hellwage sowie Elisabeth, Ann-Kathrin, Maximilian, Hanna und Christian Popp. Dieses Buch sei ihnen gewidmet.

Wir wünschen Ihnen viel Spaß und neue Einsichten in die Biophotonik, einer Technologie, die viel Segensreiches verspricht.

Jena, im Dezember 2005

Susanne Liedtke
Jürgen Popp

1
Am Anfang war das Licht

Von Euklid bis Einstein: Licht fordert Philosophie und Wissenschaft heraus

»Licht! Liebe! Leben!«
Lebensdevise und Grabinschrift von J. G. Herder (1744–1803)

»Unter alles natürlichen Ursachen und Gesetzen weiß das Licht den Lernbegierigen am meisten zu entzücken.«
John Peckham, Erzbischof von Canterbury (1220–1292)

Als Sie heute Morgen aufgewacht sind, haben Sie sicher zunächst das Licht angeknipst. Oder die Vorhänge zurück gezogen, um das Tageslicht ins Zimmer zu lassen. Schien Ihnen die Sonne wärmend ins Gesicht, hat das vermutlich Ihre Laune gehoben. Verdunkelten dichte Wolken den Himmel, hat das Ihre Stimmung wahrscheinlich eher getrübt.

Licht spielt in unser aller Leben eine ganz zentrale Rolle. Das fängt dabei an, dass es ohne das Sonnenlicht überhaupt kein Leben in der uns bekannten Form auf der Erde gäbe – keine Bakterien, keine Pflanzen oder Tiere und damit auch keine Menschen. Auch unsere Spezies hätte es ohne Licht nicht dahin bringen können, wo sie heute steht. Ohne Fackeln hätten unsere Vorfahren nicht in dunklen Höhlen Schutz suchen können, ohne den wärmenden Schein des Feuers wären sie bald erfroren und verhungert und wenn sie nicht gelernt hätten, Werkzeuge zu erhitzen und dann zu bearbeiten, wären sie in ihrer kulturellen Entwicklung nicht weit gekommen.

Laser, Licht und Leben. Susanne Liedtke und Jürgen Popp

ISBN 3-527-40636-0

Faszination Licht – Technik und Mythos

Wenn Sie darüber nachdenken, welche Rolle Licht in Ihrem Leben spielt, denken Sie wahrscheinlich an den am Anfang erwähnten Lichtschalter oder die Sonne. Licht hat ganz klar etwas mit *sehen* zu tun, besonders dort, wo unsere Augen allein die Dunkelheit nicht mehr durchdringen können. Aber sind sie sich bewusst, dass Sie ohne Licht auch weniger *hören* würden? Ihre Lieblings-CD können Sie nur abspielen, wenn ein Infrarotlaser die schillernde Scheibe abtastet. Und die Stimme ihrer Tante aus Amerika kommt nur deshalb so klar aus dem Telefonhörer, weil in Glasfaserkabeln genauestens kontrollierte Lichtstrahlen Stimmen über viele Kilometer ohne Qualitätsverlust transportieren. Auf gleiche Weise finden übrigens auch die großen Mengen digitaler Daten den Weg auf den Bildschirm Ihres Computers – ohne Licht kein Internet!

An vielen anderen Stellen profitieren Sie indirekt vom Einsatz des Lichtes. Die moderne Medizin wäre nicht denkbar ohne Generationen von Forschern, die mit optischen Instrumenten, wie zum Beispiel immer raffinierteren Mikroskopen, in die winzige Welt von Infektionserregern und Blutzellen vorgedrungen sind. Und dass Chirurgen heute beim Operieren nicht mehr notwendigerweise rot sehen, liegt daran, dass sie statt Messer und Skalpell präzise Laserwerkzeuge einsetzen können.

Licht und Finsternis gehören zu den religiösen Ursymbolen der Menschheit. Das christliche Weihnachtsfest ist ohne Stern und Kerzen nicht komplett, die Juden feiern zur gleichen Jahreszeit das »Lichterfest« Chanukka, bei dem sie acht Tage lang täglich eine Kerze an einem Leuchter entzünden und diesen ins Fenster stellen. Der Buddhismus stützt sich auf die Erkenntnis der vier edlen Wahrheiten, die Buddha bei seiner »Erleuchtung« erfuhr und der japanische Kaiser galt noch bis 1945 als direkter Nachfahre der licht- und lebensspendenden Sonnengöttin.

Licht ist auch in aller Munde – zumindest im übertragenen Sinne. Angelehnt an biblische Textstellen »tappen wir im Dunkeln« bis uns endlich »ein Licht aufgeht«. Will uns jemand betrügen, dann »führt er uns hinters Licht« und nach schweren Zeiten sind wir erleichtert, wenn wir das »Licht am Ende des Tunnels« sehen.

Da die Biophotonik schon in ihrem Namen die Begriffe »Leben« (griechisch *bios*) und »Lichtteilchen« (Photon) verbindet, werden wir in diesem Buch davon erzählen, wie eng die Beziehung zwischen Licht und Leben in der Natur ist und wie stark deshalb die Lebenswissenschaften vom Einsatz von Licht als Werkzeug profitieren können. Doch bilden nicht nur Licht und Leben ein untrennbares Paar, sondern auch Licht und Erkenntnis. Das Feuer als Licht- und Wärmequelle war ursprünglich ein kostbarer Besitz der Götter, den diese streng hüteten. Als die Menschen in den Besitz dieses wichtigen Instrumentes kamen, erlangten sie auch Unabhängigkeit, verbunden mit der Möglichkeit zur Erkenntnis. Prometheus, der in der griechischen Mythologie den Menschen das Feuer brachte, wurde dafür hart bestraft. In der christlichen Vorstellung ist es der »Lichtbringer« Luzifer, der die Menschen dazu verführt, vom Baum der Erkenntnis zu essen und damit die Vertreibung aus dem Paradies verursacht. Er selbst wird aus dem Kreis der Engel auf die Erde verbannt. Für die Möglichkeit zur Erkenntnis mussten die Menschen also einen hohen Preis bezahlen. Und dennoch kann man es so sehen: Licht war der Anfang von allem – nicht nur für das Leben an sich, sondern auch für den Weg des Menschen aus der Höhle ins Hightech-Labor. Unsere fähigsten Wissenschaftler bezeichnen wir nicht ohne Grund gerne als die »hellsten Köpfe«.

Mal ganz ehrlich: Könnten Sie spontan erklären, was das eigentlich ist, »das Licht«? »Licht«, so würden Sie vielleicht sagen, »ist Helligkeit und Wärme«. Damit liegen Sie sicher nicht falsch, doch hinreichend erklärt ist das Phänomen Licht damit nicht. Denn Licht ist eigentlich gar nicht »hell« in dem Sinne, dass man es sehen kann. Der amerikanische Quantenphysiker Arthur Zajonc hat sich dazu ein interessantes Experiment ausgedacht. Er konstruierte einen Kasten, in den er mit Hilfe eines leistungsfähigen Projektors Licht hineinwirft. Das Licht kann allerdings keine Objekte oder Wände im Inneren des Kastens berühren. Es gibt in dem Kasten nichts als Licht. Zajonc wollte damit die spannende Frage beantworten, wie das Licht an sich aussieht. Die verblüffende Antwort: Absolut dunkel! Der Projektor schickt zwar helles Licht in den Kasten und man kann durch ein Loch in das Innere hineinblicken. Aber man sieht nur tiefschwarze Dunkelheit. An der Außenseite des Kastens hat Zajonc einen Griff angebracht, mit dessen Hilfe sich ein Stab ins Innere hinein- und herausbewegen lässt. Zieht man an dem Griff, gleitet der Stab in den angeblich dunklen Raum und man sieht, dass er an einer Seite hell erleuchtet ist. Offenkundig ist der Raum also gar nicht dunkel, sondern mit Licht gefüllt. Doch ohne ein Objekt, auf das das Licht fallen kann, sieht man nur Dunkelheit. Das Licht selbst ist für unser Auge nur dann sichtbar, wenn es auch in unser Auge fällt – und das kann außer auf direktem Wege von der Lichtquelle nur durch Reflexion, Brechung, Streuung oder Beugung (auf diese Begriffe werden wir später noch in Detail eingehen) an einem Gegenstand wie dem Stab im Experiment geschehen. Das ist übrigens auch der Grund, warum Astronauten in der sonnenbeleuchteten Leere des Weltraums nur die tiefe Dunkelheit des Alls wahrnehmen.

Licht ist auch nicht immer mit Wärme gleichzusetzen. Im Gegenteil – man kann es sogar recht effektiv als Kühlmittel einsetzen. Die Temperatur eines Gases zum Beispiel hängt von der Geschwindigkeit seiner Atome bzw. Moleküle ab – je schneller, desto wärmer. Bestrahlt man solche Atome aus vielen verschiedenen Richtungen mit Laserlicht, so kann man sie abbremsen. Und dann geht es den Atomen oder Molekülen wie uns, wenn wir uns nicht mehr bewegen können – es wird ihnen langsam kalt. Es entsteht ein »optischer Sirup«, der so zäh ist, dass die Geschwindigkeit der Atome auf ein Millionstel des Ausgangswertes reduziert wird – sie frieren regelrecht fest. Und das bei äußerst ungemütlichen Temperaturen in der Nähe des absoluten Nullpunktes, also bei 273 Grad unter Null.

Rätselhaftes »Augenlicht«

Kehren wir aber schnell wieder in die warme helle Welt eines Sommertages zurück. Denn natürlich waren es aber am Anfang gerade diese Eigenschaften des Lichtes – Helligkeit und Wärme –, die den Menschen zunächst beschäftigten. Das Sonnenlicht teilte seinen Tag und sein Jahr ein, ließ Pflanzen und Tiere gedeihen, die Nahrung und Kleidung boten. Das Licht des Feuers spendete Wärme, die auch zum Zubereiten der Nahrung oder bei der Bearbeitung von Werkzeugen half. Das Licht der Sterne schließlich diente Reisenden zur Orientierung.

Aber nicht nur als Landwirt oder Wanderer hat sich der Mensch schon immer für das Licht interessiert, sondern auch als Philosoph und Wissenschaftler.

Der griechische Mathematiker Euklid lebte im 3. Jahrhundert vor Christus in Alexandria und beschäftigte sich als Lehrer an der Platonischen Akademie vor allem mit der Geometrie. In seinen Werken

Zeittafel 1 Feuer, Spiegel, Schattenspiele.

1,4 Millionen Jahre v. Chr.	Aus dieser Zeit stammen die frühesten Hinweise darauf, dass Menschen Feuer kontrolliert benutzen können.
12.000 Jahre v. Chr.	Der Mensch beginnt, Öllampen zu nutzen.
3000 v. Chr.	Kulturen des Mittleren und Fernen Ostens studieren Licht und Schatten, vermutlich zunächst, um deren unterhaltende Wirkung zu nutzen. In Asien macht man die ersten Spiegel.
1500 v. Chr.	Ein Brei aus einer gemahlenen Saat und das Sonnenlicht werden zur Behandlung der Vitiligo und Leikodeokritis eingesetzt (Vorläufer der photodynamischen Therapie).
400 bis 300 v. Chr.	Griechische Gelehrte beschäftigen sich mit Licht und Optik: – Plato glaubt, dass die Seele der Sitz des Sehens ist und dass Lichtstrahlen aus dem Auge treten und die Objekte der Welt beleuchten. – Euklid veröffentlicht seine »Optica«, in der er das Reflexionsgesetz formuliert und beschreibt, dass Licht sich gerade ausbreitet. – Aristoteles denkt über Wahrnehmung nach, lehnt aber die Theorie ab, dass das menschliche Sehen mit Strahlen, die vom Auge ausgehen, zusammenhängt.
280 v. Chr.	Die Ägypter vollenden in Alexandria den ersten Leuchtturm der Welt, der als eines der Sieben Weltwunder als Vorbild für alle zukünftigen Leuchttürme gilt.
250 v. Chr. bis 100 n. Chr.	Die Menschen entdecken die nützlichen Eigenschaften von Linsen: – Die Chinesen waren vermutlich die ersten, die Linsen nutzten und ihre korrigierenden Eigenschaften dokumentierten. Gleichzeitig etablierte der Magiker Shao Ong das Schattenspiel als festen Bestandteil seiner Aufführungen. – Der römische Philosoph Seneca beschreibt die Vergrößerungseffekte, die ihm auffallen, als er kleine Objekte durch mit Wasser gefüllte Kugeln betrachtet. – Hero von Alexandria veröffentlicht sein Werk »Catoptica« (»Reflexionen«) und zeigt darin, dass der Ausfallwinkel des reflektierten Lichtes gleich dem Einfallwinkel ist.
999 n. Chr.	Alhazen, auch bekannt als Abu Ali Hasan Ibn al-Haitham, nutzte sphärische und parabolische Spiegel, um die sphärische Aberration zu studieren und gab eine erste akkurate Beschreibung des Sehvorgangs, nämlich, dass das Auge das Licht eher aufnimmt als aussendet. Außerdem schilderte er in seinem »Opticae Thesaurus« die Anatomie des menschlichen Auges und wie die Linsen ein Bild auf der Netzhaut erzeugen.

finden sich wichtige Grundsätze der so genannten geometrischen Optik, die er aus der gradlinigen Ausbreitung des Lichtes herleitete.

Auch der Naturforscher Ptolemäus, der rund 500 Jahre nach Euklid in Alexandria lebte und lehrte, beschäftigte sich mit geometrischer Optik und beschrieb bereits die Brechung des Lichtes beim Übergang von Luft nach Wasser oder von Luft nach Glas.

Der Philosoph Platon (427–327 v. Chr.) interessierte sich mehr für das Phänomen des Sehens. Hatte sein Landsmann Empedokles noch die höchst romantische Vorstellung vertreten, dass die Liebes-Göttin Aphrodite die Augen des Menschen schuf, indem sie die Elemente Erde, Wasser, Luft und Feuer mit der Liebe verband und schließlich das Augen-Licht am Herdfeuer des Universums entzündete, so dachte Platon etwas nüchterner: Er ging davon aus, dass das Auge ein eigenes Licht habe, das es als eine Art Radarstrahl aussendet und mit dem es die äußere Welt abtastet. Als Beleg für diese Annahme diente den antiken Optikern das Glühen des Katzenauges in der Dunkelheit, das sie als Augen-Licht interpretierten. Das ließ jedoch die Frage aufkommen, warum man nachts oder in unbeleuchteten Räumen nicht sehen kann. Aristoteles gab darauf eine sehr einfache Antwort: Dunkle Luft ist undurchsichtig. Sobald man aber eine Lampe anzündet, würde sie durchsichtig. So seltsam, ja komisch das für uns heute klingen mag – wir nutzen fast täglich eine Technik, die auf dieser Vorstellung beruht, für unsere modernen Taschenrechner und Computerbildschirme. Diese haben häufig so genannte LCD (Liquid Cristall Displays) oder auf deutsch Flüssigkristallanzeigen. Deren Wirkung beruht darauf, dass Elektrizität den Zustand der Flüssigkeit von undurchsichtig zu durchsichtig ändert.

Doch zurück in die Antike: Auch Licht als Werkzeug war damals schon bekannt. Archimedes, der berühmte von Sizilien stammende Mathematiker, benutzte es sogar als Waffe: Er soll um 280 v. Chr. durch die Bündelung des Sonnenlichtes mit großen Brennspiegeln Teile der römischen Flotte vernichtet haben, als diese Syrakus erobern wollte.

Von den Arbeiten Archimedes' beeinflusst verwendete Heron von Alexandria bereits im 1. Jahrhundert n. Chr. das Licht zur Wegevermessung und entwickelte dazu ein spezielles Instrument, »Dioptra« genannt.

Ein mittelalterlicher Spezialist in Sachen Optik war der aus Basra stammende Wissenschaftler Ibn al Haitham, der auch unter dem lateinischen Namen Alhazen bekannt ist. Er lebte um 1000 n. Chr. und beschreibt bereits recht detailliert den Vorgang des Sehens, kannte die vergrößernde Wirkung von Linsen, konnte beweisen, dass das Licht des Mondes von der Sonne herrührt und beschrieb den Regenbogen und die atmosphärische Brechung des Lichtes.

Auch mit Platons »Augen-Licht«-Theorie setzte sich der Gelehrte auseinander. Die Tatsache, dass einem die Augen wehtun, wenn man zu lange in die Sonne guckt, war für ihn nur schwer mit einem aus dem Auge kommenden Sehstrahl zu vereinen. Vielmehr nahm das Auge wohl eher etwas von außen auf, das das Sehen ermöglichte – oder eben, wenn es zu viel des Guten ist, Schmerzen bereitet.

Alhazens Schriften bildeten zusammen mit den Erkenntnissen von Ptolemäus bis ins 17. Jahrhundert hinein die Grundlagen der Optik.

Ob das Licht nun rauskommt aus dem Auge oder hinein – der französische Universalgelehrte René Descartes wollte es im 17. Jahrhundert ganz genau wissen und schaute einfach nach: Er sezierte ein Ochsenauge, um dem Sehvorgang auf die Spur zu kommen. Und er fand natürlich keinen Scheinwerfer, sondern sah auf der Netzhaut des Ochsen ein maßstabgetreues Abbild der Außenwelt. Damit war für Descartes klar, dass Licht von außen den Sinneseindruck im Auge erzeugt. Das Sehvermögen sei, so schreibt Descartes, wie der Stock eines Blinden. Ein Gegenstand, der das eine Ende des Stockes berührt, erzeugt einen Stoß am anderen Ende, den der Blinde wahrnimmt. Ebenso wirke ein Objekt auf das »Plenum«, wie Descartes eine materielle Flüssigkeit nannte, die nach seiner Vorstellung die Tiefen des Raumes ausfüllt. Die Wirkung eines Objektes auf das Plenum pflanze sich bis zum Auge fort und erzeuge dort eine Erschütterung – deshalb sehen wir. Hier wurde, wie es der amerikanische Wissenschaftshistoriker A. I. Sabra ausdrückt, »zum ersten Mal mit aller Deutlichkeit behauptet, das Licht sei lediglich eine Eigenschaft des leuchtenden Gegenstandes«. Sabra bezeichnet Descartes Lichttheorie deshalb als »legitimen Ausgangspunkt der modernen physikalischen Optik«. Auch die Astronomen Johannes Kepler und Galileo Galilei sahen das Auge als physikalisches Instrument an, das auf Licht reagiert. Damit hatten sie das Grundprinzip des Sehens zwar geklärt, waren aber einmal mehr bei der schwierigen Frage angelangt: Was ist Licht überhaupt?

Wellen? Korpuskeln? Das Licht hält Jahrhunderte die Wissenschaft in Atem

Wahrscheinlich haben Sie schon mal etwas vom Welle-Teilchen-Dualismus gehört. Die meisten Eigenschaften des Lichtes sind nur erklärbar, wenn man es alternativ als Welle oder als Teilchen ansieht. Dieser Dualismus beschäftigte die moderne Physik im 20. Jahrhundert sehr stark und hat, ohne dass wir uns dessen vielleicht bewusst sind, auch unser modernes Weltbild geprägt. Doch der Streit um Welle oder Teilchen ist schon viel älter: Schon vor über 300 Jahren herrschte über die Natur des Lichtes große Uneinigkeit. Der englische Physiker Isaac Newton formulierte Mitte des 17. Jahrhunderts eine »Theorie des Lichtes und der Farbe«, in der er seiner Überzeugung Ausdruck verlieh, dass Licht aus kleinen Teilchen oder »Korpuskeln« bestehe. Die Brechung des Lichtes an einem Prisma und die Entstehung der Farben erklärte er damit, dass weißes Sonnenlicht verschieden farbige Lichtkorpuskeln enthalte, die unterschiedliche Brechbarkeit besäßen.

Doch der große Gelehrte hatte einen Gegenspieler nämlich Christian Huygens, der schon damals die Theorie des Lichtes als Welle vertrat. Grundlage für Christian Huygens Wellentheorie war die begrenzte Ausbreitungsgeschwindigkeit des Lichtes. Dem dänischen Astronom Ole Römer gelang 1675 durch sorgfältige Beobachtung des Jupitermondes Io die erste erfolgreiche Messung der Lichtgeschwindigkeit. Römer berechnete die Geschwindigkeit des Lichtes auf einen Wert zu 230.000 Kilometern pro Sekunde und lag damit nur 20 Prozent unter dem tatsächlichen Wert. Mit seiner Wellentheorie konnte Huygens Phänomene wie Reflexion und Brechung von Licht sehr einfach erklären.

Für rund 200 Jahre blieben allerdings Newtons Vorstellungen von den Lichtkorpuskeln vorherrschend. Erst um 1800 konnte der junge englische Arzt Thomas Young der Wellentheorie zum Durchbruch verhelfen: Er hatte in seinem Doppelspalt-Versuch, der noch heute Gegenstand jedes Physikunterrichts ist, gezeigt, dass Lichtwellen sich gegenseitig verstärken oder auslöschen können. Die Formel »Licht plus Licht gleich Dunkel« war mit Newtons Korpuskulartheorie nicht vereinbar. Zunächst erfuhr Young allerdings nur Ablehnung, da es anderen Fachleuten immer noch als Frevel schien, an den Ideen des Altmeisters Newton zu rütteln. Doch erhielt die These des jungen Engländers wenig später Unterstützung, als August-Jean Fresnel, ein Tiefbauingenieur aus Frankreich, ebenfalls die Wellentheorie vertrat. Schon Young hatte die Begriffe konstruktive und destruktive Interferenz geprägt für die Verstärkung bzw. gegenseitige Auslöschung von zwei aufeinandertreffenden Wellen. Fresnel gelang es, mit diesem Interferenzkonzept die Hell-Dunkel-Muster vorherzusagen, die entstehen, wenn Licht an den Rändern eines Hindernisses gebeugt wird. Young und Fresnel taten sich zusammen und erklärten gemeinsam weitere Eigenschaften des Lichtes mit Hilfe der Wellentheorie. Um 1825 hatten sie sich soweit damit durchgesetzt, dass nur noch wenige Wissenschaftler an Newtons Teilchen glaubten.

Zeittafel 2 Wellen, Teilchen, Quanten.

1275	Der englische Dominikanermönch Albertus Magnus (der später heilig gesprochen und zum Schutzpatron der Naturwissenschaften wurde), studiert die Farben des Regenbogens und spekuliert, dass die Geschwindigkeit des Lichtes sehr groß, aber endlich ist. Außerdem experimentiert er mit der schwärzenden Wirkung des Sonnenlichtes auf Silbernitratkristalle.
1303	Bernard von Gordon, ein französischer Arzt, liefert das erste schriftliche Zeugnis von dem Gebrauch von Linsen zur Korrektur der Weitsichtigkeit.
1666	Der Engländer Isaac Newton findet heraus, dass Licht in verschiedene Farben getrennt wird, wenn es ein Prisma passiert. Er schließt daraus, dass weißes Licht aus verschiedenen Farben zusammengesetzt ist, die von dem Prisma in verschiedenen Winkeln gebrochen werden.
1678	Christian Huygens präsentiert in einem Brief an die Akademie der Wissenschaften in Paris seine Wellentheorie des Lichtes, die er 12 Jahre später in seinem »Lichttraktat« veröffentlicht.
1704	Newton publiziert seine »Opticks«, die seine Korpuskulartheorie des Lichtes und die Analyse des weißen Lichtes beinhaltet.
1800	Der deutschstämmige William Herschel entdeckt in England den Infrarot-Anteil des Sonnenlichtes. Er beschreibt damit als erster eine Form des Lichtes, die unsichtbar für das menschliche Auge ist.
1801	Thomas Young, englischer Arzt und Physiker, beschreibt das Phänomen der Interferenz und etabliert im Widerspruch zu Newton die Wellentheorie des Lichtes. Im gleichen Jahr findet Johann Wilhelm Ritter, deutscher Physiker, heraus, dass die Sonne unsichtbares ultraviolettes Licht aussendet.
1811	Die zwei französischen Wissenschaftler Augustin-Jean Fresnel und François Arago entdecken, dass zwei Lichtstrahlen, polarisiert in senkrecht zueinander stehenden Richtungen, nicht interferieren. Fünf Jahre später präsentiert Fresnel eine mathematische Deutung von Diffraktions- und Interferenzphänomenen und erklärt sie erfolgreich mit der Wellentheorie. 1821

	schließlich veröffentlicht der Physiker ein Gesetz, das Wissenschaftler in die Lage versetzt, die Intensität und Polarisation von reflektiertem und gebrochenem Licht zu berechnen.
1831	Der Engländer Michael Faraday entdeckt, dass ein elektrischer Strom erzeugt wird, wenn man einen permanenten Magneten durch eine Spule aus leitfähigem Draht hin- und her bewegt wird. Daraus leitet er das Induktionsgesetz ab und etabliert den Gedanken, dass Elektrizität und Magnetismus verschiedene Ausdrucksformen der gleichen Kraft sind. 1846 stellt der Physiker und Chemiker dann in einer öffentlichen Vorlesung die Behauptung auf, dass das Licht eine weitere Ausdruckform dieser Kraft sein könnte.
1865	Rund 20 Jahre nach Faraday berechnet James Clerk Maxwell, dass elektromagnetische Wellen sich mit Lichtgeschwindigkeit ausbreiten und bestätigt so Faradays Annahme, dass Licht eine elektromagnetische Welle ist. Seine Wellentheorie ist bis heute das theoretische Fundament der Wellenoptik.
1887/88	Der deutsche Physiker Heinrich Hertz macht verschiedene Experimente zum Elektromagnetismus und entdeckt dabei zufällig den Photoelektrischen Effekt. Außerdem gelingt es ihm, Maxwells Theorien über die Ausbreitung elektromagnetischer Wellen experimentell zu belegen.
1900	Max Planck stellt die Theorie auf, dass elektromagnetische Strahlung in einzelnen Energiepaketen ausgesendet wird, die er Quanten nennt.
1905	In einem Artikel über den Photoelektrischen Effekt äußert der deutsche Physiker Albert Einstein die Idee, dass Licht aus Energiepaketen besteht, die man später Photonen nennen sollte.
1913	Der Däne Niels Bohr vollendet seine Arbeiten zur Atomstruktur und postuliert, dass in einem Atom die Absorption und Emission von Licht durch die Bewegung eines Elektrons von einem Energieniveau zu einem anderen geschieht. Das Licht wird absorbiert oder ausgestrahlt in bestimmten Paketen, oder Quanten, die den Energiequanten entsprechen, die das Elektron hinzugewinnt oder verliert.
1926	Mit Hilfe eines genialen Versuchsaufbaus aus einem achtseitigen rotierenden Spiegel und einer Vakuumröhre zwischen zwei Berggipfeln gelingt dem Amerikaner Albert A. Michelson eine sehr genaue Messung der Lichtgeschwindigkeit. Er präzisiert damit seine eigenen Messung, für die er 1907 den Nobelpreis bekommen hatte.

Durch die Wellentheorie ließ sich nun endlich das Phänomen der Lichtbrechung zufriedenstellend erklären: In unterschiedlichen Medien, zum Beispiel Luft und Glas, bewegt sich Licht mit unterschiedlicher Geschwindigkeit fort. Treffen Lichtstrahlen nun auf die Grenzfläche zwischen zwei Medien, ändern sie jäh ihre Richtung, werden also gebrochen. Das Maß dieser Brechung hängt von der Geschwindigkeit des Lichtes in den jeweiligen Medien ab. Diese Abhängigkeit wird durch den so genannten Brechungsindex erfasst. In der Luft oder im Vakuum hat Licht eine Geschwindigkeit von knapp 300.000 km pro Sekunde. In Glas, aufgrund eines gegenüber der Luft höheren Brechungsindexes, bewegt es sich sehr viel langsamer fort. Zudem hängt hier die Geschwindigkeit von der Wellenlänge ab – rotes Licht ist am schnellsten, violettes am langsamsten. Diese Erscheinung wird als Dispersion bezeichnet. So kommt es, dass Licht unterschiedlicher Wellenlängen unterschiedlich gebrochen wird und man mit Hilfe eines Prismas das Licht in seine Farben »zerlegen« kann.

Ausbreitung von Licht und anderen elektromagnetischen Wellen jedoch ganz ohne »Äther«

Zur gleichen Zeit, in der sich Young und Fresnel mit dem Licht beschäftigten, untersuchten andere Wissenschaftler zwei weitere faszinierende Phänomene, ohne die unsere moderne Welt nicht vorstellbar wäre: Elektrizität und Magnetismus. Der Brite Michael Faraday formulierte 1831 das Induktionsgesetz: Er hatte beobachtet, dass ein in einer Spule erzeugtes Magnetfeld in einer zweiten einen Strom erzeugen konnte. Ebenso wie ein elektrischer Strom ein Magnetfeld erzeugen oder »induzieren« konnte, konnte also ein zeitlich variables Magnetfeld zu einem Strom führen. Dieses Phänomen der elektromagnetischen Induktion mag Ihnen zwar fremd und kompliziert erscheinen, doch in Ihrem Alltag kennen auch Sie es: In fast jedem Haushaltsgerät befinden sich Transformatoren, deren Entwicklung auf genau dieses von Faraday beobachtete Phänomen zurückgeht.

Um es etwas besser verstehen zu können, muss man sich bewusst machen, dass eine Welle auch als Störung angesehen werden kann. Ein ins Wasser geworfener Stein stört die Wasseroberfläche und diese Störung pflanzt sich fort in Form der Kreise, die wir um die Eintauchstelle beobachten können. Auch Schallwellen verhalten sich in ähnlicher Weise: Wenn Sie in die Hände klatschen, stört der entstehende Knall die Luftmoleküle und diese Störung pflanzt sich fort, bis das Trommelfell in unserem Ohr sie wahrnehmen kann. Etwas Ähnliches passiert, wenn Sie eine starke Stromquelle einschalten: Eine unsichtbare elektrische Störung breitet sich aus, die sich noch in einiger Entfernung in einem anderen Stromkreis einfangen lässt.

Rund vierzig Jahre nach Faraday goss James Clerk Maxwell diese Erkenntnis in ein mathematisches Gesetz. Es gab die Ausbreitungsgeschwindigkeit einer elektromagnetischen Welle in Abhängigkeit von Größen wieder, die experimentell bestimmt werden konnten. Die Geschwindigkeit einer elektromagnetischen Welle stimmte nach Maxwells Berechnungen mit der Lichtgeschwindigkeit überein. Das ließ den Schluss zu, dass Licht ebenfalls eine elektromagnetische Welle ist. Der schottische Mathematiker formulierte es so: »Die Übereinstimmung der Ergebnisse scheint zu zeigen, dass Licht und Magnetismus Affektionen derselben Substanz sind und dass Licht eine elektromagnetische ‚Störung' ist, die sich nach den Gesetzen des Elektromagnetismus im Raum ausbreitet.« Damit schlug Maxwell eine ganz neue Sicht der Dinge vor: Licht, Elektrizität und Magnetismus waren als eng verbunden anzusehen.

1888 gelang es Heinrich Hertz, direkt in einem Experiment nachzuweisen, dass sich bestimmte elektromagnetische Schwingungen in der Form von Radiowellen mit Lichtgeschwindigkeit fortbewegen. Der deutsche Physiker legte damit die Grundlagen für die heutige Hochfrequenztechnik, sein Name ist uns in den Frequenzangaben der Radiosender in Kilo- oder Mega-Hertz noch heute vertraut.

Hertz hatte mit seinen Versuchen die Gültigkeit der Maxwell'schen Gleichungen bewiesen. Diese brachten nicht nur das damalige Wissen über Elektrizität und Magnetismus auf den Punkt, sondern lieferten auch die damals exakteste Erklärung des Lichtes: Es ist eine elektromagnetische Welle mit elektrischen und magnetischen Komponenten, die sich gemeinsam durch den Raum bewegen, wobei die Geschwindigkeit durch die elektromagnetischen Eigenschaften des Mediums bestimmt wird. Michael Faraday, der von Mathematik nicht viel verstand, formulierte ergänzend eine physikalische Auffassung des Lichtes: Eine Lichtwelle entsteht immer dann, wenn eine elektrische Ladung an Geschwindigkeit gewinnt oder verliert.

Im Gegensatz zu einer Wasserwelle, die durch einen Stein entsteht, den wir in den See werfen, brauchen Lichtwellen, die durch ein hin- und herschwingendes Elektron entstehen, kein Medium, um sich auszubreiten. Sie genügen sich sozusagen selbst. Lange Zeit hatte die Wissenschaft versucht, herauszufinden, was, um im Vergleich mit dem Wasser zu bleiben, auf- und niederschwappt, wenn Lichtwellen von einem Punkt zum anderen gelangen. Man spekulierte eifrig über die Eigenschaften eines »Äthers«, wie man dieses Lichtmedium nannte, bis man es gegen Ende des 19. Jahrhunderts schließlich aufgab – der ehemalige Marineoffizier Albert Michelson hatte nachgewiesen, dass die Lichtgeschwindigkeit sich nicht in Abhängigkeit der Erdbewegung ändert, was hätte der Fall sein müssen, wenn die Erde sich durch einen wie auch immer gearteten Äther bewegen würde.

Der auf dem Lichtstrahl reitet

Die Lichtgeschwindigkeit als konstante Größe sollte in den frühen Jahren des 20. Jahrhunderts eine außerordentlich wichtige Rolle spielen. Es war vor allem der junge Albert Einstein, der in seinen beiden Relativitätstheorien und in seinem Photonenkonzept dem Licht und seiner Geschwindigkeit eine ganz neue, für die gesamte Physik grundlegende Bedeutung verlieh. Die Einführung eines Lichtquantes durch Einstein zeigte schließlich, dass im jahrhundertealten Streit um Wellen- oder Teilcheneigenschaften des Lichtes beide Seiten Recht gehabt hatten, denn das Licht ist auf bis heute rätselhafte Weise beides zugleich.

Sie alle kennen wahrscheinlich Bilder von Albert Einsteins markantem Kopf. Die weißen, wirren Haare, der offene, freche Blick und – auf einem der wohl berühmtesten Fotos – die herausgestreckte Zunge. Der Physiker, so scheinen uns diese Fotos zu erzählen, scherte sich wenig um etablierte Wissenschaft und eingeschliffene Denkmuster – vielmehr wagte er schon in jungen Jahren, alles in Frage zu stellen und veränderte dadurch nachhaltig unsere Vorstellungen von Raum und Zeit. Wie alle großen Denker, die es wagten, am bestehenden Weltbild zu rütteln, konnte Einstein nicht gleich alle überzeugen. Als Kopernikus und Galilei die Erde aus dem Zentrum der Welt verdrängten und Darwin dem Menschen die Krone der Schöpfung von Kopf riss, waren ihnen Kopfschütteln und Empörung sicher. Einstein nun stellte die damals unerhörte Behauptung auf, dass es in der Physik keinen einzigartigen, absoluten Bezugspunkt im Raum gebe, sondern alles relativ sei – relativ zum Betrachter nämlich bzw. zum Messsystem. Allein der Lichtgeschwindigkeit räumte Einstein einen absoluten Wert ein, der unabhängig davon sei, welcher Beobachter sie messe. Damit unterscheidet sich das Licht von allem, was wir kennen.

Weil sie von so zentraler Bedeutung für die moderne Physik und unser Verständnis vom Licht sind, wollen wir uns Einsteins Theorien ein wenig genauer anschauen.

Alles relativ: Albert Einstein

Der große Physiker kam 1879 in Ulm zur Welt und starb 1955 in Princeton, USA. Seine Beiträge zur theoretischen Physik veränderten maßgeblich das physikalische Weltbild. Einsteins Hauptwerk ist die Relativitätstheorie, die das Verständnis von Raum und Zeit revolutionierte: 1905 erschien zunächst seine Arbeit »Zur Elektrodynamik bewegter Körper«, die heute als spezielle Relativitätstheorie bezeichnet wird. 1915 veröffentlichte Einstein dann die Allgemeine Relativitätstheorie. Der Physiker steuerte auch zur Quantenphysik wesentliches bei. 1905 veröffentlichte er die Erklärung des Photoelektrischen Effekts, für die er 1921 den Nobelpreis erhielt.

Einsteins akademische Ausbildung war eher kurz: Er studierte vier Jahre am Züricher Polytechnikum (der heutigen Eidgenössischen Technischen Hochschule)und erwarb 1900 ein Diplom als Fachlehrer für Mathematik und Physik. 1905/06 promovierte er mit einer nur 17 DIN-A5-Seiten umfassenden Arbeit über »Eine neue Bestimmung der Moleküldimensionen«. Bereits zwei Jahre später wurde Einstein an der Berner Universität habilitiert und 1909 zum außerordentlichen Professor für theoretische Physik an die Universität Zürich berufen. Nach kurzen Aufenthalten in Prag und Zürich ging er dann 1914 nach Berlin. Dort war er als Direktor des Kaiser-Wilhelm-Instituts von allen Lehrverpflichtungen befreit und widmete sich in Ruhe seiner Allgemeinen Relativitätstheorie.

Seine vor allem nach der Nobelpreisverleihung zunehmende Bekanntheit nutzte Einstein für viele Reisen und hielt Vorträge auf der ganzen Welt. Nach Hitlers Machtergreifung 1933 ging er nicht mehr nach Deutschland zurück. Er wurde vielmehr Mitglied des Institute for Advanced Study, einem privaten Forschungsinstitut in der Princeton University. Einstein bemühte sich dort bis zu seinem Tod, die so genannte Weltformel zu finden – und blieb damit so erfolglos wie bisher alle Forscher nach ihm.

Viele von Einsteins theoretischen Überlegungen fanden erst nach seinem Tod Bestätigung: So postulierte er schon 1917 die induzierte Emission von Licht, die die physikalische Grundlage des Lasers darstellt, der aber erst 1960 erfunden wurde.

Der gebürtige Ulmer ging von Alltagserfahrungen aus. Wenn Sie auf einem Bahnsteig stehen und einen Zug beobachten, der mit 100 Kilometern pro Stunde fährt, haben Sie natürlich einen ganz anderen Eindruck von dessen Geschwindigkeit als jemand, der in dem Zug sitzt oder ein anderer Reisender, der in einem zweiten Zug neben dem ersten fährt. Oder denken Sie an eine Situation auf der Autobahn: Sie haben bestimmt schon mal über zwei Lastwagenfahrer den Kopf geschüttelt, die sich ein »Schneckenrennen« lieferten. Aus einiger Entfernung könnte man den Eindruck haben, die beiden LKW kommen nebeneinander zum Stehen, weil sie sich mit ähnlicher Geschwindigkeit fortbewegen und Ihnen kommen sie langsam vor, weil

Sie selbst schneller fahren. Ein Beobachter am Straßenrand hat aber den Eindruck, dass die beiden Laster an ihm vorbeirasen. Solche Erfahrungen aus dem täglichen Leben geben uns ein Gefühl dafür, dass Geschwindigkeit etwas relatives ist, abhängig von unser eigenen Bewegung.

Einstein nun war so kühn, sich in seinen Gedankenexperimenten nicht nur in fahrende und stehende Züge zu setzen, sondern auch auf Lichtstrahlen zu reiten. Er stellte sich vor, er beobachte dabei einen zweiten Lichtstrahl neben sich, der sich mit gleicher Geschwindigkeit im Raum ausbreitet. Wie bei zwei Zügen, die mit gleicher Geschwindigkeit nebeneinander herfahren und deren Reisende sich von Fenster zu Fenster zuwinken können und dabei den Eindruck haben, nebeneinander zu stehen, wollte Einstein nun einem imaginären Kollegen auf der relativ zu ihm stehenden Lichtwelle zuwinken – doch das war nicht mal in seinem Gedankenexperiment möglich. Denn der Physiker kannte Maxwells Gleichungen und die lassen keinen Zweifel daran, dass Licht in Form von Wellentälern und Wellenkämmen vorliegt und sich immer mit einer Geschwindigkeit von knapp 300.000 Kilometern pro Stunde ausbreitet. Im Widerspruch zu unserem Alltagswissen kann jemand, der auf einer Lichtwelle reitet, niemals einen benachbarten Strahl ein- oder überholen. Denn das Licht kann niemals stehen bleiben – nicht einmal relativ zu einem ebenfalls lichtschnellen Beobachter.

Diese Überlegungen mögen Ihnen sehr theoretisch vorkommen und das waren sie zunächst auch. 1905 fasste sie Einstein in seiner speziellen Relativitätstheorie zusammen. Aber als er das tat, waren erste Experimente, die diese Theorie bestätigten, bereits gemacht worden. Nämlich die von Albert Michelson, die wir bereits beschrieben haben. Er hatte ja festgestellt, dass die Lichtgeschwindigkeit überall auf der Erde gleich sei – so, als bewege sich die Erde nicht. Aber das tut sie ja, wie wir wissen und mit ihren 29,8 Kilometern pro Sekunde, mit denen sie sich um die Sonne bewegt, ist sie ja auch nicht gerade langsam. Wenn also die Lichtgeschwindigkeit unabhängig von der Bewegung der Erde ist, so ist sie wohl unabhängig von jeder anderen Bewegung, schloss Einstein. Das Licht hat also absolute Eigenschaften, damit unterscheidet es sich von allem, was wir kennen. Vor rund 20 Jahren, 1983, haben es die Physiker übrigens endgültig aufgegeben, die Lichtgeschwindigkeit immer und immer wieder experimentell bestimmen zu wollen. Damals setzte man ihren Wert mit der zu der Zeit genauestens Messung von 299.792.458 Metern pro Sekunde gleich. Mit dieser Festlegung endete eine Jahrhunderte, ja, fast Jahrtausende währende Ära der Lichtgeschwindigkeitsmessung. Empedokles von Acragas war um 450 v. Chr. einer der ersten Philosophen, die glaubten, dass sich das Licht mit einer feststehenden Geschwindigkeit ausbreitet. Fast ein Jahrtausend später musste der römische Mathematiker Anicius Boethicus seine Versuche, die Lichtgeschwindigkeit zu messen, sogar mit dem Leben bezahlen – angeklagt des Verrats und der Zauberei wurde er geköpft. Interessanterweise trug unter anderem eine chinesische Erfindung dazu bei, dass sich westliche Wissenschafter mit der Geschwindigkeit des Lichtes beschäftigten. Die Verwendung von Schwarzpulver für Feuerwerks- und Signalraketen zeigte, dass der von ihnen verursachte Lichtblitz und der explosive Knall einige Sekunden auseinander lagen – offensichtlich war das Licht sehr viel schneller als der Schall.

Als 1983 nun der Wert für die Lichtgeschwindigkeit c ein für alle Mal festgelegt wurde, mussten auch die Längenmaße neu definiert werden, denn die speziellen Techniken zur Messung von Einsteins c stießen an Grenzen, die sich nur auf die Unschärfe der internationalen Standardlängeneinheit, des Meters, zurückführen ließen. Heute wird der Meter als die Entfernung definiert, die das Licht in 1/299.792.458 Sekunden zurücklegt. Jedes Lineal geht heute in seiner Skalierung also auf die Lichtgeschwindigkeit zurück. Das zeigt ein weiteres Mal, dass das Licht auch dort unseren Alltag beeinflusst, wo wir es gar nicht merken. Aber das nur am Rande.

Ausgehend von seinen Erkenntnissen über die Lichtgeschwindigkeit stellte Einstein weitere relativistische Beziehungen auf, so zum Beispiel die zwischen Materie und Energie, die sich nach Einsteins berühmter Formel $E= mc^2$ ineinander verwandeln lassen. Multipliziert man die Masse m eines Teilchens mit dem Quadrat einer extrem hohen Zahl, nämlich der Lichtgeschwindigkeit c, so erhält man die Energie E.

Diese Gleichung ist von essentieller Bedeutung für die Nutzung der Kernenergie. Sowohl bei der Kernspaltung als auch bei der Kernfusion wird »Masse« direkt in Energie ungewandelt.

Das Licht ist überhaupt von zentraler Bedeutung für die spezielle und die Allgemeine Relativitätstheorie, die das Universum vollständig mathematisch beschreiben. Licht spielt deshalb in dieser Beschreibung eine wesentliche Rolle, weil ein Lichtblitz das schnellstmögliche Signal ist, das Nachrichten von einem Punkt zum anderen bringen kann. Die Entfernung, die das Licht in einem gegebenen Zeitraum zurücklegt, bestimmt, wie zwei Ereignisse in der Raumzeit verbunden sind. Diese Raumzeit ist nicht gerade, sondern krumm – Einstein sprach von »Verwerfungen« und das ist auf die Schwerkraft zurückzuführen. Ähnlich einem Ozeandampfer, der von Le Havre nach New York nicht einfach geradeaus übers Meer fahren kann, sondern auf der gekrümmten Erdoberfläche einem großen Kreisbogen folgt, zeichnet ein Lichtstrahl die Verwerfungen der Raumzeit nach, die in der Nähe großer Himmelkörper auftreten. Das Licht unterliegt der Anziehungskraft dieser Himmelkörper, also der Gravitation.

Einsteins Erkenntnisse nutzen Astronomen, wenn sie zum Beispiel berechnen wollen, wie rasch sich die Galaxien im sich ausbreitenden Universum voneinander entfernen oder die Bedingungen, die in Schwarzen Löchern – Orten besonders starker Gravitation – herrschen, untersuchen wollen. Aber für seine Relativitätstheorien hat der Physiker gar nicht seine höchste Auszeichnung, den Nobelpreis, erhalten. Vielmehr ehrte ihn die schwedische Akademie 1921 für seine Erklärungen zum Photoelektrischen Effekt.

Für uns ist allerdings noch eine andere Theorie Einsteins von großem Interesse, nämlich sein Photonenkonzept, das uns die Rätsel erklärt, vor die uns das Licht hier auf der Erde stellt.

Das Phänomen, das dem Konzept zu Grunde liegt, kennt jeder Glasbläser und jeder Schmied: Die Farben der Materialien, die sie bearbeiten, ändern sich auf vorhersagbare Weise mit der Temperatur. Je heißer zum Beispiel das Eisen im Feuer des Schmiedes wird, desto heller glüht es – erst rot, dann orange und schließlich gelb bis weiß. Diese Alltagserfahrung lehrt uns, dass die Farbe des Lichtes und die Wärme zusammenhängen, und ist die Basis für optische Verfahren der Temperaturmessung.

Die Farbe des Lichtes ist abhängig von seiner Wellenlänge, also dem Abstand zwischen zwei Wellentälern bzw. -bergen. Die Wellenlänge des Lichtes nimmt Größen an, die im Bereich von Nanometern, das entspricht Millionstel Millimetern, liegt.

Doch wir haben uns bei unserer Annäherung an Einsteins Photonenkonzept etwas vom Weg abbringen lassen. Kehren wir zurück zu einem Gedankenexperiment, mit dem die klassische Physik die Beziehung zwischen der Temperatur eines Körpers, der Intensität des von ihm ausgestrahlten Lichtes und dessen Wellenlängen zu berechnen sucht. Man dachte sich dazu einen Schmelztiegel, den man auf eine sehr hohe Temperatur erhitzte. Die Atome in seinen Wänden begannen daraufhin zu schwingen und so entstand im Inneren des Schmelztiegels Licht. So weit, so gut. Bei langen Wellenlängen stimmten die Berechnungen der Physiker mit den Ergebnissen des Experimentes überein. Aber bei den kurzen Wellenlängen gab es Abweichungen, die die Wissenschaftler etwas dramatisch als »Ultraviolett-Katastrophe« bezeichneten. Die klassische Physik sagt für die kurzen Wellenlängen viel zu hohe Energien voraus, was bedeuten würde, dass ein heißer Körper bei extrem kurzen Wellenlängen eine unendliche Energie abstrahlt – und das ist natürlich nicht möglich.

Ein Physiker hat Bauchschmerzen

Diese »Katastrophe« hatte eigentlich ganz positive Eigenschaften: Sie zwang die Physiker, ihre bisherige Sichtweise zu überdenken, und führte schließlich zu einer neuen Physik, in deren Mittelpunkt ein neuer Begriff stand: Das Quantum.

Um uns nicht zu weit von unserem eigentlichen Ziel, dem Verstehen von Einsteins Photonenkonzept, zu entfernen, wollen wir uns mit der Quantentheorie, wie sie der deutsche Physiker Max Planck formulierte, nur in Grundzügen vertraut machen.

Plancks Grundaussage ist: Energie eines heißen Körpers tritt nicht in beliebigen Einheiten auf, sondern stets in Paketen, die das exakte Vielfache einer fundamentalen Energieeinheit – Planck nannte sie h – sind. Man kann sich das so vorstellen: Wasser können Sie in allen möglichen Einheiten abfüllen. Sie nehmen einen Liter oder ein Zehntel davon oder einen halben Liter und drei Tropfen – da sind Sie völlig frei. Aber wenn sie zum Beispiel eine Treppe hochsteigen, dann können Sie immer nur eine Stufe nehmen oder auch zwei, wenn Sie sportlich sind – aber nicht eine halbe Stufe oder ein Dreiviertel Stufen oder nur ein Zehntel einer Stufe. Hier ist die Höhe, die Sie überwinden, ebenfalls in Pakete aufgeteilt, die ganze Vielfache einer bestimmten Größe, nämlich der Höhe einer Stufe, sind. Energie ist kein stetiger Fluss, wie Wasser, das ich in einen Eimer gieße, sondern eine Treppe aus unteilbaren Einheiten, so postulierte Planck und nannte diese Einheiten »Quanten«. Das widersprach allem, was die klassische Physik damals lehrte und machte Planck sehr unglücklich, obwohl er für seine These 1918 den Nobelpreis erhielt. Der Physiker wäre lieber mit seiner Zunft im Reinen gewesen. Inzwischen hat sich aber die Quantentheorie in vielen Experimenten bestätigen lassen und wird standardmäßig angewendet, um die Intensität und die Wellenlängen der Strahlung zu berechnen, die ein warmer Körper bei einer bestimmten Temperatur abgibt und die Ultraviolett-Katastrophe ist dank Planck für die Physik keine mehr.

Was hat das aber alles nun mit unseren Betrachtungen über das Licht zu tun? Einstein hatte bereits 1905 Plancks Gedanken aufgegriffen und behauptet, das Licht bestehe ebenfalls aus einzelnen Quanteneinheiten, die man als das Produkt aus h und der Frequenz des Lichtes leicht errechnen kann. Später nannte man diese Lichtpakete Photonen.

Moment mal, werden Sie einwenden, da haben die Wissenschaftler rund 200 Jahre gebraucht, um den Wellencharakter des Lichtes zu bestimmen und als feste Größe in ihrer Wissenschaft zu etablieren und jetzt kommt gerade Einstein daher und spricht doch wieder von Lichtteilchen? Da hätte man doch gleich bei Newton und seinen Korpuskeln bleiben können, die wir bereits beschrieben haben. Sie haben natürlich Recht. Es gehört zur Einzigartigkeit des Lichtes, dass die Wissenschaft es nicht festnageln kann. In dem Moment, wo Physiker sich darauf geeinigt hatten, dass Licht eine Welle sein müsse und eifrig die Frequenz, Geschwindigkeit und Wellenlänge berechnet hatten, drehte das Licht ihnen eine Nase und trat doch wieder als Teilchen in Erscheinung. J. J. Thomson formulierte es 1925 so: »Die Untersuchung des Lichtes hat zu Leistungen der Erkenntnis, Phantasie und Erfindungsgabe geführt, die auf keinem anderen Gebiet geistiger Betätigung übertroffen wurden. Sie zeigt auch besser als jede andere Disziplin der Physik, wie wechselhaft das Schicksal von Theorien sein kann.«

Wenn ihre Theorien ins Wanken geraten, werden Wissenschaftler normalerweise recht nervös. So wie Max Planck, der seinen eigenen Theorien nicht traute, weil sie nicht mit den hergebrachten Grundsätzen der Physik in Einklang zu bringen waren. Auch hier erwies sich Albert Einstein als Ausnahme. Wenn Licht nicht eindeutig als Welle oder als Teilchen dingfest zu machen war, dann war es eben beides. Und da ja nach Ansicht des Physikers eh alles in Universum relativ war, also vom Betrachter abhing, so forderte Einstein das auch für diese Frage. Und er rechnete nicht mal damit, dass sein Photonenkonzept nun der Weisheit letzter Schluss sein würde, vielmehr werde er Rest seines Lebens »darüber nachsinnen, was Licht ist«, verkündete er 1917.

Licht und Materie – Wechselwirkungen, die uns erst die Welt verstehen lassen

In den vorangegangenen Kapiteln haben wir uns mit dem Licht und seiner dualen Natur auseinander gesetzt. In diesem Abschnitt geht es um das spannende Miteinander von Licht und Materie, das heißt wir wollen der Frage nachgehen, was passiert wenn eine Lichtwelle bzw. ein Photon auf Materie trifft? Hierbei gibt es viele Begriffe, wie Absorption, Emission, Streuung, Reflexion, Brechung, Beugung, Dispersion und Polarisation, die Sie vielleicht schon einmal gehört haben und die in diesem Abschnitt zu einander in Bezug gesetzt werden sollen. Dabei können wir es Ihnen nicht ersparen, etwas mehr »zur Sache« zugehen. Doch keine Angst vor den Tiefen der Physik und der physikalischen Chemie – die Faszination der Biophotonik wird sich Ihnen auch erschließen, wenn Sie nicht jedes Detail verstehen. Die verschiedenartigen Wechselwirkungen von Licht und Materie versetzen uns überhaupt in die Lage, unsere Umwelt wahrzunehmen bzw. sind verantwortlich dafür, dass es Leben auf der Erde gibt. Ob wir hierzu nun das Licht als Welle oder Teilchen beschreiben, wird vom betrachteten Phänomen abhängen.

Wie sich atomare Beziehungen in Molekülen polarisieren lassen

Fangen wir mit dem wohl am wenigsten geläufigen Begriff der Polarisation an. Wir wissen, dass sich Menschen polarisieren lassen. Genauer, menschliche Beziehungen lassen sich sehr einfach durch äußere Einflüsse polarisieren. Was bedeutet dies jedoch für die Materie bzw. die Moleküle, die die Materie aufbauen? Im Falle der Polarisation von Molekülen wird dieser äußere Einfluss durch das Licht hervorgerufen.

Bevor wir jedoch tiefer in diese Thematik einsteigen, lassen Sie uns erst einmal folgenden Fall betrachten. Wir nehmen polare Moleküle, wie zum Beispiel Wasser, zur Hand und stecken diese zwischen die Wände eines Plattenkondensators. Auf der einen Seite des Plattenkondensators legen wir nun eine positive und auf der anderen Seite eine negative Spannung an (siehe Abb. 1.1). Da der Sauerstoff im Wasser stärker elektronegativ (hierbei ist die Elektronegativität ein Maß dafür, wie stark ein Elektron von einem Atom angezogen wird) ist als der Wasserstoff, verhält sich Wasser wie ein Dipol. Man sagt auch, Wasser besitze ein permanentes Dipolmoment. Diese Dipole richten sich nun innerhalb des angelegten elektrischen Feldes des Plattenkondensators so aus, dass der negative Pol des Wassers in Richtung der positiven geladenen Platte zeigt und der positive Wasserpol, die beiden H-Atome, in Richtung der negativen Platte. Die Wasserdipole richten sich somit entsprechend dem angelegten elektrischen Feld des Plattenkondensators aus, das heißt die Wassermoleküle orientieren sich. Dieses Phänomen wird auch als Orientierungspolarisation bezeichnet. Ändert man nun die Ladung der Platten von positiv nach negativ bzw. umgekehrt, so orientieren sich die Wasserdipole entsprechend dem veränderten äußeren elektrischen Feld um.

Was passiert, wenn man zwischen die Wände unseres Plattenkondensators unpolare Moleküle bringt? Zu den unpolaren Molekülen gehören zum Beispiel die für uns lebenswichtigen Gase wie der molekulare Sauerstoff O_2 und Stickstoff N_2, aber auch die Treibhausgase Methan CH_4 und Kohlenstoffdioxid CO_2 bzw. Flüssigkeiten wie beispielsweise gesättigte und ungesättigte Kohlenwasserstoffe. Befinden sich gasförmige, feste bzw. flüssige Substanzen zwischen den Platten des geladenen Plattenkondensators, so werden sich auch diese Moleküle ganz ohne permanentes Dipolmoment ausrichten. Wie kann dies geschehen? Um diese Frage beantworten zu können, müssen wir den Aufbau der Moleküle berücksichtigen. Moleküle, bestehen mindestens aus zwei Atomen und werden über gemeinsame Elektronenpaare zusammengehalten. Hier können wir nun zwei Extremfälle unterscheiden: Das Elektronenpaar befindet zwischen den beiden Atomen verteilt, dann spricht man von einer kovalenten Bindung, oder das Elektronenpaar liegt vollständig auf einem Atom lokalisiert, so handelt es sich um eine ionische Bindung. Unpolare Moleküle liegen meistens kovalent vor, das heißt die Bindungselektronen liegen zwischen beiden Atomen mehr oder minder homogen verteilt vor. Dies bedeutet jedoch nicht, dass es sich hierbei um ein starres System handelt. Die Elektronen können vielmehr gegenüber den positiven Atomkernen durch ein von außen angelegtes elektrisches Feld, so wie es in unserem Plattenkondensator vorliegt, gegeneinander verschoben werden. In diesem Fall wird durch das äußere elektrische Feld ein

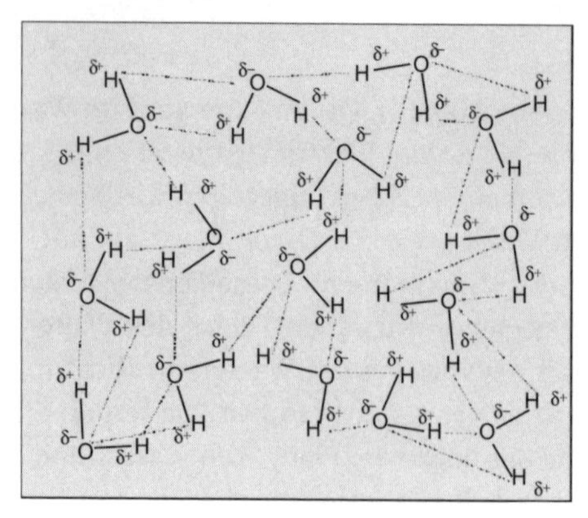

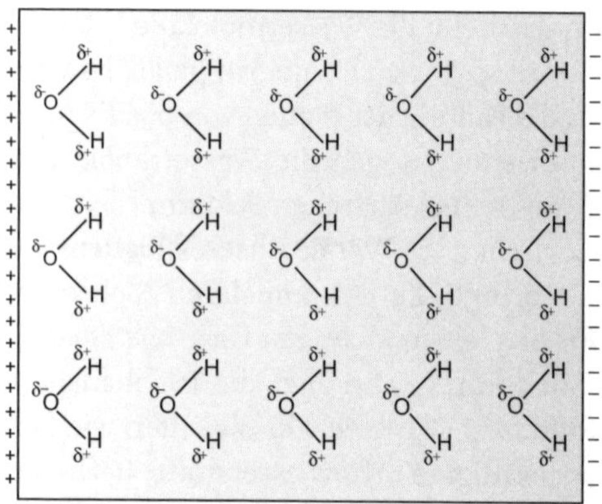

Abb. 1.1 Wassermoleküle bestehen aus zwei Wasserstoff- und einem Sauerstoffatom, die über gemeinsame Elektronenpaare zusammengehalten werden. Da jedoch das Sauerstoffatom Elektronen stärker anzieht als die Wasserstoffatome, sind die Bindungselektronen im Wassermolekül unsymmetrisch verteilt, was das Auftreten von Teilladungen zur Folge hat. Wassermoleküle sind also polare Moleküle mit einer negativen Teilladung auf dem Sauerstoffatom und positiven Teilladungen auf den Wasserstoffatomen. Die Partialladungen führen dazu, dass sich im Wasser so genannte Wasserstoffbrückenbindungen ausbilden, d. h. die elektrostatischen Kräfte der Dipole führen zu einer Ausrichtung und gegenseitigen Anziehung der Dipole (Pluspol eines Dipols zieht Minuspol eines anderen Dipols an). Die Wasserstoffbrücke ist gebildet. Ohne diese Wasserstoffbrückenbindungen würde es kein Leben auf der Erde geben, da sie die physikalischen Eigenschaften des Wassers z. B. Schmelzpunkt bei 0 °C und hohen Siedepunkt bei 100 °C bestimmen. Bringt man solche polaren Wassermoleküle in einen Plattenkondensator, werden die ungeordneten über Wasserstoffbrückenbindungen zusammengehaltenen Wassermoleküle entlang den positiven bzw. negativ geladenen Kondensatorplatten ausgerichtet. Das mit einer negativen Teilladung versehene Sauerstoffatom richtet sich zur positiv geladenen Kondensatorplatte aus, während die positiv geladenen Wasserstoffatome in Richtung der negativen aufgeladenen Kondensatorplatte zeigen. Diese Ausrichtung bezeichnet man als Orientierungspolarisation. Hierbei gilt es zu beachten, dass die vollständige Ausrichtung der Wassermoleküle in der rechten Abbildung die realen Verhältnisse sehr stark idealisiert wiedergibt.

Dipolmoment induziert. Das Ausmaß dieses induzierten Dipolmomentes – der Wissenschaftler spricht auch von Polarisierbarkeit bzw. Polarisation (in diesem speziellen Fall, weil die Elektronen betroffen sind, von Elektronenpolarisation bzw. von Verschiebungspolarisation der Elektronen) – hängt davon ab, wie leicht die Elektronen gegen die positiven Atomkerne verschoben werden können. Mathematisch wird das induzierte Dipolmoment μ_{ind} wie folgt beschrieben $\mu_{ind} = \alpha E$, wobei α die Polarisierbarkeit und E das wirkende elektrische Feld ist. Aufgrund dieser induzierten Dipolmomente richten sich auch unpolare Moleküle in einem geladenen Plattenkondensator wenn gleich in geringerem Ausmaß aus.

Liegen die Verbindungen als Ionen vor, so kann es auch hier gemäß Abb. 1-2 zu einer Verschiebungspolarisation kommen. In diesem Fall spricht man jedoch von einer Ionen-, Atom- bzw. Molekül-Polarisation.

Ändert man nun im Fall von unpolaren Molekülen, die sich zwischen den Wänden einen Plattenkondensators befinden, die Polung des Plattenkondensators, so ändert sich analog dazu das induzierte Dipolmoment. Nur mit dem kleinen Unterschied, dass sich die Moleküle nicht umorientieren müssen. Es werden nur die Elektronen bzw. die Atome oder Ionen in die eine bzw. andere Richtung verschoben. Dies hat weit reichende Konsequenzen, wie wir noch sehen werden. Was haben die gerade angestellten Betrachtungen von polaren und unpolaren Molekülen in einem Plattenkondensator mit dem Thema Licht und Materie zu tun? Sehr viel, denn eine elektromagnetische Welle führt zu den gleichen Effekten. Analog zu dem Plattenkondensator, dessen Polung mit einer bestimmten Frequenz geändert wird, was zu einer veränderten Ausrichtung der Moleküle innerhalb der Platten führt, bewirkt die elektromagnetische Welle (z. B. wenn es sich um Radiowellen handelt) ebenfalls eine Ausrichtung der Moleküle. Hierbei spielt es keine Rolle, ob wir es mit polaren oder unpolaren Molekülen zu tun haben. Auch spielt der Aggregatzustand keine Rolle. Von Bedeutung für die beobachtbaren Effekte ist vielmehr die Frequenz des Lichtes, also die Zeitperiode, in der eine elektromagnetische Welle einen kompletten Wellenzug bestehend aus Wellenberg und Wellental durchläuft (siehe Abb. 1.3).

Liegt die Frequenz (ν) im Bereich von 10^8 Hz (100 MHz) (Radiowellenbereich), so können sich die vorhandenen Dipole noch entsprechend dem äußeren Feld ausrichten, d. h. die Moleküle können

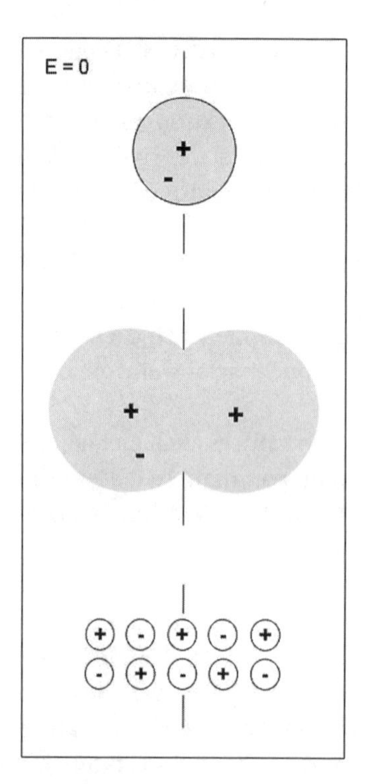

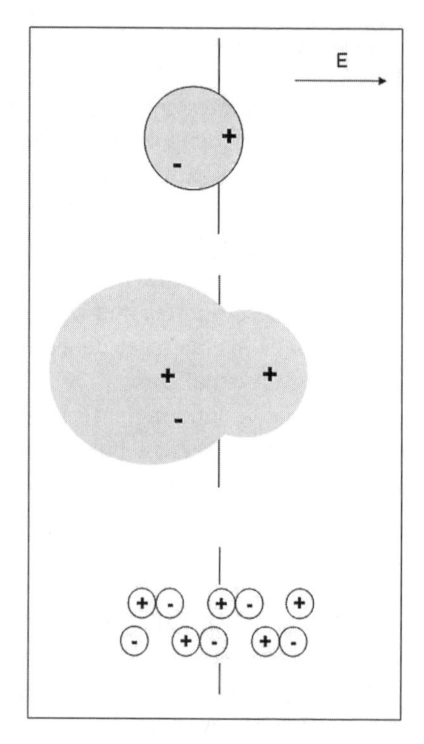

Abb. 1.2 Durch das Anlegen eines äußeren elektrischen Feldes E kann es sowohl zu einer Verschiebung der positiven als auch der negativen Ladungsträger kommen. Diese Verschiebung führt zur Entstehung von Ladungsschwerpunkten, d. h. es entsteht ein Dipolmoment. Man spricht auch von der Induktion eines elektrischen Dipols hervorgerufen durch das Anlegen eines äußeren elektrischen Feldes (vergleichen Sie hierzu das linke Bild ohne elektrisches Feld ($E = 0$) mit dem rechten Bild in dem ein elektrisches Feld E angelegt ist). Dieser Polarisationseffekt wird als Verschiebungspolarisation bezeichnet: Werden wie im Beispiel eines Atoms (Bild oben) oder im Fall eines unpolaren Moleküls die negativen Elektronen gegen die positiven Kerne verschoben, spricht man von der Verschiebungspolarisation der Elektronen oder von der Elektronenpolarisation. Im unteren Beispiel werden positive Ionen gegen negative Ionen verschoben, im Fall von Kochsalz (NaCl) wären dies die positiven Natrium-Ionen gegen die negativen Chlorid-Ionen. Dieser Effekt wird als Ionenpolarisation bezeichnet.

sich komplett umorientieren. Gleiches gilt auch für die Elektronen. Diese können, da sie wesentlich leichter sind, noch viel einfacher den Veränderungen des äußeren Feldes folgen. Erhöhen wir nun langsam die Frequenz, so gelangen wir in den Mikrowellenbereich (10^{11} Hz), in dem die vorhandenen permanenten Dipole dieser schnellen Ände-

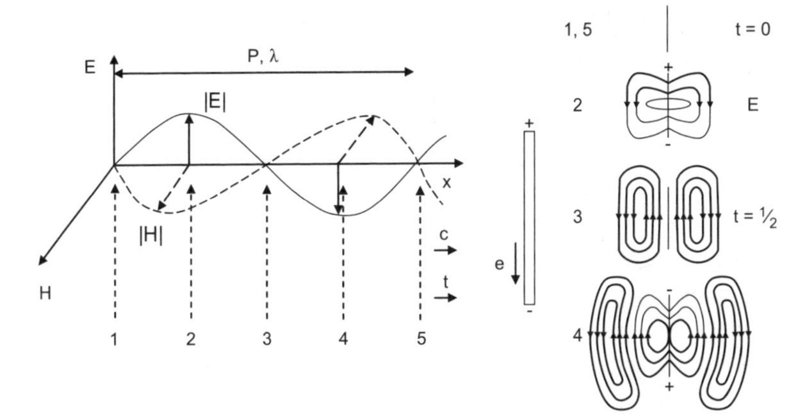

Abb. 1.3 Licht breitet sich in Form von elektromagnetischen Wellen aus (linke Seite). Bei ihnen handelt es sich immer um die gleiche Art von wellenartiger Störung (unsichtbare Störung des sog. Kraftfeldes), die sich regelmäßig über eine Strecke wiederholt, die Wellenlänge heißt. Lichtwellen werden als zueinander senkrecht schwingende elektrische (E) und magnetische Felder (H) beschrieben. Die zeitliche Änderung des elektrischen Feldes ist stets mit einer räumlichen Änderung des magnetischen Feldes verknüpft. Ebenso ist wiederum die zeitliche Änderung des magnetischen Feldes mit einer räumlichen Änderung des elektrischen Feldes verknüpft. Elektromagnetische Wellen können sich auch im luftleeren Raum (Vakuum) fortpflanzen. Im Vakuum breitet sich eine elektromagnetische Welle mit der Vakuumlichtgeschwindigkeit c_o = 299.792,458 km/s ≈ 300.000 km/s aus. Das sich zeitlich ändernde elektrische Feld E lässt sich wie folgt beschreiben: $E(z,t) = E_o \cos 2\pi\nu(t - z/c)$ mit $E(z)$ = elektrische Feld am Ort z; E_o = maximales elektrisches Feld; ν = Lichtfrequenz; t = Zeit; c = Lichtgeschwindigkeit. Es ist das schwingende elektrische Feld, welches mit Materie wechselwirken und Energie auf sie übertragen kann. Die Beziehung zwischen Frequenz und Wellenlänge ist gegeben durch: $\lambda\,\nu = c$. Die spektroskopisch eher gebräuchliche Wellenzahl ist definiert als $\bar{\nu} = 1/\lambda$. Eine elektromagnetische Welle geeigneter Frequenz kann nun in einem Molekül die Elektronen gegenüber den Kernen verschieben und somit einen elektrischen Dipol induzieren. Dieses induzierte Dipolmoment μ_{ind} schwingt mit der gleichen Frequenz wie das zu erzeugende Wechselfeld: $\mu_{ind} = \alpha\, E_o \cos 2\pi\nu(t - z/c)$, wobei α die Polarisierbarkeit des Moleküls ist. α ist ein Maß dafür, wie leicht sich Elektronen in einem Molekül verschieben bzw. bewegen lassen. Die bewegten Ladungen führen zum Aussenden einer elektromagnetischen Welle in alle Raumrichtungen (mit Ausnahme der Richtung, in der der Dipol schwingt (siehe rechtes Teilbild)) mit der gleichen Frequenz wie die eingestrahlte Welle. Auf der Abstrahlung einer elektromagnetischen Welle von einem Dipol und ihrer Ausbreitung im Raum basiert auch ein Hertz'scher Dipol (rechte Seite) als Sende- und Empfangsantenne elektromagentischer Wellen. In einer Antenne werden die Elektronen mit der Frequenz eines Generators nach oben bzw. unten getrieben, wodurch eine Ladungsverteilung ähnlich eines elektrischen Dipols entsteht. Die rechte Seite der Abbildung zeigt nun, wie sich das elektrische Feld in einer Periodendauer ausbildet und vom Sendedipol ausgestrahlt wird.

rung nicht mehr folgen können. Beobachtbar bleibt jedoch die Verschiebungspolarisation der Elektronen als auch Verschiebung der Atome bzw. Ionen durch das äußere Feld. Erhöht man nun die Frequenz langsam in Richtung des Frequenzbereiches des sichtbaren Lichtes (10^{14} bis 10^{15} Hz) so können nur noch die Elektronen dieser schnellen Bewegung folgen und tragen somit zur Polarisierbarkeit bei. Diese Frequenzabhängigkeit der Polarisierbarkeit bzw. der resultierenden Polarisation wird als Dispersion bezeichnet. In Abb. 1.4 ist dieses Verhalten der Polarisation als Funktion der Frequenz dargestellt. Sie sehen, dass aufgrund der zunehmenden Frequenz der elektromagnetischen Wellen die resultierende Polarisation der Moleküle abnimmt.

Was können wir nun hieraus lernen? Trifft elektromagnetische Strahlung auf Materie, so kann diese polarisiert und ein Dipolmoment induziert werden. Das induzierte Dipolmoment ($\mu_{ind} = \alpha E_o \cos 2\pi\nu(t-z/c)$) ändert sich hierbei mit der gleichen Frequenz wie das eingestrahlte elektromagnetische Feld. Da es sich hierbei jedoch um Ladung handelt, die bewegt wird, sendet die Materie wieder Strahlung aus. Es entsteht also eine Sekundärstrahlung, die die gleiche Frequenz besitzt, wie die Erregerstrahlung (analog zu dem bereits angesprochenen »Hertz'schen Dipol«).

Dieses Phänomen, was Ihnen eventuell sehr suspekt erscheinen mag, sorgt unter anderem dafür, dass es auf unserer Erde tagsüber nicht wie auf dem Mond oder im Weltall dunkel, sondern hell ist. Der große Unterschied zwischen unserer Erde und dem Mond besteht vor allem darin, dass die Erde von einer Atmosphäre bestehend aus Molekülen umgeben ist, während der Mond keine solche Atmosphäre besitzt. Auch im Weltall sind so gut wie keine bzw. nur wenige Moleküle vorhanden. Man spricht auch von einem Vakuum. Jedoch erst durch das Wechselspiel von Molekülen mit dem Licht – insbesondere mit dem sichtbaren Licht – werden die Moleküle polarisiert und erzeugen eine Sekundärstrahlung der gleichen Frequenz, die jetzt aber in die Vorzugsrichtungen eines Dipols abgestrahlt wird. Diese ungerichtete Abstrahlung, man spricht auch von der elastischen Lichtstreuung (elastisch deswegen, weil die Frequenz sprich die Energie bei der Streuung erhalten bleibt) oder Rayleigh-Streuung, versetzt uns Menschen und die Tiere in Lage unsere Umwelt im Sonnenlicht aber auch im Licht von Lampen wahrzunehmen.

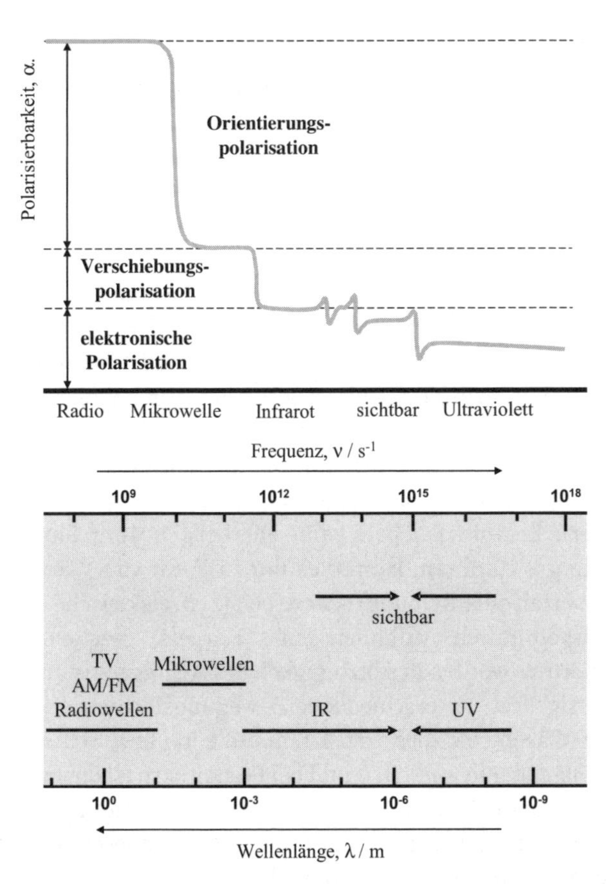

Abb. 1.4 Einteilung der verschiedenen Bereiche des elektromagnetischen Spektrums nach der Wellenlänge der Strahlung. Abhängigkeit der Polarisierbarkeit von der Frequenz des eingestrahlten elektromagnetischen Feldes. Bei zunehmender Frequenz nimmt die Polarisierbarkeit verhältnismäßig stark ab, da die Umkehr des elektrischen Feldes der elektromagnetischen Welle für steigende Frequenzen d. h. abnehmende Wellenlängen immer schneller wird und irgendwann so schnell erfolgt, dass die polaren Moleküle der Umkehr nicht mehr folgen können.

Berücksichtigen wir nun noch, dass die Lichtstreuung mit der vierten Potenz der Lichtfrequenz (ν^4) skaliert, so bedeutet dies nichts anderes als dass kurzwelliges bzw. hochfrequentes blaues Licht deutlich stärker elastisch gestreut wird als langwelliges bzw. niederfrequentes rotes oder infrarotes Licht. Blaues Licht wird somit stärker gestreut als rotes. Dadurch erscheint der mittägliche Himmel blau, die Sonne jedoch etwas gelber bzw. roter als sie wirklich ist. Besonders deutlich wird dieser Effekt, wenn der Weg des Sonnenlichtes durch die Atmosphäre am längsten ist. Die tief stehende Morgen- bzw. Abendsonne erscheint daher oftmals besonders rot, da jetzt das weniger gestreute rote Licht unser Auge besser erreicht.

Wie Licht die Moleküle in einen höheren Energiezustand befördern kann

An der Kurve in Abb. 1.4 können wir weitere interessante Phänomene ablesen. Im Bereich der Mikrowellenstrahlung, der THz- und IR-Strahlung, aber auch im sichtbaren Spektralbereich ist die mehr oder minder »glatte« Abnahme der Polarisierbarkeit durch plötzliche kurzzeitige Zunahmen der Dispersion überlagert. Wie kommt dieses »anomale« Verhalten bei Wechselwirkung von Licht mit Materie zustande? Zur Beantwortung dieser Frage müssen wir zuerst einmal klären, wie Materie Energie speichern kann. Hierbei gilt: Wenn Sie einem Körper Energie zuführen, kann dies nur in Form von Wärme (z. B. durch Aufheizen oder Reibung) oder Arbeit (z. B. elektrische Arbeit, Volumenarbeit durch Aufblasen eines Körpers) geschehen. Innerhalb des Körpers werden in Abhängigkeit des Aggregatzustands (gasförmig, flüssig, fest) unterschiedliche Bewegungsformen angeregt. Im Fall von Gasen sind dies Translation, Rotation bzw. Schwingung der Moleküle. Bei Flüssigkeiten und bei Festkörpern ist die freie Translation und Rotation durch die starke Vernetzung der Atome bzw. Moleküle untereinander bzw. mit der Umgebung stark eingeschränkt. Wie stark diese Anregung ist, wird hierbei über die äußere Temperatur reguliert. Es gilt jedoch wiederum das quantentheoretische Prinzip der ganzen »Treppenstufen«. Sie erinnern sich? In molekularen Systemen kann die Energie nicht in beliebigen Paketen abgegeben bzw. aufgenommen werden, sondern nur in wohl definierten, immer gleich großen Portionen. Damit steht jedoch fest, dass ein molekulares System, sprich jegliche Form der Materie, also auch Ihr Wohnzimmertisch oder Ihr mit einem guten Rotwein gefülltes Glas, in Abhängigkeit der Temperatur wohl definierte Energiezustände einnimmt. Hierbei gilt: Je wärmer ein Körper ist, desto stärker sind die unterschiedlichen Bewegungsformen angeregt. Im umgekehrten Fall kann aufgrund eines weiteren sehr grundlegenden Prinzips der Quantenchemie aus einem molekularen System nicht alle Energie entfernt werden. Diese so genannte Nullpunktsenergie ist die Folge der von Heisenberg gefunden Unschärferelation. Diese Heisenbergsche Unschärferelation besagt, dass man im Gegensatz zur Newtonschen Mechanik für atomare und molekulare Bestandteile Ort und Impuls nicht mit beliebiger Genauigkeit angeben kann. Im Falle einer Kugel von beispielsweise wenigen Millimetern Durchmesser können Sie Ort und Impuls dieser Kugel exakt berechnen. Für Atome oder Elektronen ist dies jedoch unmöglich.

Als Quintessenz dieser Ausführungen können wir somit festhalten, dass alle Materie aufgrund ihrer Moleküle irgendwie in Bewegung ist. Aufgrund dieser thermischen Bewegung strahlt jeder Körper permanent Energie ab. Sind Sie der Meinung, dass Ihnen dies fremd ist? Wir sind uns sicher, Sie kennen entsprechende »Wärmebilder«. Erinnern Sie sich noch an den letzten Fernsehkrimi, in dem die Kriminellen per Hubschrauber bei einer nächtlichen Verfolgungsjagd mit Hilfe einer Wärmebildkamera verfolgt und schließlich erfolgreich geschnappt wurden? Die Bilder, die Sie gesehen haben, zeigten die Menschen in warmen und hellen Farben, die Umgebung hingegen mehr oder minder dunkel. Die Wärmebildkamera kann infrarote Strahlung sehr sensitiv detektieren. Diese infrarote Strahlung ist ein Abbild für thermisch angeregte Rotationen und Schwingungen. Je heißer ein Körper ist, desto stärker sind die Rotationen und Schwingungen der Moleküle angeregt und desto wärmer und heller sind die Farben des Wärmebildes. Daher erscheinen im nächtlichen Wärmebild die Personen hell, die kalte Umgebung dagegen dunkel.

Was passiert nun, wenn Licht mit einem solchen rotations- und schwingungsfähigen Molekülsystem in Wechselwirkung tritt? Wir wissen, dass die Rotations- und Schwingungszustände gequantelt vorliegen. Das gleiche gilt für die Photonen. Damit steht jedoch auch fest, dass nur dann Lichtabsorption (-aufnahme) erfolgen kann, wenn das vorhandene Photon genau die passende Energie besitzt, die für einen Schwingungs- bzw. Rotationsübergang benötigt wird. Durch die Absorption des »passenden« Photons wird das Molekül von seinem aktuellen Rotations- bzw. Schwingungszustand in einen höher angeregten Zustand überführt (siehe Abb. 1.5). Umgekehrt kann ein angeregtes System wiederum durch Abgabe von Energie beispielsweise in Form von Wärme über Stöße mit der Umgebung oder sogar durch Lichtemission (-abgabe) von einem angeregten Zustand in den tiefer liegenden Grundzustand übergehen.

Mit dieser Form der Wechselwirkung von Feld und Materie müssen wir uns näher und intensiver auseinandersetzen, da sie die

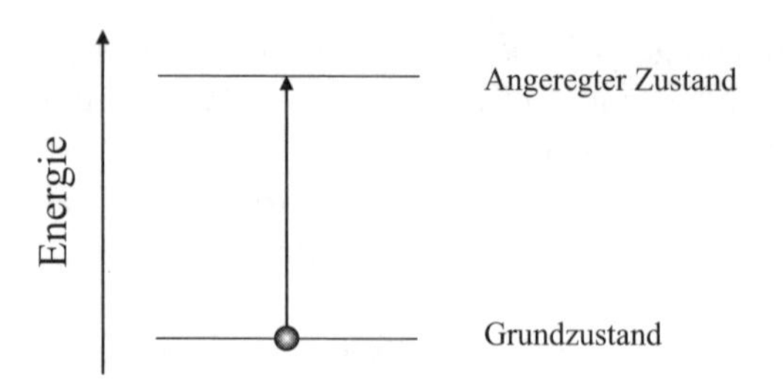

Abb. 1.5 Bei der Beschreibung mikroskopischer Systeme (z. B. Atome oder Moleküle) müssen quantenphysikalische Effekte berücksichtigt werden. Das Wort Quant bezeichnet eine kleine Menge. Das bedeutet, dass eine makroskopisch kontinuierlich erscheinende physikalische Größe im Mikroskopischen nur in bestimmten, nicht weiter unterteilbaren Mengen auftreten kann. So ist die Energie eines mikroskopischen Systems gequantelt, in ganz bestimmte Energieportionen eingeteilt. Ein anschauliches Bild dafür ist eine Treppe, wobei jede Treppenstufe eine Energieportion darstellt. Moleküle können verschiedene Bewegungen (Translationen, Rotationen und Schwingungen) ausführen. Die Energie all dieser Bewegungen ist gequantelt. Ebenso ist die Energie der Elektronenbewegung in einem Atom bzw. Molekül gequantelt. Falls die Energie des eingestrahlten Lichtes dem Energieabstand zweier Quantenzustände (Energiezustände des Systems) entspricht, kann das Molekül von dem einen auf den anderen Energiezustand angehoben werden. Diesen Prozess bezeichnet man als Absorption. Je nach Lichtwellenlänge lassen sich so Rotationen, Schwingungen bzw. Elektronen in einem Molekül anregen. Mikrowellen können einen Übergang zwischen zwei Rotationszuständen anregen, Licht im Infraroten führt zur Absorption zwischen zwei Schwingungszuständen und sichtbares bzw. ultraviolettes Licht hebt Elektronen von einem Elektronenzustand in einen energetisch höheren elektronischen Quantenzustand. Im Falle der Translation tritt die Quantelung jedoch nur dann in Erscheinung, wenn sich das Atom oder Molekül in einem nanoskopisch kleinen Kasten befindet. Sind die räumlichen Ausdehnungen des Kasten größer, liegen die Energieniveaus der verschiedenen Translationszustände so eng zusammen, dass man beruhigt von einem Energiekontinuum sprechen kann.

Grundlage für moderne Verfahren der molekularen Diagnostik in den Lebenswissenschaften und der Medizin darstellt. Im weiteren Verlauf werden wir uns auf die Schwingungsanregung sowie die elektronische Anregung der Moleküle beschränken, da die Anregung von Rotationen in kondensierter Materie für diagnostische Zwecke keine große Rolle spielt.

Alles andere als monoton: die Bewegung von Atomen und Molekülen

Wir haben gesehen, dass Moleküle, ganz unabhängig davon wie hoch oder niedrig die Temperatur ist, schwingen. Hierbei kann man in einem Molekül eine Vielzahl von Schwingungen gleichzeitig beobachten. Die Anzahl der so genannten Normalschwingungen, und nur diese interessieren uns, kann man über die Beziehung $3N-6$ berechnen. N steht hierbei für die Anzahl der Atome in einem Molekül. Was sagt uns diese kleine Gleichung, die losgelöst vom Aggregatzustand der Materie gilt? Wir haben gesehen, dass ein Molekül als Bewegungsfreiheitsgrade Translation, Rotation und Schwingung besitzt. Hätten wir nur ein Atom so ließe sich seine Bewegung durch den Raum über die drei Raumrichtungen x-, y- und z beschreiben. Für eine genaue Beschreibung dieser Translationsbewegungen reichen uns schon die drei Raumkoordinaten aus (Abb. 1.6).

Wir haben somit drei Freiheitsgrade für die Translation. Rotationen und Schwingungen sind bei einem Atom nicht anregbar. Wenn wir hingegen ein Molekül bestehend aus drei Atomen wie beispielsweise Wasser (H_2O mit $N = 3$) betrachten, so könnten sich die drei Atome, wenn sie nicht über eine chemische Bindung miteinander verbunden wären, unabhängig voneinander durch den Raum bewegen. Für diese »unabhängige« Bewegung erhalten wir somit neun Bewegungsfreiheitsgrade ($N = 3$: $3 \times 3 = 9$). Jetzt wissen wir natürlich, dass sich

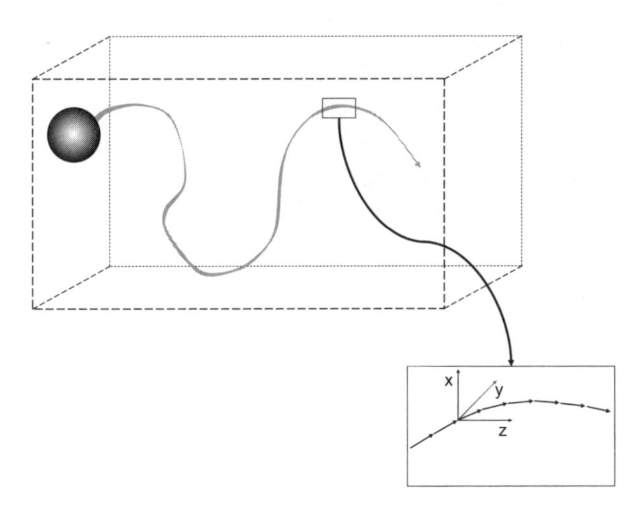

Abb. 1.6 Schematische Darstellung der Translationsbewegung eines Atoms in einem Kasten. Ein Atom kann sich in alle Raumrichtungen frei bewegen. Diese Bewegungsbahn lässt sich klassisch (ohne Berücksichtigung der Quantennatur der Atome und Moleküle) zu jedem Zeitpunkt über die drei Koordinaten x,y,z entlang den Raumachsen angeben, d. h. zur Beschreibung der Translationsbewegung eines Atoms genügen diese drei Raumkoordinaten.

die Atome der Moleküle nicht unabhängig voneinander durch den Raum bewegen können, sondern nur das gesamte Molekül als eine Einheit. Damit müssen wir drei Freiheitsgrade für diese kollektive Molekültranslation wieder von der Gesamtheit der Bewegungsmöglichkeiten abziehen. Bleiben somit von den neun Freiheitsgraden insgesamt nur noch sechs übrig. Berücksichtigen wir nun, dass so ein Molekül auch entlang der drei Achsen unseres Koordinatensystems rotieren kann, so müssen wir weitere drei Freiheitsgrade für diese drei Möglichkeiten der Rotation abziehen (Abb. 1.7).

Bleiben somit von den ursprünglich neun Bewegungsfreiheitsgraden nur noch drei übrig. Diese verbleibenden Freiheitsgrade entsprechen nun den Schwingungsfreiheitsgraden, das heißt den Normalschwingungen der Moleküle. Die drei Normalschwingungen des Wassers sind in Abb. 1.8 gezeigt.

Die Schwingungen unterscheiden sich hierbei durch die Bewegung der Atome innerhalb der Moleküle. Man differenziert zwischen so genannten reinen Streckschwingungen (die chemischen Bindungen werden gestreckt oder gestaucht), reinen Deformationsschwingungen (bei denen sich nur Bindungswinkel ändern) oder gemischten Formen, bei denen sowohl die chemischen Bindungen gestreckt und gestaucht als auch Bindungswinkel vergrößert und verkleinert werden. Bemerkenswert ist hierbei, dass die verschiedenen Schwingungen unterschiedliche Frequenzen haben. Zur Beschreibung der Schwingungsbewegung von Molekülen kann man im einfachsten Fall die chemische Bindung als Feder betrachten, die die Atome verbindet. Die Frequenz der Schwingung lässt sich dann in Abhängigkeit der

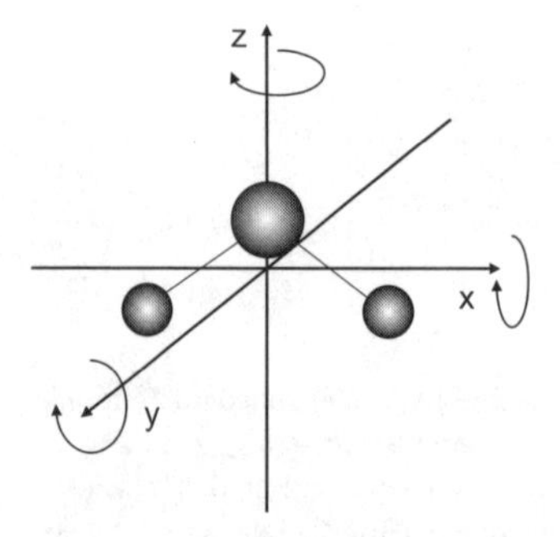

Abb. 1.7 Die drei Rotationsfreiheitsgrade, die ein Wassermolekül hat. Die Rotation erfolgt entlang der Koordinatenachsen x, y und z.

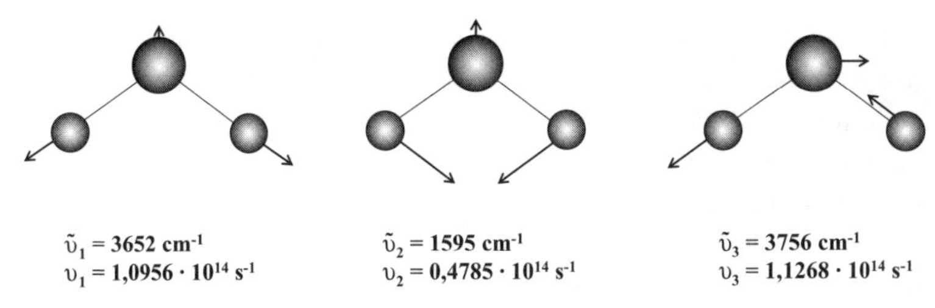

Abb. 1.8 Die drei Normalschwingungen eines Wassermoleküls. Die Atome bewegen sich dabei entlang der Pfeile. Diese drei Schwingungsbewegungen besitzen unterschiedliche Frequenzen und lassen sich unabhängig voneinander anregen.

Atommassen und der »Federkonstanten«, das heißt der Kraftkonstante, die zwischen den Atomen existiert, berechnen. Die Frequenzen der drei Schwingungen des Wassers liegen bei: $\nu_1 = 3652\ cm^{-1}$ (symmetrische Streckschwingung), $\nu_2 = 1595\ cm^{-1}$ (symmetrische Biegeschwingung) und $\nu_3 = 3756\ cm^{-1}$ (antisymmetrische Streckschwingung).

Kommen wir nochmals kurz auf die kleine Gleichung ($3N-6$) zurück, mit der wir in der Lage sind, die Anzahl der Normalschwingungen eines Moleküls zu berechnen. Die Moleküle, die uns im Bereich der Biophotonik interessieren, sind natürlich wesentlich größer und komplexer als das kleine Molekül Wasser. Damit nimmt natürlich die Anzahl möglicher Normalschwingungen in einem Molekül extrem mit der Molekülgröße zu. Die einfachste Aminosäure Glycin besteht aus 10 Atomen und weist damit bereits 24 Schwingungen auf. Was kann man nun mit diesen schwingenden bzw. tanzenden Molekülen anfangen?

Was tanzende Moleküle über sich und ihre Umgebung verraten

Moleküle mit N Atomen besitzen, wie wir gerade gesehen haben, $3N-6$ mögliche Schwingungen. Die meisten Schwingungen haben, wenn sie nicht gerade entartet (Entartung bedeutet »gleiche Energie«) sind, unterschiedliche Schwingungsfrequenzen. Ein äußeres Lichtfeld, das auf die Moleküle eingestrahlt wird, kann direkt absorbiert werden, wenn es die passende Lichtfrequenz aufweist. Infolge der Absorption ändert sich nur die Amplitude der Schwingung, das heißt die Stärke der Auslenkung der Atome aus der Ruhelage, jedoch nicht ihre Schwingungsfrequenz. Diese direkte Absorption von elektromagnetischer Strahlung umfasst in etwa den Spektralbereich von 2,5 µm bis etwa 1 mm. Man spricht auch vom mittleren und fernen Infrarot-Spektralbereich. In spektroskopischen Einheiten umfasst das mittlere Infrarot den Bereich von 400 bis 4000 cm^{-1}. Der Spektralbereich unterhalb von 400 cm^{-1} (fernes Infrarot) wurde erst in den letzten Jahren für die Schwingungs-Spektroskopie erschlossen. Man spricht hier von Terahertz-Strahlung. Diese Strahlung bietet besondere Möglichkeiten gerade im Bereich der Biophotonik, da die Eindringtiefe dieser langwelligen Strahlung ins biologische Gewebe sehr groß ist. Darauf werden wir jedoch erst später zurückkommen. Verharren wir noch ein wenig bei der IR-Absorption, das heißt der direkten Absorption geeigneter IR-Strahlung durch die schwingenden Moleküle. Die Atome bewegen sich während einer bestimmten Schwingungsphase aufeinander zu bzw. entfernen sich voneinander. Das ganze wiederholt sich periodisch. Daher kann diese Bewegung sehr einfach durch einen harmonischen Oszillator dargestellt werden (Abb. 1.9).

Was lernen wir aus diesem Bild? Durch die Schwingungsbewegung wird permanent kinetische Energie (Bewegungsenergie) in potenzielle Energie (Lage- bzw. Ruheenergie) umgewandelt und umgekehrt. Haben die Atome den kleinsten bzw. den größten möglichen Abstand, so besitzt das Molekül zu diesem Zeitpunkt nur noch potenzielle und keine kinetische Energie. Durchläuft das Molekül während der Schwingung seinen Gleichgewichtsabstand, das ist der Abstand, der der chemischen Bindung entspricht, so weist das Molekül zu diesem Zeitpunkt nur noch kinetische und keine potenzielle Energie auf.

Sie können diese Schwingungsbewegung durchaus mit der Bewegungen einer Schaukel vergleichen. Dort passiert nämlich eine analoge Energieumwandlung. Befinden Sie sich mit Ihrer Schaukel am höchsten Punkt der Schaukelbewegung, so besitzen Sie hier nur noch potenzielle Energie. Für einen kurzen Zeitpunkt verweilen Sie nämlich an einer Position und befinden sich in Ruhe. Durchlaufen Sie danach gerade den niedrigsten Punkt, dann haben Sie potenzielle in kinetische Energie umgewandelt. Sie besitzen zu diesem Zeitpunkt die höchste Geschwindigkeit. Der große Unterschied zwischen der makroskopischen Schaukel und den mikroskopischen Molekülen ist, wie schon mehrfach erwähnt, dass die Energie bei den schwingenden Molekülen nur portionsweise durch diskrete Energiequanten aufgenommen werden kann. Man sagt: Die Schwingungszustände sind ge-

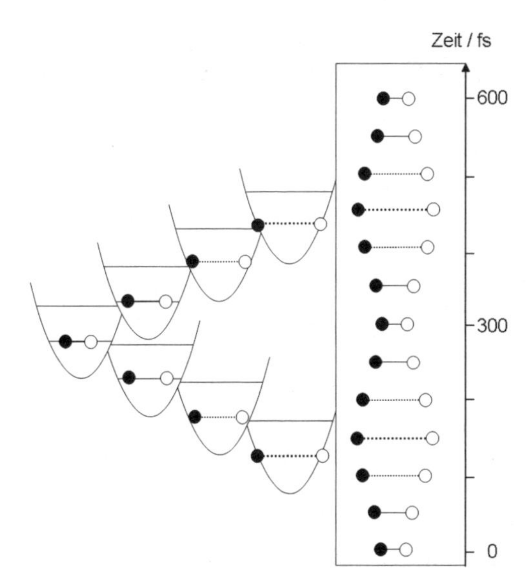

Abb. 1.9 Modell des harmonischen Oszillators zur Beschreibung der Schwingungsbewegung in einem Molekül. Das Molekül führt eine periodische Schwingung um seine Gleichgewichtslage aus, bei der die Rückstellkraft direkt proportional der Auslenkung der Atome aus ihrer Gleichgewichtslage ist. Der rechte Teil der Abbildung zeigt eine solche periodische Schwingungsbewegung eines zweiatomigen Moleküls. Das Molekül wird dabei als zwei Kugeln, welche über eine elastische Feder miteinander verbunden sind, beschrieben. Die Schwingungsfrequenz hängt dabei von der Masse der Kugeln und der Federkonstanten ab, also davon, wie leicht oder schwer sich eine Feder dehnen lässt. Der linke Teil der Abbildung verdeutlicht diese Schwingungsbewegung in einem harmonischen Potenzial. Das Minimum der Parabel beschreibt dabei den Gleichgewichtsabstand, d. h. den Kernabstand mit der geringsten Energie. Gemäß der Quantenmechanik ist die Schwingungsenergie nicht kontinuierlich, sondern gequantelt. Diese Energiequantelung wird durch die horizontalen Striche im harmonischen Potenzial angedeutet. Das schwingende quantenmechanische System besitzt eine Nullpunktsenergie, die so interpretiert werden kann, dass die Moleküle sich nie in Ruhe befinden.

quantelt. Die exakten Energiestufen, die die schwingenden Moleküle annehmen können, kann man heutzutage »sehr einfach« über quantenmechanische Rechenmethoden bestimmen. Darauf wollen wir aber erst etwas später eingehen.

Lassen Sie uns vielmehr nochmals auf das Modell des harmonischen Oszillators zurückkommen und dieses Modell, so wie es in der Wissenschaft durchaus üblich ist, auch kritisch hinterfragen. Schließlich handelt es sich ja hierbei nur um ein Modell. Ist die Auslenkung der Moleküle aus der Gleichgewichtslage minimal, dies entspricht kleinen Schwingungsquantenzahlen, dann kann das Modell des harmonischen Oszillators die experimentellen Befunde beinahe exakt wiedergeben. Das Modell ist also korrekt. Werden hingegen die Auslenkungen größer, das heißt werden also hohe Schwingungsquantenzustände erreicht, dann bringt das Modell des harmonischen Oszillators deutliche Probleme mit sich: Zum einen könnten wir, wenn wir wollten, beliebig viel Energie in den Oszillator stecken, ohne dass dadurch die Moleküle zerstört werden würden. Wie wir jedoch aus dem realen Leben wissen, werden chemische Bindungen und Moleküle zerstört, wenn sie beispielsweise zu stark erhitzt werden. Zur Berücksichtigung der Spaltbarkeit von chemischen Bindungen wurde das Modell des harmonischen Oszillators durch das Modell des anharmonischen Oszillators (Abb. 1.10) verfeinert bzw. ersetzt.

In Richtung großer Bindungsabstände verläuft der anharmonische Oszillator nicht wie der harmonische Oszillator steil nach oben, sondern sehr flach, das heißt die Wechselwirkung zwischen den Kernen einer chemischen Bindung innerhalb eines Moleküls wird mit zu-

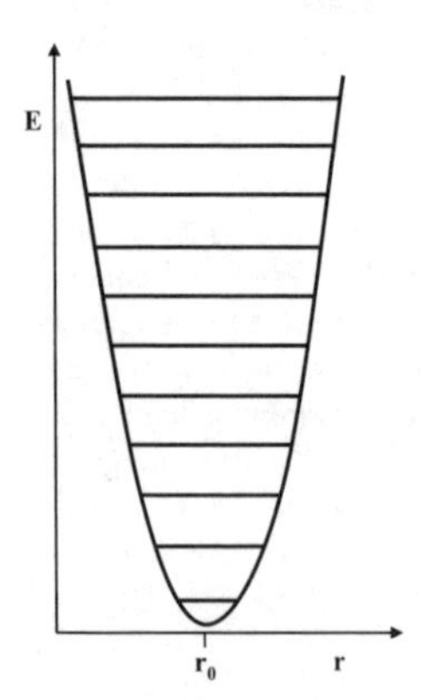

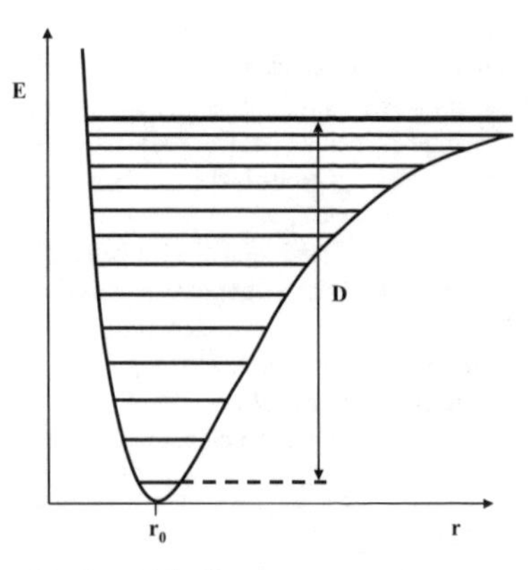

Abb. 1.10 Der anharmonische Oszillator (rechts) im Vergleich zum harmonischen Oszillator (links). Der anharmonische Oszillator berücksichtigt im Gegensatz zum harmonischen Oszillator die Tatsache, dass das Molekül bei sehr hohen Schwingungsenergien dissoziiert, d. h. die Feder zwischen den beiden Kugeln reißt. Während beim harmonischen Oszillator der Energieabstand zwischen den einzelnen Schwingungsquantenzuständen gleich ist, nimmt dieser beim anharmonischen Oszillator mit steigender Energie ab, bis man schließlich ein so genanntes Kontinuum erreicht. Im Bereich dieses Kontinuums, in dem nur noch die praktisch nicht gequantelte Translationsenergie variiert, erfolgt die Dissoziation, d. h. die Atome des Moleküls können dessen Kraftfeld (Potenzial) verlassen.

nehmendem Kernabstand immer kleiner bis gar keine Wechselwirkung mehr vorhanden ist. Durch dieses Modell kann die Spaltung von chemischen Bindungen richtig wiedergegeben werden. Die Verwendung des anharmonischen Oszillators hat noch einen weiteren Vorzug: Kommen sich die Atome bei kleinen Bindungsabständen sehr nahe, so nimmt die Abstoßung der Kerne aufgrund der elektrostatischen Abstoßung extrem stark zu. Unter normalen energetischen Bedingungen verhindern diese abstoßenden Kräfte eine weitere Annäherung der Kerne. Der harmonische Oszillator kann diese extreme Abstoßung nicht richtig berücksichtigen.

Nach all diesen Ausführungen müssen wir nun wieder auf unsere ursprüngliche Frage zurückkommen. Was können uns die schwingenden Moleküle über sich und die Umgebung verraten? Sehr viel, denn die Anzahl und die Art der Schwingungen hängen, wie wir oben gehört haben, direkt von den im Molekül vorhandenen Atomen ab und vor allem davon, wie diese miteinander chemisch verknüpft sind. Durch die Absorption der geeigneten IR-Strahlung wird das Molekül vom Schwingungsgrundzustand in den ersten schwingungsangeregten Molekülzustand befördert. Hierdurch wird die Intensität des eingestrahlten Lichtfeldes geschwächt. Trägt man nun die transmittierte (durchgelassene) bzw. die absorbierte Intensität als Funktion der Energie der Strahlung auf, so liefert uns diese Darstellung ein IR-Spektrum. In Abb. 1.11 ist ein entsprechendes Spektrum von β-Carotin dargestellt. Die Energieachse ist hierbei in Wellenzahlen (cm^{-1}) gegeben. Wir können die verschiedenen Banden bestimmten Molekülgruppen bzw. Bindungen zuordnen.

Damit gibt uns das Molekül durch die Wechselwirkung (Absorption) mit einem geeigneten elektromagnetischen Feld, hier ist es IR-Strahlung, detaillierte Informationen über sich selbst. Darüber hinaus hängt in gewissem Maße die Lage der Banden noch davon ab, in welcher chemischen Umgebung sich die Moleküle befinden. Damit haben wir einen direkten Schlüssel, um auch etwas über die molekulare Umgebung zu lernen. Wir werden sehen, dass dies beispielsweise bei der Untersuchung der molekularen Wirkweise von Arzneistoffen von Bedeutung ist.

Neben dem Übergang vom Schwingungsgrundzustand in den ersten angeregten Schwingungszustand kann, wenn auch mit geringerer Wahrscheinlichkeit, eine direkte Absorptionsanregung in den zweiten, dritten oder noch höheren Schwingungsquantenzustand er-

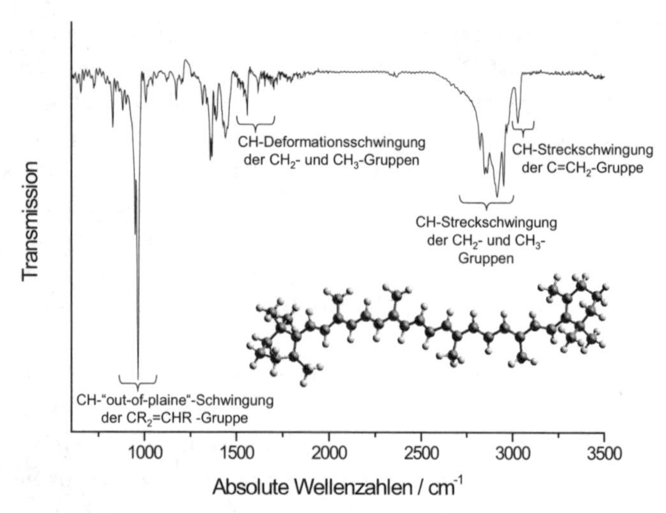

Abb. 1.11 IR-Spektrum von β-Carotin. Die Schwingungen in einem Molekül lassen sich mittels Infrarotstrahlung direkt anregen, d. h. die Absorption eines Infrarotphotons geeigneter Wellenlänge kann einen Übergang zwischen zwei Schwingungszuständen einer Normalschwingung anregen. β-Carotin besitzt 282 Normalschwingungen unterschiedlicher Frequenz. Zahlreiche dieser Normalschwingungen lassen sich durch direkte Absorption eines IR-Photons anregen. Schickt man nun IR-Licht durch eine β-Carotin-Probe, misst die Intensität des Lichtes vor und nach der Probe und trägt die Änderung als Funktion der IR-Wellenlänge auf, erhält man ein IR-Spektrum. Die x-Achse gibt dabei die Wellenzahl des IR-Lichtes an, während die y-Achse die Intensität des durchgelassenen Lichtes anzeigt. Sobald die Intensität des durchgelassenen Lichtes aufgrund eines Absorptionsprozesses abnimmt, beobachtet man ein Signal. So ist z. B. das starke Signal bei ungefähr 1000 cm^{-1} auf die Anregung einer Normalschwingung zurückzuführen, bei der die CH-Gruppen aus der Molekülebene herausschwingen. Die Signale um 3000 cm^{-1} sind auf C–H-Streckschwingungen zurückzuführen. Ein solches Absorptionsmuster kann als ein Fingerabdruck des β-Carotin-Moleküls verstanden werden.

folgen (siehe Abb. 1.12). Man spricht in diesem Fall von der Anregung von Obertönen. Die notwendige Energie verschiebt sich dabei vom Infrarot-Spektralbereich in den mittleren (2,5 bis 50 μm) bzw. sogar bis in den nahen infraroten Bereich (800 nm bis 2,5 μm). Auf diese Art der Spektroskopie wird im Weiteren jedoch nicht eingegangen, da die Oberton-Absorptionsspektroskopie zwar eine wichtige und etablierte Methode in der Qualitätskontrolle ist, jedoch in der Biophotonik bisher nur eine untergeordnete Rolle spielt.

Bevor wir zu anderen Phänomenen der Licht-Materie-Wechselwirkung übergehen, lassen Sie uns nochmals ganz kurz auf den Sach-

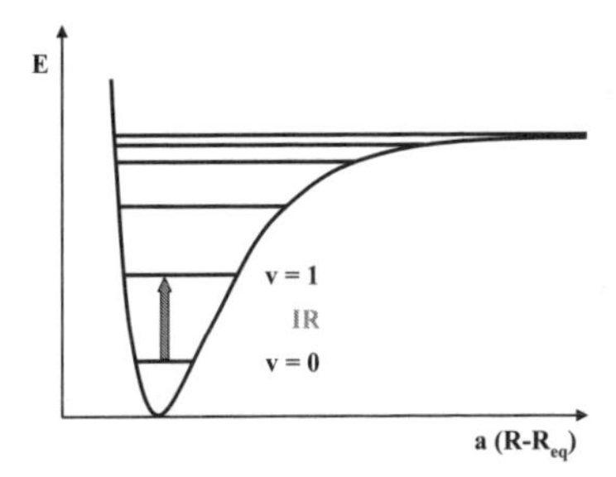

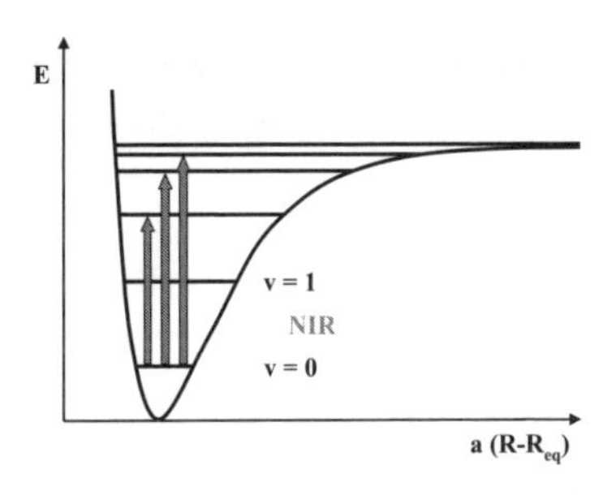

Abb. 1.12 Mittels IR-Photonen lassen sich Übergänge zwischen dem energetisch niedrigsten Schwingungszustand ($v = 0$) und dem ersten angeregten Schwingungszustand ($v = 1$) induzieren. NIR-Strahlung führt dagegen zu Übergängen von $v = 0$ in höhere Schwingungszustände $v > 1$. Diese Übergänge bezeichnet man als Obertöne und die Wechselwirkung von NIR-Licht mit Materie als Oberton-Absorptionsspektroskopie. Dieses Phänomen kennt man aus der Musik: Bei jeder Tonerzeugung, wenn z. B. ein Geiger über eine Seite streicht, wird neben dem Grundton eine Vielzahl höherer Töne erzeugt – die so genannten Obertöne. Die Gesamtheit aller Obertöne ergibt das Frequenzspektrum eines Tones. Da es sich um ein rein physikalisches Phänomen handelt, das bei der Entstehung einer Welle durch einen schwingenden Gegenstand immer wirkt, können wir den Befund der Obertöne auch auf die Spektroskopie übertragen.

verhalt der Polarisation, die in Abb. 1.4 bildlich vorgestellt wurde, zurückkommen. Wir haben gesehen, dass die Polarisierbarkeit durch ein elektrisches Feld mit zunehmender Lichtfrequenz abnimmt, da weder die Atome noch die Ionen der schnellen Änderung der elektrischen Feldamplitude folgen können. Das heißt, im Fall von Licht mit Frequenzen im sichtbaren Spektralbereich sind somit nur noch die leichten Elektronen in der Lage, sich auf diese schnellen Veränderungen einzustellen. Jedoch haben wir auch gesehen, dazu müssten Sie nochmals zu Abb. 1.4 zurückblättern, dass es auch Bereiche gibt, bei denen die Polarisierbarkeit trotz zunehmender Frequenz nicht ab-, sondern zunimmt. Dieses »anomale« Verhalten (man spricht auch von anomaler Dispersion) lässt sich nun darauf zurückführen, dass Moleküle elektromagnetische Strahlung auch direkt – beispielsweise wie oben ausgeführt in Form von IR- bzw. NIR-Strahlung – absorbieren können und es dadurch zur Anregung von Schwingungen kommt. Gleiches gilt natürlich auch für die Absorption von Licht durch die Elektronen, wie wir später sehen werden.

Wir können auch anders: Es muss nicht immer Absorption sein, um Moleküle tanzen zu lassen!

Wie wir nun im weiteren Verlauf dieses Abschnittes sehen werden, muss es nicht immer eine direkte Strahlungsabsorption sein, die für eine Schwingungsanregung verantwortlich ist. Es geht auch anders. Ganz anders, nämlich über Lichtstreuung. Bei der Wechselwirkung von Licht mit Materie haben wir gesehen, dass sich die Moleküle durch das einfallende Licht polarisieren lassen. Im sichtbaren Spektralbereich tragen im Großen und Ganzen nur noch die Elektronen zur Polarisation bei. Die Elektronen lassen sich durch das einfallende elektromagnetische Feld gegen die Atomkerne verschieben, das heißt die Moleküle werden polarisiert. Innerhalb der Moleküle wird somit ein Dipolmoment induziert. Da die Amplitude des einfallenden Feldes mit der Frequenz der Lichtwelle variiert, oszilliert das induzierte Dipolmoment mit der gleichen Frequenz. Das oszillierende Dipolmoment führt zu der bereits vorgestellten Rayleigh-Streuung. Durch diese Art der elastischen Wechselwirkung – einfallendes und gestreutes Feld haben die gleiche Energie – bleiben die Moleküle im gleichen Schwingungszustand. Bei diesen Betrachtungen haben wir aber ganz außer Acht gelassen, dass die Moleküle ja ihren Schwingungszustand ändern können. Was hat dies zu bedeuten? Bisher haben wir die Polarisierbarkeit unserer Moleküle als konstant angesehen. Genau genommen haben wir uns hierüber bisher überhaupt keine Gedanken gemacht.

Wie wir später noch im Detail sehen werden, variiert die Elektronenverteilung in einem Molekül in Abhängigkeit davon, ob ein Molekül gestreckt oder gestaucht vorliegt. Diese veränderte Elektronenverteilung hat natürlich auch einen großen Einfluss auf die Polarisierbarkeit α, das heißt auf die »Leichtigkeit«, mit der sich Elektronen gegen die Kerne verschieben lassen. Dadurch wird die Polarisierbarkeit eine Funktion der Molekülschwingungen, die nun periodisch mit der Frequenz der Schwingung variiert. Das induzierte Dipolmoment bekommt Anteile, die mit der Frequenz der Schwingung variieren. Damit erhalten wir im Streuspektrum neben der Rayleigh-Streuung Streulichtanteile, die nicht mehr elastisch, sondern sozusagen inelastisch gestreut werden. In einem Frequenz-Spektrum lassen sich rechts und links von der Rayleigh-Bande kleine Seitenbanden erkennen, die man als Stokes-Raman- und Anti-Stokes-Raman-Banden bezeichnet (siehe Abb. 1.13).

Mathematisch lässt sich diese Wechselwirkung am einfachsten mit Hilfe einer Schwebung beschreiben, die durch die Wechselwirkung der eingestrahlten Lichtfrequenz mit der Frequenz einer Molekülschwingung entsteht. Als Ergebnis dieser Schwebung erhält man ei-

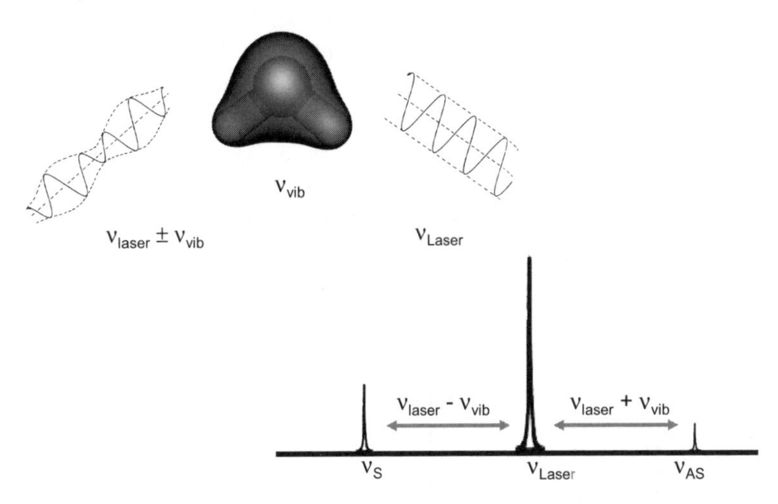

Abb. 1.13 Die Wechselwirkung von Licht mit Molekülen induziert einen elektrischen Dipol in den Molekülen aufgrund der Verschiebung von Elektronen gegenüber den Kernen. Die Polarisierbarkeit α gibt dabei an, wie leicht sich Elektronen in einem Molekül verschieben lassen. Dieser mit der Frequenz des elektromagnetischen Wechselfeldes schwingende induzierte Dipol ist nun seinerseits die Quelle für das Aussenden einer elektromagnetischen Welle in alle Raumrichtungen. Für den Fall, dass sich die Polarisierbarkeit zeitlich nicht ändert, entspricht die Frequenz der ausgestrahlten Welle der Frequenz die den Dipol induziert, also des eingestrahlten Wechselfeldes. Da Moleküle aber immer auch Schwingungen ausführen, ist die Polarisierbarkeit α zeitlich nicht konstant, sondern ändert sich mit den verschiedenen Schwingungsfrequenzen der Moleküle. Das führt natürlich auch dazu, dass das induzierte Dipolmoment und damit auch die vom Molekül abgestrahlte Sekundärwelle ebenfalls mit den Schwingungsfrequenzen moduliert sind. Somit ist die abgestrahlte Welle eine Überlagerung aus Anregungsfrequenz und Schwingungsfrequenzen des Moleküls. Zerlegt man diese Welle in ihre Frequenzbestandteile, so findet man links und rechts neben der Rayleigh-Streuung auch schwache Seitenbanden. Der Abstand zwischen der Rayleigh-Wellenlänge und den Wellenlängen der Seitenbanden entspricht dabei den Schwingungsfrequenzen des Moleküls. Das Auftreten dieser zur Anregungswellenlänge energetisch verschobenen Seitenbanden wurde zum ersten Mal 1928 von C. V. Raman beobachtet. Dieser Raman-Effekt stellt somit einen indirekten Weg dar, Schwingungen in einem Molekül anzuregen.

nen Term, der die Summe beider Frequenzterme ($\nu_L + \nu_V$) enthält, sowie einen Term, der die Differenz der beiden Frequenzterme ($\nu_L - \nu_V$) umfasst. Die Summe führt zur Anti-Stokes- und die Differenz zur Stokes-Raman-Streuung (siehe Abb. 1.13).

Alternativ zu dem Schwebungsmodell lässt sich dieser inelastische Streueffekt durch Photon-Molekül-Stöße erklären. Hierzu ist in Abb. 1.14 die Wechselwirkung des einfallenden Lichtes mit den Schwingungsniveaus eines Moleküls in Form eines Energietermschemas gegeben. Während die IR-Absorption zu einer direkten Schwingungsanregung führt, erfolgt die Schwingungsanregung bei der Raman-Spektroskopie indirekt. Es sind zwei Photonen an dem Übergang beteiligt.

Daher spricht man auch von einem Zwei-Photonen-Prozess. Durch die Wechselwirkung (Stoß) des einfallenden Photons mit dem Molekül gelangt dieses in einen Zustand, ein so genanntes virtuelles Ni-

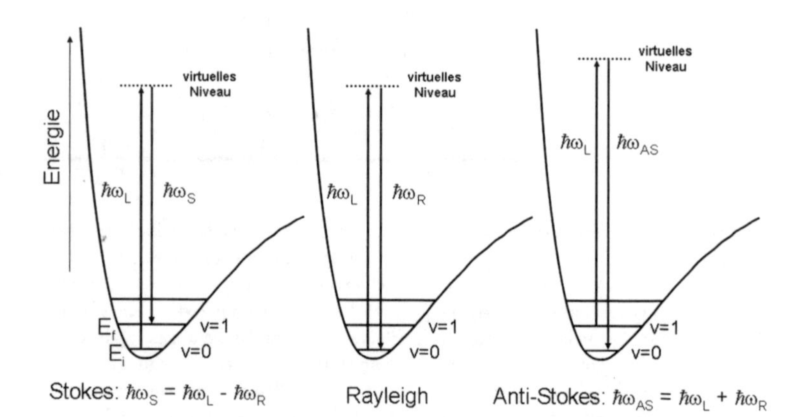

Abb. 1.14 Der Raman-Effekt lässt sich quantenmechanisch als inelastische Lichtstreuung bzw. Stoß zwischen Licht und den schwingenden Molekülen interpretieren. Photonen können an Molekülen gestreut werden. Dies entspricht dem Übergang eines Moleküls in einen äußerst kurzlebigen Zwischenzustand das sog. virtuelle Niveau (= gemeinsamer Energiezustand des Moleküls und des Lichtphotons). Von diesem virtuellen Niveau kann das Molekül wieder auf den Ausgangszustand oder auf einen energetisch angeregten Zustand fallen. Für den Fall, dass sich die Moleküle vor dem Streuprozess im energetisch niedrigsten Schwingungszustand befinden und über die Anregung in das virtuelle Niveau in einen angeregten Schwingungszustand übergehen, spricht man von Stokes-Raman-Streuung. Befinden sich die Moleküle bereits in einem angeregten Schwingungszustand und der Streuvorgang bringt sie in den Schwingungsgrundzustand, bezeichnet man dies als anti-Stokes-Raman-Streuung. Ist der Zustand vor und nach der Streuung derselbe, ist dies die Rayleigh-Streuung.

veau, welches in gewöhnlicher Weise kein Energiezustand des reinen Moleküls darstellt. Dieses virtuelle Niveau kann man sich derart vorstellen, als handele es sich um einen Zustand, in dem Molekül und Photon sozusagen vereint vorliegen. Dieser Zustand existiert nur für etwa 10^{-16} s (0,1 Femtosekunden) und zerfällt dann wieder. Durch einen elastischen Stoßvorgang wird nun ein Photon ausgesendet, welches die gleiche Energie hat wie das eingestrahlte Photon, sich jedoch in der Richtung unterscheidet. Dies ist die bereits angesprochene Rayleigh-Streuung. Ist das Endniveau des Stoßprozesses nicht der Schwingungsgrundzustand, sondern der erste angeregte Schwingungszustand, so spricht man von einem inelastischen Stoß bzw. einem inelastischen Streuvorgang. Damit wird ein Photon erzeugt, welches gegenüber der Erregerstrahlung rot verschoben ist und somit eine kleine Energie besitzt. Dieser Prozess der Schwingungsanregung ist die bereits genannte Stokes-Raman-Streuung. Befindet sich das Molekül, welches von einem Photon getroffen wird, bereits in einem schwingungsangeregten Zustand, so wird durch die Wechselwirkung von Photon und Molekül ebenfalls ein virtuelles Niveau gebildet. Jedoch wird infolge des Streuprozesses aus dem Molekül die Schwingungsenergie auf das Photon übertragen. Das Photon besitzt somit gegenüber der Erregerstrahlung eine größere Energie, erscheint also blau verschoben zur Erregerstrahlung. Dieser Effekt ist somit die Anti-Stokes-Raman-Streuung. Die Schwingungsprogression ist spiegelbildlich zum Stokes-Raman-Spektrum (siehe Abb. 1.15). Da bei Raumtemperatur der Schwingungsgrundzustand deutlich stärker bevölkert ist als der erste angeregte Schwingungszustand, ist das Stokes-Raman-Spektrum einer Probe um ein Vielfaches intensiver als das korrespondierende Anti-Stokes-Raman-Spektrum.

Dieser inelastische Lichtstreueffekt wurde 1928 von dem Inder C. V. Raman und seinen Mitarbeitern entdeckt. Das gleiche Phänomen wurde fast zeitgleich von den russischen Physikern G. Landsberg und L. Mandelstam beobachtet. 1930 bekam C. V. Raman den Nobelpreis für seine Entdeckung. Insgesamt muss man festhalten, dass es sich bei dem Raman-Effekt um einen extrem schwachen Effekt handelt. Nur etwa der Faktor 10^{-8} der eingestrahlten Lichtintensität wird in Raman-Streustrahlung überführt. Damit war der Raman-Effekt für lange Zeit nach seiner Entdeckung wieder in der Versenkung verschwunden. Erst mit technischen Neuerungen wie beispielsweise der Erfindung des Lasers als extrem monochromatischer und inten-

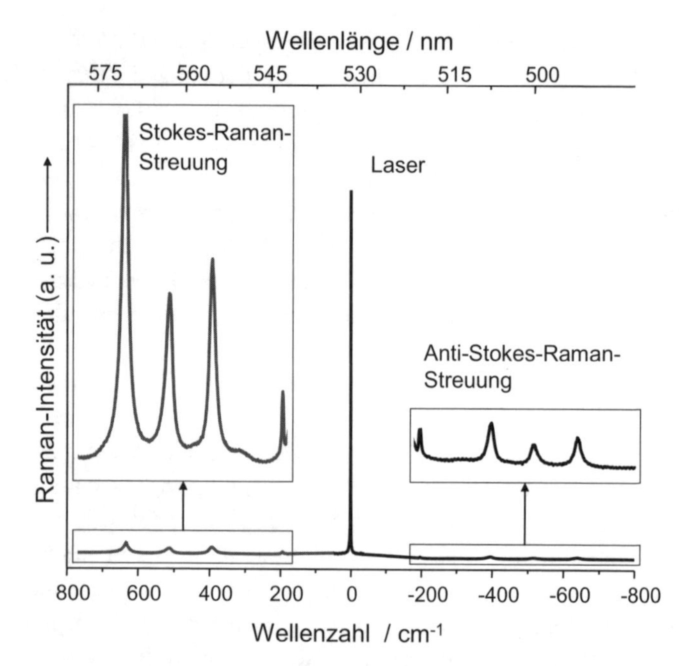

Abb. 1.15 Stokes- und Anti-Stokes-Raman-Spektrum im Vergleich. In einem Raman-Spektrum trägt man die Stokes- und Anti-Stokes-Raman-Spektren immer relativ zur Anregungswellenlänge, d. h. der Rayleigh-Streuung auf. Die Rayleigh-Streuung wird dabei gleich Null gesetzt und die Raman-Spektren in relativen Wellenzahlen zur Rayleigh-Streuung angegeben. Das Stokes-Raman-Spektrum erscheint bei höheren Wellenlängen im Vergleich zur Anregungswellenlänge, da bei der Streuung Moleküle vom Schwingungsgrundzustand in einen angeregten Schwingungszustand angeregt werden und somit die Stokes-Streustrahlung um den Betrag der angeregten Schwingungsenergie im Vergleich zur Anregungsstrahlung ärmer ist. Das Anti-Stokes-Raman-Spektrum dagegen erscheint bei kleineren Wellenlängen als die Rayleigh-Streuung, da hier angeregte Moleküle über den Streuprozess in Schwingungsgrundzustand übergehen und somit zusätzlich den Betrag der Schwingungsenergie besitzen. Da der Anteil der Moleküle, die sich im angeregten Schwingungszustand befinden, im Vergleich zu denen, die im Schwingungsgrundzustand sind, viel geringer ist, ist das Stokes-Raman-Spektrum wesentlich intensiver als das Anti-Stokes-Raman-Spektrum.

siver Lichtquelle, der Entwicklung extrem empfindlicher Detektoren, effizienter Filter um das elastische Streulicht zu entfernen und vor allem durch die Kombinationen mit der Mikroskopie hat die Raman-Spektroskopie eine große Renaissance erlebt. Durch ausgetüftelte Technologie kann das schwache Raman-Signal nun sehr effizient gesammelt und verwertet werden. In Abb. 1.16 ist ein Raman-Spektrum von β-Carotin dargestellt.

Im Fall der Raman-Spektroskopie wird die inelastisch gestreute Intensität als Funktion der Energie des Streulichtes aufgetragen. Genauso wie im Fall der IR-Spektroskopie lassen sich die beobachtbaren Raman-Banden einzelnen Schwingungsmoden zuordnen. Das Raman- genauso wie das IR-Absorptionsspektrum kann als molekularer Fingerabdruck der in der Probe vorhandenen Moleküle betrachtet werden. Auf die Instrumentierung und die Anwendung der Raman- und IR-Absorptionsspektroskopie werden wir später zurückkommen.

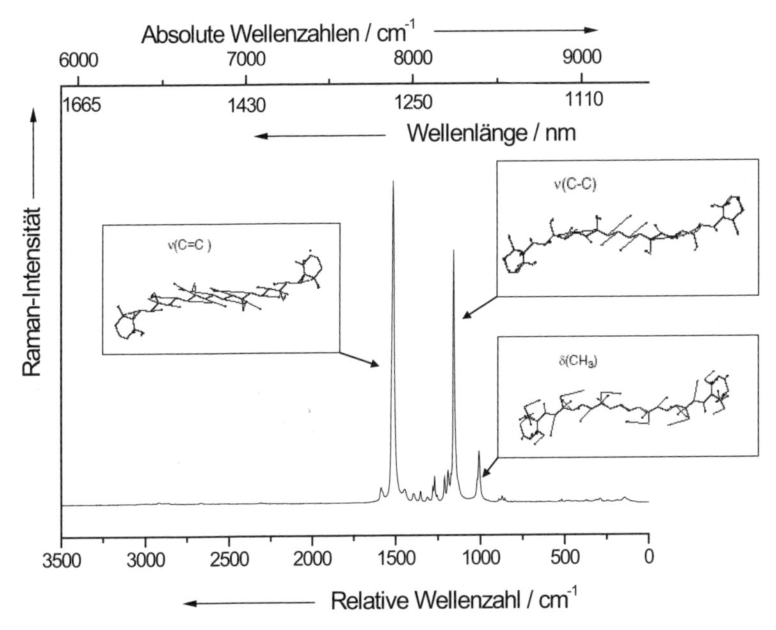

Abb. 1.16 Stokes-Raman-Spektrum von β-Carotin, angeregt mit einer Laser-Wellenlänge von 1064 nm bzw. 9398 cm^{-1}. Die untere x-Achse gibt Wellenzahldifferenzen bezüglich der Anregungswellenlänge bei 1064 nm an, d. h. die absolute Wellenzahl der Anregungsfrequenz von 9398 cm^{-1} (entspricht der Wellenzahldifferenz 0) minus die Schwingungsfrequenz der entsprechenden Schwingungsmode (siehe obere x-Achse). Die y-Achse gibt die Raman-Streuintensität wieder. Die Banden entsprechen Normalschwingungen des β-Carotin-Moleküls, welche über den Stokes-Streuprozess angeregt wurden. Drei repräsentative Normalschwingungen sind gezeigt. Die Pfeile zeigen an, wie sich die einzelnen Atome des β-Carotin-Moleküls bewegen.

Tanzen die Moleküle gleich?

Bleiben wir jedoch noch einmal bei der Frage, inwieweit sich die beiden schwingungsspektroskopischen Verfahren unterscheiden bzw. sich entsprechen. Beide schwingungsspektroskopischen Techniken, also die IR-Absorptions- als auch die Raman-Spektroskopie, liefern detaillierte molekulare Fingerabdrücke der untersuchten Materie. Wir haben gehört, bei der Absorptionsmethode befördert ein Photon das Molekül direkt in einen höheren Schwingungszustand, während bei der Streumethode zwei Photonen beteiligt sind. Was ist der physikalische Unterschied beider Übergänge? Schaut man in die Textbücher der Studenten, so liest man dort: Damit eine Molekülschwingung IR-Strahlung absorbieren kann, muss sich während der Schwingung das Dipolmoment ändern. Damit eine Schwingung durch einen inelastischen Streuprozess in einen höheren Schwingungszustand übergehen kann, muss sich die Polarisierbarkeit während der Schwingung ändern. Was bedeutet dies nun für den Laien? Was sind die Konsequenzen im Ergebnis?

Fangen wir mit der IR-Absorption an. Damit Moleküle IR-Licht direkt absorbieren können, müssen sie entweder ein permanentes Dipolmoment aufweisen bzw. es muss sich während einer Schwingung ein Dipolmoment ausbilden. Wasser beispielsweise hat ein Dipolmoment. Die drei Schwingungen des Wassers können somit durch IR-Strahlung in einen höheren Schwingungszustand angeregt werden. Das lineare Molekül CO_2 hat kein Dipolmoment, zwar ist der Sauerstoff elektronegativer als der Kohlenstoff, aufgrund der linearen Molekülgeometrie heben sich die beiden Dipolmomente der C=O-Fragmente aber gegenseitig auf (siehe Abb. 1.17A). Nun könnte man meinen, dass CO_2 keine IR-Strahlung absorbieren kann. Jedoch weit gefehlt. Das »nicht schwingende« CO_2 hat kein Dipolmoment. Aber das schwingende Molekül kann ein mit der Schwingungsfrequenz sich periodisch änderndes Dipolmoment besitzen, das nur in der Gleichgewichtslage verschwindet. Das heißt, wir müssen uns eigentlich die Schwingungsbilder des CO_2 anschauen, um zu erkennen, ob eine Absorption stattfinden kann oder nicht. Schauen wir uns dazu die symmetrische bzw. asymmetrische Streckschwingung an (siehe Abb. 1.17B, C). Bei der symmetrischen Streckschwingung bewegen sich die Sauerstoffatome gleichzeitig nach außen bzw. nach innen. Der Kohlenstoff verharrt in Ruhe. Zu keinem Augenblick hat das CO_2 ein Di-

A)

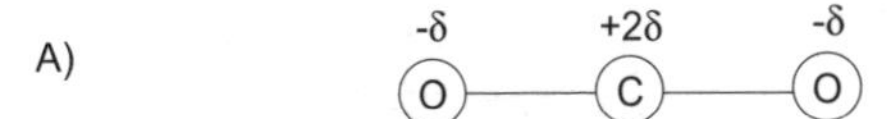

Schwerpunkte fallen zusammen ↴ kein Dipolmoment!

B) Symmetrische Valenzschwingung: ν_s

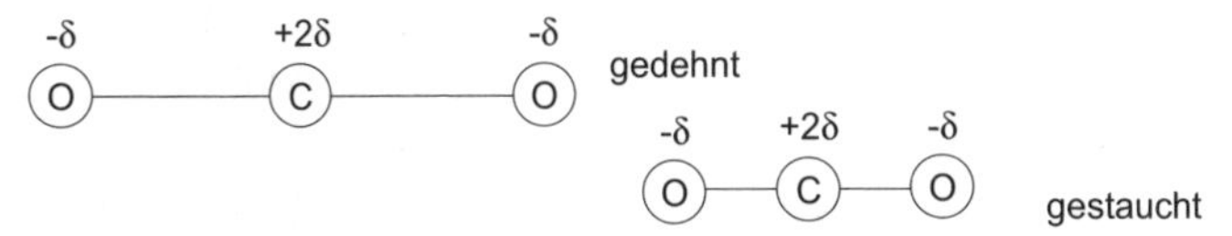

Schwerpunkte fallen immer zusammen ↴ kein Dipolmoment!

C) Antisymmetrische Valenzschwingung: ν_{as}

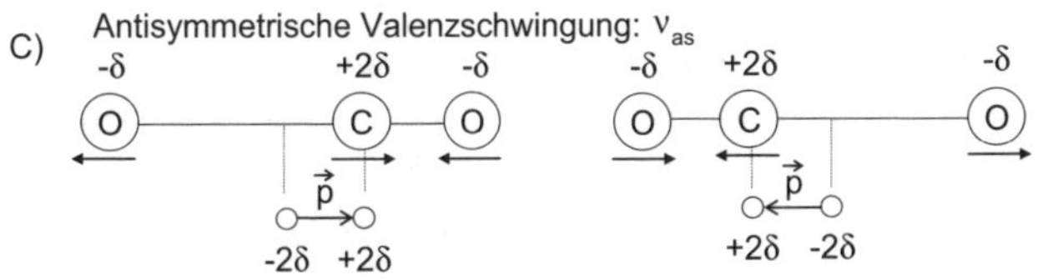

Schwerpunkte fallen nicht zusammen ↴ Dipolmoment vorhanden!

Abb. 1.17 (A) CO_2 besteht aus zwei Sauerstoff- und einem Kohlenstoffatom. Da die Sauerstoffatome die Bindungselektronen stärker zu sich ziehen, entsteht auf den Sauerstoffatomen eine negative Partialladung –δ, während auf dem Kohlenstoffatom zwei positive Teilladungen +2δ lokalisiert sind. Da es sich beim CO_2 Molekül um ein lineares Molekül handelt, fallen die Ladungsschwerpunkte alle zusammen, so dass CO_2 als Molekül kein permanentes Dipolmoment $\vec{p}$ besitzt. (B) Diese Situation ändert sich auch nicht bei der symmetrischen Valenzschwingung, bei der sich die beiden Sauerstoffatome gleichmäßig auf der Bindungsachse nach außen bewegen. Diese Bewegung führt zu einem Stauchen und Dehnen des linearen CO_2-Moleküls, bei der kein Dipolmoment ($\vec{p}$) entsteht. (C) Bei der asymmetrischen Streckschwingung dagegen, bei der ein Sauerstoffatom sich vom Kohlenstoffatom wegbewegt, während sich das andere auf das Kohlenstoffatom zu bewegt, fallen die Ladungsschwerpunkte nicht mehr zusammen. Während dieser asymmetrischen Streckschwingung entsteht ein Dipolmoment ($\vec{p}$), welches sein Vorzeichen während der Schwingung ändert. Die symmetrische Streckschwingung, bei der kein Dipolmoment entsteht, kann nicht durch die Absorption von IR-Photonen angeregt werden, ganz im Gegensatz zur asymmetrischen Streckschwingung, bei der sich das Dipolmoment des Moleküls während der Schwingung ändert.

polmoment. Diese Schwingung kann somit nicht durch IR-Absorption angeregt werden. Wie sieht es mit der asymmetrischen Streckschwingung aus? Diese besitzt, wie Sie Abb. 1.17C entnehmen können, während der Schwingung ein sich regelmäßig änderndes Dipolmoment. Damit kann diese Schwingung durch IR-Absorption in einen höheren Schwingungszustand befördert werden. Das schwingungsangeregte Molekül will natürlich seine »Extra-Energie« möglichst schnell wieder loswerden. Dies passiert, wie wir schon früher gehört haben, durch die Umwandlung der Schwingungsenergie in Wärme (Sie erinnern sich noch an die Wärmebildkamera). Damit sind wir aber bei einer ganz anderen, wenn auch nicht weniger wichtigen Problematik, nämlich dem Treibhauseffekt. Moleküle wie beispielsweise das bei der Verbrennung von fossilen Brennstoffen entstehende CO_2 oder Faulgase wie das Methan (CH_4) sind in der Lage aus dem Sonnenlicht IR-Strahlung zu absorbieren und anschließend in Wärme umzuwandeln. Dadurch können diese Gase zu einer Aufheizung der Atmosphäre beitragen. Warum passiert dies nicht bei den Gasen N_2 und O_2, die immerhin über 98 % unserer gasförmigen Atmosphäre ausmachen? Diese beiden Gase besitzen nur eine einzige Schwingung, nämlich die symmetrische Streckschwingung. Da bei dieser Schwingung kein Dipolmoment entsteht, kann auch keine direkte Absorption von IR-Strahlung erfolgen.

Sie werden sich sicherlich fragen, warum soll Stickstoff (N_2) denn überhaupt eine Schwingung besitzen, da bei einem zweiatomigen Molekül 3 N – 6 gleich Null ist? Diese Gleichung 3 N – 6 gilt jedoch nur für nicht lineare also gewinkelte Moleküle. Im Falle von linearen Molekülen wie N_2, O_2 oder CO_2 lassen sich nur zwei Freiheitsgrade der Rotation anregen. Entlang der Molekülachse ist Trägheitsmoment so groß, dass sich diese Rotation bei normalen Temperaturen nicht anregen lässt. Somit berechnet sich die Anzahl der Schwingungen nach der Beziehung 3 N – 5. Damit ist die Welt wieder in Ordnung: Ein zweiatomiges Molekül besitzt somit einen Schwingungsfreiheitsgrad.

Kommen wir nun noch kurz zur Raman-Spektroskopie. Wir haben gehört, dass sich die Polarisierbarkeit während der Schwingung ändern muss. Die Polarisierbarkeit ist ein Maß dafür, wie leicht sich Elektronen in einem Molekül bewegen lassen. Ändert sich die Elektronendichte aufgrund der Schwingungen eines Moleküls, so geht dies einher mit einer Änderung der Polarisierbarkeit. Bleiben wir noch beim CO_2 und schauen uns die Elektronendichte und deren Veränderungen bei der symmetrischen und der asymmetrischen Streckschwingung an (siehe Abb. 1.18). Wir sehen, dass sich im Fall der symmetrischen Streckschwingung des CO_2 die Elektronendichte und damit die Polarisierbarkeit des Moleküls während der Schwingung ändert. Damit ist diese Schwingung in einem Raman-Spektrum sichtbar. Anders ist es bei der asymmetrischen Streckschwingung. Hier

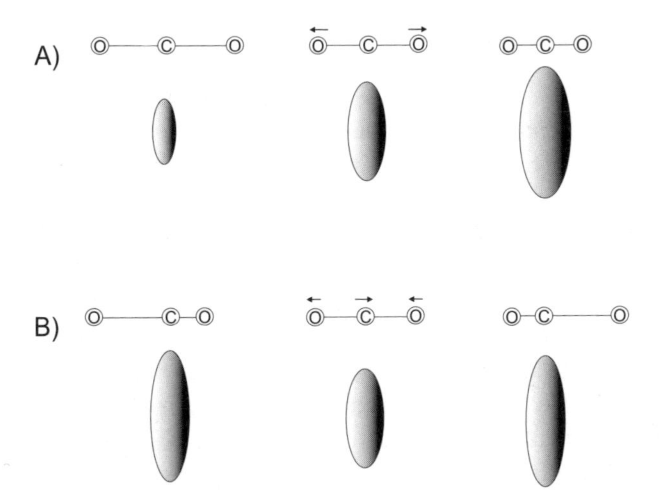

Abb. 1.18 Damit eine Schwingung über einen Raman-Prozess angeregt werden kann, muss sich während der Schwingung die Polarisierbarkeit α ändern. Die Polarisierbarkeit α ist ein Maß dafür, wie leicht sich Elektronen in einem Molekül verschieben lassen. Elektrische Ladung (Elektronendichte), die über einen größeren Raum verteilt ist (z.B. gestrecktes Molekül), ist leichter durch ein äußeres elektrisches Feld verschiebar (höher polarisierbar) als die gleiche Ladung in einem kleineren Volumen (gestauchtes Molekül). Neben den beiden Schwingungen (A) symmetrische Streckschwingung und (B) asymmetrische Streckschwingung sind so genannte Polarisierbarkeitsellipsoide dargestellt. Diese Ellipsoide geben an, ob sich Elektronen leicht oder schwer gegen die positiven Kerne verschieben lassen, das heißt, ob die Polarisierbarkeit groß oder klein ist. Im Teilbild (A) ist die symmetrische Streckschwingung des CO_2 gezeigt. Ist die Bindung gestreckt (links), ist das Polarisierbarkeitsellipsoid klein, damit ist die Polarisierbarkeit groß. Im gestauchten Schwingungszustand ist das resultierende Polarisierbarkeitsellipsoid groß, dementsprechend sind nun die Elektronen fester gebunden, die Polarisierbarkeit ist somit geringer. Da sich bei dieser Schwingung die Polarisierbarkeit vom gestreckten (A, rechts) über den Gleichgewichtszustand (A, Mitte) zum gestauchten Zustand ändert, ist damit die Voraussetzung erfüllt, dass diese Schwingung im Raman-Spektrum sichtbar ist. Man spricht auch davon, dass diese Schwingung Raman-aktiv ist. Im Teilbild B ist die asymmetrische Streckschwingung des CO_2 dargestellt. Wenn Sie nun die Polasisierbarkeitsellipsoide rechts und links anschauen, so erkennen Sie, dass beide Ellipsoide identisch sind. Dies ist nicht verwunderlich, da beide Schwingungszustände lediglich seitenverkehrt sind. Weil aber diese beiden Ellipsoide identisch sind und sich somit mit der Schwingung nicht ändern, ist diese Schwingung nicht im Raman-Spektrum sichtbar. Man spricht auch davon, dass diese Schwingung Raman-inaktiv ist.

sind die Elektronendichten an den Umkehrpunkten identisch. Damit ist diese Schwingungsmode nicht im Raman-Spektrum beobachtbar. Man spricht auch davon, dass sie nicht Raman-aktiv ist.

Tanzende Moleküle sind berechenbar

Bemerkenswert ist der Fortschritt der Computerchemie in den letzten Jahren. Aufbauend auf den genialen Erkenntnissen von Schrödinger und Heisenberg auf dem Gebiet der Quantenchemie hat sich in den letzten zwei Jahrzehnten, getriggert durch die computertechnische Revolution, die quantenmechanische Computerchemie zu einer extrem leistungsfähigen Wissenschaftsdisziplin entwickelt. Heutzutage können Reaktionszyklen bereits im Vorfeld der eigentlichen Reaktion im Reaktionskolben berechnet und die Endprodukte bis zu einem gewissen Maß prognostiziert werden.

Die Spektroskopiker haben das Potenzial, was in der Computerchemie steckt, ebenfalls für sich erkannt. Die quantenmechanischen Rechenmethoden erlauben es, unsere Schwingungsspektren zu simulieren. Damit wird die Zuordnung der einzelnen Banden zu Molekülbewegungen sehr viel einfacher. Noch bis vor Kurzem konnten die Spektren rein über Spektrenvergleich unterschiedlicher Substanzen miteinander verglichen werden. Hierzu musste man die Raman-Spektren möglichst vieler strukturell ähnlicher Moleküle miteinander vergleichen. Als besonderes Problem hat es sich hierbei erwiesen, an die entsprechenden Referenzsubstanzen heranzukommen. Heute sieht die Sache im Rahmen des computerchemischen Zeitalters schon sehr viel entspannter aus. Kleine und mittlere Moleküle bis etwa 100 Atome können mit hoher Genauigkeit gerechnet werden. Der Spektroskopiker kann sich nicht nur seine Spektren berechnen (Abb. 1.19), sondern die Rechenprogramme liefern darüber hinaus noch direkte Informationen über die Art der Schwingung. Man kann sich am Computer sogar die Schwingungsbewegung der Moleküle in Form von Filmen anschauen. Damit hat man natürlich ein ungeheuer leistungsstarkes Werkzeug in die Hand bekommen, um Schwingungsspektren interpretieren zu können. Hierauf werden wir später wieder Bezug nehmen.

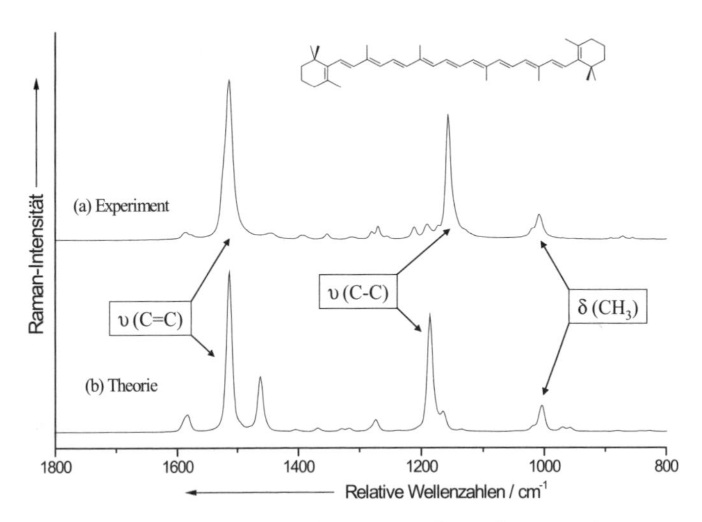

Abb. 1.19 In dieser Abbildung sind ein experimentelles und ein berechnetes Raman-Spektrum von β-Carotin gegenübergestellt. Neueste Entwicklungen in der theoretischen Chemie erlauben es, experimentelle Raman-Spektren und damit die exakten Schwingungsbewegungen theoretisch zu berechnen. Die Rechnungen ermöglichen daher eine genaue und exakte Zuordnung der gemessenen Raman-Banden zu den Schwingungsbewegungen.

Auch die Elektronen in Molekülen sind anregbar

Lichtstreuung tritt im gesamten Spektralbereich auf, jedoch skaliert das Streuvermögen mit der vierten Potenz der Frequenz. Damit wird kurzwellige Strahlung sehr stark gestreut, während langwellige Strahlung hingegen nur wenig gestreut wird. Die direkte Absorption von Mikrowellen- bzw. IR-Strahlung kann Moleküle zum Rotieren und zum Schwingen bringen. Bestrahlen wir die Materie hingegen mit sichtbarem oder ultraviolettem Licht, so kann auch diese Strahlung absorbiert werden. In diesem Fall der Wechselwirkung von Feld und Materie kann es nun zu einer elektronischen Anregung kommen. Man kann hierbei grob zwei Spektralbereiche unterscheiden: Von 200 bis 380 nm liegt der so genannte ultraviolette (UV)-Spektralbereich und von 380 bis 780 nm der sichtbare Bereich. Daraus leitet sich auch der Name der UV-VIS-Absorptionsspektroskopie ab. Was passiert im Molekül durch diese Lichtabsorption? Bisher hatten wir bei der Behandlung von Schwingungsanregung durch IR-Absorption bzw. Raman-Streuung auf den elektronischen Grundzustand beschränkt und dies in Form eines harmonischen bzw. anharmonischen Oszillators beschrieben. In Abb. 1.20 sind nun der elektronische Grundzustand S_0 und der erste elektronisch angeregte Zustand S_1 abgebildet. Jedoch verzichten wir auf die Darstellung der harmonischen bzw. anharmonischen Potenzialkurven, um das Ganze nicht noch komplizierter zu machen.

Der Buchstabe »S« steht hierbei für einen Singulett-Zustand. Sie erinnern sich sicherlich noch an die Beschreibung der chemischen Bindung. Hier haben wir festgestellt, dass an einer chemischen Bindung zwei Elektronen beteiligt sind. Liegen die beiden Elektronen mehr in der Mitte zwischen beiden Atomkernen, so haben wir von einer kovalenten Bindung gesprochen. Liegen die Elektronen hingegen mehr oder minder auf einer Seite, so wird diese Art der chemischen

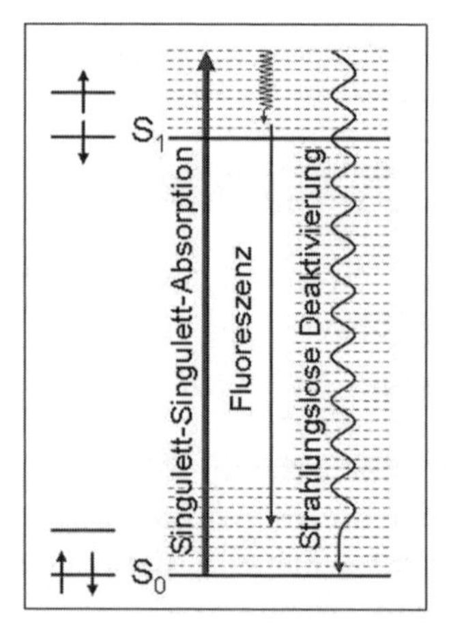

Abb. 1.20 Elektronisches Energiediagramm. Die horizontalen Linien geben die elektronische Energie der Gleichgewichtsgeometrie des entsprechenden Moleküls wieder. Bei dem S_0-Zustand handelt es sich um den elektronischen Grundzustand des Moleküls. Ein sichtbares oder UV-Photon kann ein Molekül vom S_0-Zustand in einen elektronisch angeregten Zustand S_1 anheben. Die Anregung erfolgt dabei vom Schwingungsgrundzustand des elektronisch angeregten Zustands meistens in einen angeregten Schwingungszustand des S_1-Zustands. Über Stöße mit der Umgebung, z. B. dem Lösungsmittel, verliert das Molekül seine Schwingungsenergie im S_1-Zustand und gelangt so sehr schnell in den Schwingungsgrundzustand des S_1-Zustand. Von dort kann das Molekül unter Aussendung von Fluoreszenzlicht, d. h. strahlend, wieder in den elektronischen Grundzustand S_0 zurückkehren. Neben diesem strahlenden Relaxationsprozess können die Moleküle durch Wechselwirkung mit der Umgebung auch strahlungslos wieder in den Grundzustand übergehen. (Einzelheiten siehe Text.)

Bindung als polare bzw. als ionische Bindung bezeichnet. Ohne weiter in die Details einsteigen zu wollen, müssen wir bei der Betrachtung der Elektronen noch berücksichtigen, dass sie neben der negativen Ladung noch einen Spin besitzen. Dies bedeutet im übertragenen Sinn, dass sich die Elektronen um die eigene Achse drehen. In Abhängigkeit der Drehrichtung differenziert man Elektronen mit α-Spin (drehen sich im Uhrzeigersinn) und β-Spin (drehen sich entgegen dem Uhrzeigersinn). Wofür brauchen wir dieses erneute Detail aus der Quantenmechanik? Ganz einfach: Bisher hatten wir die Elektronen im Großen und Ganzen als Teilchen betrachtet. Jedoch gilt für Elektronen genauso wie für Photonen der Welle-Teilchen-Dualismus. Sie erinnern sich noch an diese Diskussion? Das heißt, das Elektron kann auch in Form einer Welle beschrieben werden. Wenn sich nun Elektronen in Form einer Welle um die Atomkerne »bewegen«, dann darf die Welle nicht so beschaffen sein, dass nach einem oder mehreren Umläufen ein Wellenberg auf ein Wellental trifft. Dann nämlich würde sich die Welle selbst auslöschen (man spricht auch von einer destruktiven Interferenz). Aus dieser einfachen Überlegung folgt, dass nur ganz bestimmte, diskrete Wellen zur Beschreibung der Elektronenbewegung möglich sind (siehe Abb. 1.21). Die räumliche Verteilung dieser Wellen (genau genommen die Betragsquadrate dieser Wellen) bezeichnet man als Orbitale. Diese diskreten Lösungen führen wiederum zu einer Quantisierung, und die Physiker kennzeichnen die möglichen in sich geschlossenen Elektronenbahnen mit so genannten Quantenzahlen. Elektronen in einem Atom

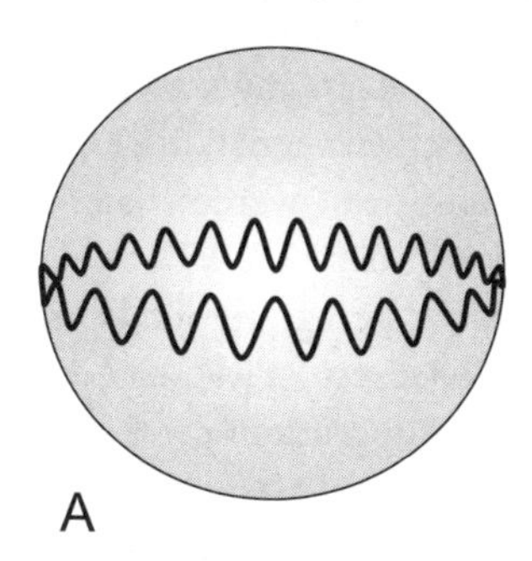

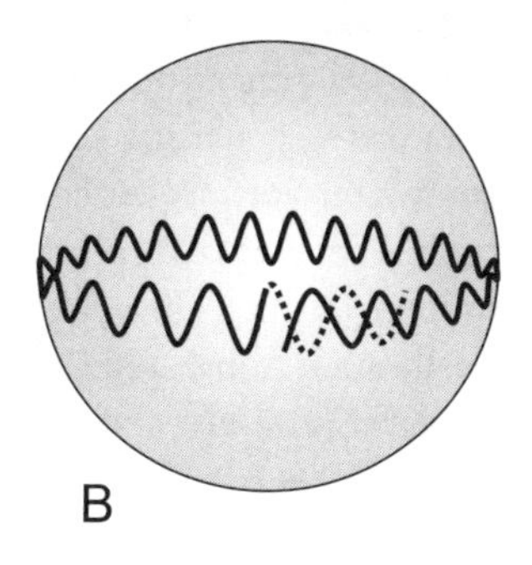

Abb. 1.21 Aufgrund des Welle-Teilchen-Dualismus kann eine Elektron sowohl als Teilchen als auch als Welle betrachtet werden. Damit sich die Wellen bei verschiedenen Umläufen nicht auslöschen, muss der Umfang des Kreises ein Vielfaches der Wellenlänge der Wellenfunktion sein. Damit sind nur ganz diskrete Wellen erlaubt, was wiederum zur Quantisierung der Zustände führt.

oder Molekül sind hierbei »extreme Individualisten«. Was heißt denn das nun wieder? Es darf keine zwei Elektronen geben die in ihren Quantenzahlen komplett über einstimmen. Wolfgang Pauli fand nämlich heraus, dass Elektronen, wenn sie in einem Orbital vorliegen, nicht identisch sein dürfen. Das heißt in einem Orbital dürfen maximal zwei Elektronen gleichzeitig vorliegen, die sich dann aber in ihrem Spinzustand, also ihrem Eigendrehimpuls unterscheiden. Im Fall von chemischen Bindungen werden die »Klassen«, in denen die Bindungselektronen vorliegen, als Molekülorbitale bezeichnet. Gemäß dem Pauli-Prinzip müssen die Elektronen in einer chemischen Bindung somit gepaart vorliegen. Das eine Elektron muss einen α-Spin besitzen und das andere einen β-Spin. In Abb. 1.20 entspricht das Elektron mit dem α-Spin dem Pfeil (↑) und das Elektron mit dem β-Spin dem Pfeil (↓). Gepaarte Elektronen im S_0-Zustand werden somit wie folgt dargestellt: (↑↓). Durch die elektronische Anregung wird ein Elektron unter Beibehaltung des Spins von dem S_0-Zustand in ein anderes energetisch höher liegendes Orbital, den S_1-Zustand, befördert. Diese Anregung erfolgt genauso wie bei der IR-Absorption durch die direkte Absorption eines passenden Photons. Die elektronische Anregung erfolgt somit vom Schwingungsgrundzustand (v=0) des elektronischen Grundzustands S_0 in einen Schwingungszustand v' des ersten elektronisch angeregten Zustands S_1 (siehe Abb. 1.20). Welche Schwingungszustände im angeregten elektronischen Zustand S_1 bevölkert werden, hängt von der Geometrieänderung infolge der Anregung ab. Misst man genauso wie bei der IR-Absorptionsspektroskopie das Verhältnis von eingestrahlter Intensität I_0 und durchgelassener Intensität I als Funktion der Wellenlänge, so kann über das so genannte Lambert-Beer'sche-Gesetz sehr genau die Konzentration von Molekülen in einer Probe bestimmt werden (siehe auch Abb. 1.22). Voraussetzung ist nur, dass in dem UV-VIS-Spektralbereich auch eine elektronische Absorption angeregt werden kann (siehe auch Abb. 1.23). Das Lambert-Beer'sche-Gesetz ist wie folgt definiert: $E(\nu) = \varepsilon(\nu)\ c\ d$, wobei die Lichtschwächung durch die Probe durch $I(\nu) = I_0\ 10^{-E}$ beschrieben wird. $\varepsilon(\nu)$ ist der molare dekadische Absorptionskoeffizient (früher auch Extinktionskoeffizient genannt), E ist die Absorption (früher als Extinktion, d. h. Auslöschung bezeichnet), *c* ist die gesuchte Konzentration und *d* die Dicke des Probengefäßes, welches durchstrahlt wurde.

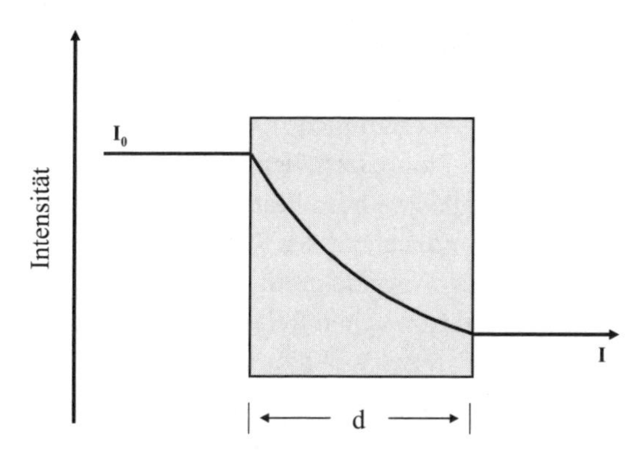

Abb. 1.22 Absorptionsmessungen lassen sich durch das Lambert-Beer'sche-Gesetz beschreiben. Dieses beschreibt den Zusammenhang zwischen eingestrahlter Lichtintensität I_0 und der detektierten Intensität I nach Durchgang durch eine Küvette der Länge d, in der sich die absorbierenden Moleküle befinden. Die Stärke der Abnahme der Intensität von I_0 nach I hängt von der Küvettenlänge und der Konzentration der absorbierenden Moleküle ab.

Das Schicksal elektronisch angeregter Moleküle

Was passiert nun mit den elektronisch angeregten Molekülen? Wie lange verweilen die Moleküle im angeregten Zustand? Ein angeregtes Molekül ist immer bestrebt, diese zusätzliche Energie möglichst schnell wieder in irgendeiner Form abzugeben, um in den energetisch am niedrigsten liegenden und damit stabilen Grundzustand überzugehen. Was passiert nun im Detail? Fand die Anregung nicht in den elektronisch angeregten Schwingungsgrundzustand statt, sondern in höhere Schwingungszustände, so wird das Molekül sehr schnell einen Teil der Energie über Stöße mit den Molekülen der Umgebung an diese abgeben. Dadurch geht das Molekül sehr schnell in den Schwingungsgrundzustand des elektronisch angeregten Zustands über. Die Zeitdauer dieser Schwingungsrelaxation liegt im Bereich von 10^{-14} bis 10^{-12} s (Abb. 1.20). In einem vielatomigen Molekül erfolgt die Schwingungsrelaxation ebenso schnell auch ohne ein Lösungsmittel, indem die Schwingungsenergie der spezifischen Schwingung auf andere umverteilt wird.

Aus dem Schwingungsgrundzustand des elektronisch angeregten Zustands kann dann das Molekül spontan über die Aussendung (Emission) eines Photons in den elektronischen Grundzustand übergehen. Dieser leuchtende Übergang wird als Fluoreszenz bezeichnet. Die Zeitskala für den Fluoreszenzübergang liegt im Bereich von etwa 10^{-9}–10^{-8} s. Da die Schwingungsrelaxation um Größenordnungen schneller ist als die Emission von Fluoreszenzlicht, erfolgt die Emission bei Molekülen, die in Flüssigkeiten oder Festkörpern vorliegen, immer aus dem Schwingungsgrundzustand des S_1-Niveaus.

Man könnte jetzt meinen, dass diese Lichtemission eine gängige und sehr häufige Methode der elektronischen Relaxation sei. Tatsächlich ist dies jedoch eher die Ausnahme. Viel häufiger findet man in der Natur die so genannten strahlungslosen Übergänge. Der durch Lichtabsorption erzeugte elektronisch angeregte Zustand zerfällt durch Stoßaktivierung und geht dadurch vom S_1- direkt in den S_0-Zustand über (siehe Abb. 1.20). In diesem Zusammenhang sei darauf hingewiesen, dass die Farbe von Pflanzen, Früchten usw. nicht durch Fluoreszenz im Anschluss an die Lichtabsorption hervorgerufen wird. Die Farbigkeit ist vielmehr eine Folge von Lichtabsorption und Reflexion (auf die Reflexion werden wir später zurückkommen). Weißlicht stellt die Überlagerung aller Spektralfarben dar. Hierzu gehören beispielsweise die Farben rot, gelb und blau. Erscheint die Tomate unter Weißlichtbestrahlung rot, so bedeutet dies nur, dass aus dem Weißlicht alle Farben außer Rot absorbiert werden. Die Farbe Rot wird von der Tomate reflektiert (Abb. 1.23).

Neben Fluoreszenz und Schwingungsrelaxation gibt es noch weitere Möglichkeiten, wie ein S_1-Zustand relaxieren kann, dies würde jedoch den Rahmen dieser Einführung deutlich sprengen.

Wenn Licht die Lichtemission antreibt oder wie man außergewöhnliche Lichtquellen bekommt

Wenn auch die Fluoreszenz nicht immer im Anschluss an eine elektronischen Anregung eines Moleküls beobachtbar ist, so gibt es inzwischen sehr viele Farbstoffe, die Fluoreszenzlicht für spezielle Anwendungen emittieren. Das Besondere dieser Fluoreszenzfarbstoffe ist, dass sie sehr effizient das eingestrahlte Licht in Fluoreszenzstrahlung umwandeln können. Solche effektiven Farbstoffe geben Anlass zu sehr interessanten Phänomenen, wie beispielsweise der stimulierten Emission. Was bedeutet stimulierte Emission? Wenn wir von Fluoreszenz sprechen, dann bedeutet dies eigentlich nichts anderes, als dass das elektronisch angeregte Molekül spontan ein

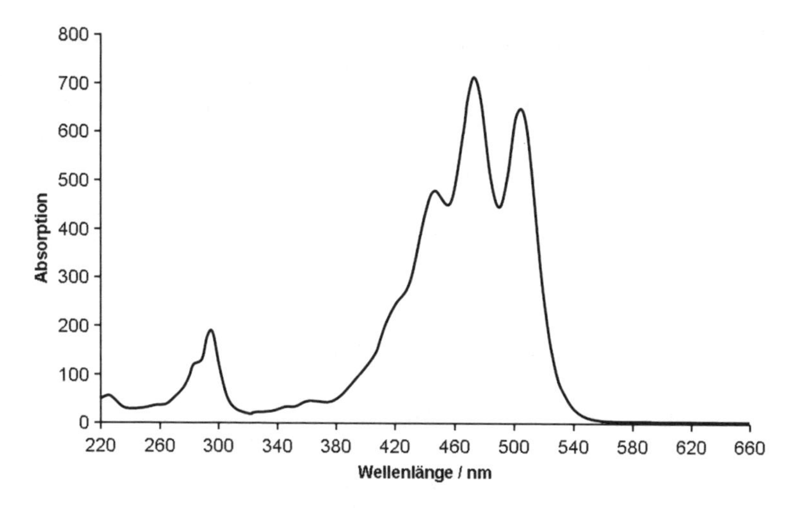

Abb. 1.23 Absorptionsspektrum des Lycopins, das für die rote Farbe von Tomaten verantwortlich ist. Als x-Achse ist die Lichtwellenlänge aufgetragen und als y-Achse die Absorption. Wir sehen, dass die Tomate besonders das grüne und blaue Licht absorbiert. Das rote Licht wird hingegen von der Oberfläche reflektiert.

Photon emittiert und in den elektronischen Grundzustand übergeht. Wie kommt es nun zur stimulierten Emission? Schauen wir hierzu auf die Abb. 1.24. Unter Absorption gelangt das Molekül vom Grundzustand in einen elektronisch angeregten Zustand. Durch spontane

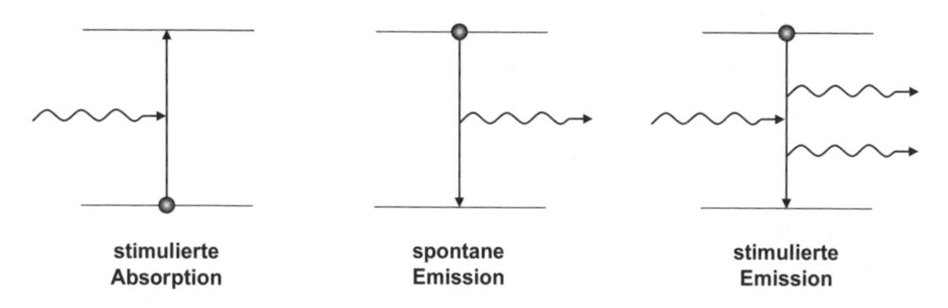

Abb. 1.24 Bei der Absorption wird ein Molekül von seinem Grundzustand durch ein Photon mit einer Energie, die der Energiedifferenz zwischen Grund- und angeregtem Zustand entspricht, in den angeregten Zustand angehoben. Von dort kann es durch Emission eines Photons spontan wieder in den Grundzustand zurückkehren. Die Emission kann aber auch durch ein Photon stimuliert werden, d. h. das angeregte System wird durch Einstrahlen eines Photons zum Abregen gezwungen und sendet dabei ein zum eingestrahlten Photon identisches Photon aus.

Emission unter Aussendung eines Photons geht das Molekül wieder in den elektronischen Grundzustand über.

Trifft nun dieses Fluoreszenzphoton auf ein elektronisch angeregtes Molekül, so wird durch diese Wechselwirkung der Übergang in den elektronischen Grundzustand induziert bzw. stimuliert. Bemerkenswert ist bei dieser stimulierten Emission, dass das neu entstehende Photon eine exakte Kopie des stimulierenden Photons darstellt. Was bedeutet exakte Kopie? Die beiden Photonen besitzen die gleiche Energie, bewegen sich exakt in die gleiche Richtung und besitzen eine gewisse räumliche und zeitliche Kohärenz. Schon wieder ein neues Wort! Kohärenz bedeutet nichts anderes, als dass sich die Phasen (Wellentäler bzw. Wellenberge sind zueinander ausgerichtet) der beiden Lichtwellen über lange Zeiten und/oder Wegstrecken nicht ändern.

Sie werden sich sicherlich wundern, warum wir die stimulierte Emission von Strahlung an dieser Stelle bringen. Sie sind vielleicht sogar der Meinung, den Begriff noch nie gehört zu haben. Wir sind uns jedoch sicher, dass sie mit der stimulierten Emission schon viel zu tun hatten. Sie stutzen immer noch? Was meinen Sie wofür der Begriff Laser steht? Es handelt sich nicht um einen Eigennamen, der aus dem Englischen ins Deutsche übernommen wurde. Vielmehr ist Laser ein Akronym und steht für »*L*ight *a*mplification by *s*timulated *e*mission of *r*adiation«, also »Lichtverstärkung durch stimulierte Emission von Strahlung«. Sowohl das Design als auch die Funktionsweise eines Lasers wurde 1958 von Townes und Schallow theoretisch beschrieben und vorhergesagt. Der erste Laser – ein Rubinlaser – wurde 1960 von Maiman vorgestellt.

Wie kommt man nun von der stimulierten Emission zu einem Laser? Generell führt die stimulierte Emission zur Emission identischer Photonen. Je mehr Photonen vorhanden sind, desto höher ist die Wahrscheinlichkeit für eine stimulierte Emission. Daher muss es das Ziel sein, möglichst viele identische Photonen zu erzeugen, die ihrerseits wiederum andere identische Photonen generieren. Diese Verstärkung kann man beispielsweise dadurch erreichen, dass man eine gewisse Rückkopplung erzeugt. Dies bedeutet nichts anderes, als dass man den fluoreszierenden Stoff (man spricht auch von dem aktiven Medium) zwischen zwei Spiegel stellt, damit möglichst viele Photonen nicht einfach verloren gehen, sondern immer wieder das aktive Medium durchlaufen und somit immer wieder zur stimulierten

Emission beitragen. Auch wenn wir durch diese Rückkopplung sehr viele Photonen gewinnen können, werden wir trotzdem keinen Laser bekommen. Warum? Zu einem richtigen Laser fehlt uns nämlich noch die Verstärkung (Amplification)! Um eine Verstärkung erreichen zu können, müssen wir mehr Moleküle im elektronisch angeregten Zustand haben als im elektronischen Grundzustand. Dieses Problem ist alles andere als trivial. Da die vorhandene thermische Energie sehr viel kleiner ist als der Energieunterschied zwischen Grund- und Anregungszustand, befinden sich mehr Moleküle im Grundzustand als im angeregten Zustand, welcher wiederum stärker bevölkert ist als der nächst höher liegende angeregte Zustand (siehe Abb. 1.25).

Je größer die Energie eines Zustands, desto geringer ist dieser bevölkert. Diese thermische Besetzungsstatistik wird als Boltzmann-Statistik bezeichnet. Für elektronische Anregungszustände bedeutet dies, dass ihre Besetzung bei Raumtemperatur praktisch Null ist. Bestrahlen wir nun diese Moleküle mit einem geeigneten Lichtfeld, so kann die einfallende Strahlung absorbiert werden.

Dadurch gelangen viele Moleküle in den elektronisch angeregten Zustand (Abb. 1.26). Durch spontane Emission und geeigneter Rückkopplung durch Spiegel kann die stimulierte Emission unterstützt werden. Diese Strahlung kann wieder absorbiert werden und befördert die Moleküle wieder in den angeregten Zustand. So könnten wir nun Stunde um Stunde weitermachen, würden aber dennoch keine

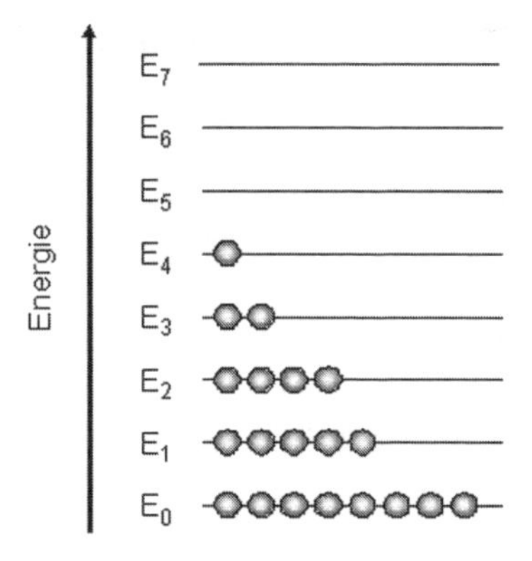

Abb. 1.25 Thermische Besetzung einzelner Energieniveaus gemäß der Boltzmann-Statistik.

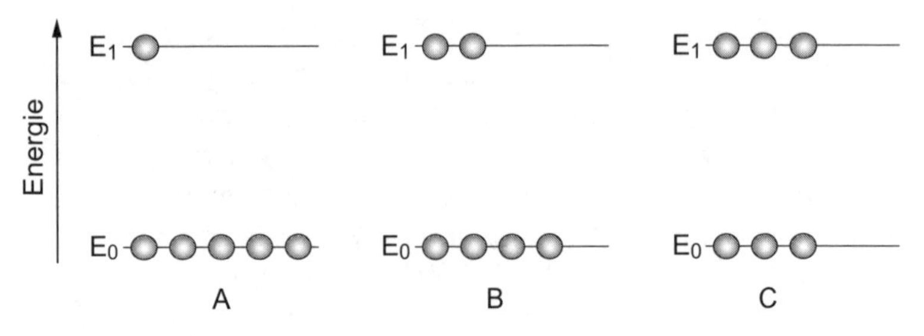

Abb. 1.26 Besetzungszahlen. (A) Ohne Lichtfeld befinden sich die meisten Moleküle in dem Zustand mit der niedrigsten Energie E_0. Der Prozentsatz der Moleküle, die sich im angeregten Zustand E_1 befinden, wird über das Boltzmann-Gesetz beschrieben und wird durch den Energieabstand zwischen den beiden Energieniveaus bestimmt. Je geringer der Abstand, desto mehr Moleküle befinden sich im angeregten Zustand. Der Abstand zweier elektronischer Niveaus ist im Normalfall so groß, dass sich alle Moleküle im Grundzustand befinden. Schwingungsniveaus, deren Abstand 200–800 cm^{-1} betragen, sind jedoch bei Raumtemperatur noch zu einem nicht vernachlässigbaren Prozentsatz angeregt. Schwingungen im Bereich zwischen 800–4000 cm^{-1} sind dagegen kaum bis gar nicht angeregt. (B) Ein schwaches Lichtfeld geeigneter Energie regt einige Moleküle in den elektronisch angeregten Zustand an. (C) Mit einem sehr intensiven Lichtfeld lassen sich viele Moleküle in den elektronisch angeregten Zustand anregen. Es lässt sich jedoch im Idealfall nur eine Gleichbesetzung der beiden Niveaus erreichen, da die Wahrscheinlichkeiten für die Absorption und die stimulierte Emission gleich sind. Eine Populationsinversion kann so nicht erreicht werden.

Verstärkung erlangen und damit keinen Laser bauen können. Nach dem obigen Prinzip könnten wir im Idealfall eine Gleichverteilung erreichen. Das heißt wir haben im elektronischen Grundzustand die gleiche Anzahl an Molekülen wie im elektronisch angeregten Zustand. Für diesen Fall ist die Wahrscheinlichkeit, dass ein Photon absorbiert wird oder zur stimulierten Emission führt, gleich groß. Und das bedeutet: keine Lichtverstärkung.

Wie kann man nun diesen gordischen Knoten zerschlagen? Mit dem oben dargestellten Zwei-Niveau-System, bestehend aus einem elektronischen Grundzustand und einem elektronisch angeregten Zustand, können wir dies nicht erreichen. Eine Lösung versprechen die Drei-Niveau- bzw. Vier-Niveau-Systeme, die in Abb. 1.27 dargestellt sind. In einem Drei-Niveau-System (siehe Abb. 1.27 I) werden durch die Bestrahlung des aktiven Mediums mit einer externen Lichtquelle (man spricht auch von einer Pumpquelle) die Moleküle in den Zustand A angeregt. Dieser Zustand hat jedoch eine extrem kurze Lebensdauer und überführt die Energie in den Zustand B. Dieser hat

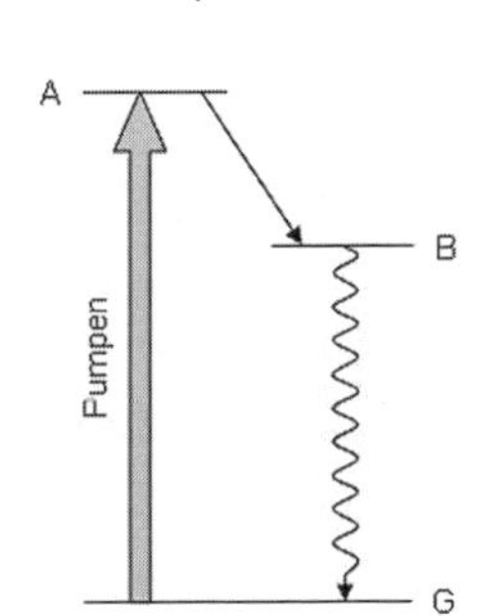

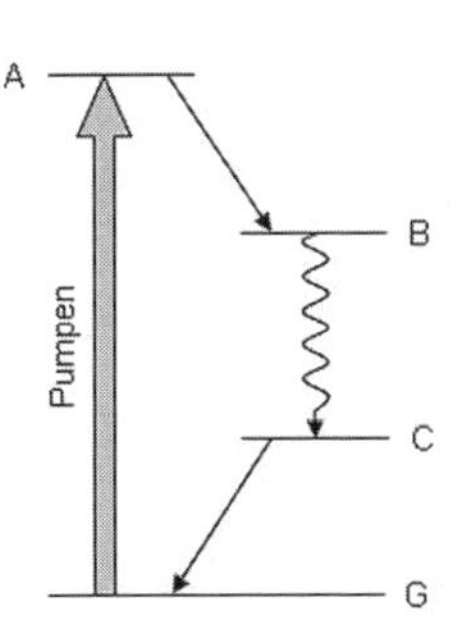

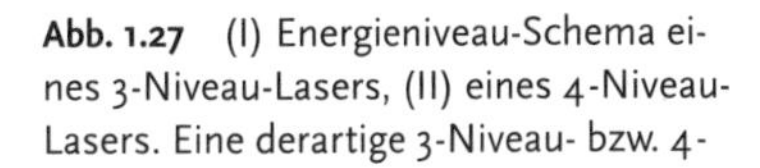
Abb. 1.27 (I) Energieniveau-Schema eines 3-Niveau-Lasers, (II) eines 4-Niveau-Lasers. Eine derartige 3-Niveau- bzw. 4-Niveau-Anordnung ermöglicht die für einen effizienten Lichtverstärkungsprozess notwendige Besetzungsinversion.

gegenüber dem Zustand A eine deutlich längere Lebensdauer. Dadurch haben wir in kürzester Zeit sehr viele Moleküle im Zustand B. Dieser Zustand zerfällt unter Aussendung von Fluoreszenzphotonen wieder in den Grundzustand. Können die Moleküle aus dem Grundzustand G möglichst schnell wieder in den Zustand A und von dort in B gebracht werden, so kann zwischen den Zuständen B und G ein Ungleichgewicht derart eingestellt werden, dass sich mehr Moleküle im Zustand B als im Grundzustand G befinden. Damit haben wir eine so genannte Bevölkerungsinversion (oder Populationsinversion) realisiert, aus der dann eine tatsächliche Lichtverstärkung erwachsen kann.

Besser lässt sich die Populationsinversion mit einem Vier-Niveau-System umsetzen (Abb. 1.27 II). Die Pumpquelle befördert die Moleküle vom Grundzustand G in den angeregten Zustand A, welcher genauso wie zuvor im Drei-Niveau-System sehr schnell in Richtung des Zustands B zerfällt. Dieser Zustand B weist ebenfalls eine lange Lebensdauer auf. Im Unterschied zum Drei-Niveau-Laser erfolgt jetzt nicht die Emission in den Grundzustand, sondern ins Niveau C. Dieses Niveau zeichnet sich dadurch aus, dass die Lebensdauer wiederum extrem kurz ist. Das Molekül geht somit sehr schnell in den Grundzustand über. Damit haben wir unser Ziel erreicht. Die Populationsinversion zwischen den Zuständen B und C ist sichergestellt. Einer Lichtverstärkung steht nun nichts mehr im Wege. In Abb. 1.28 ist der prinzipielle Aufbau eines Lasers dargestellt.

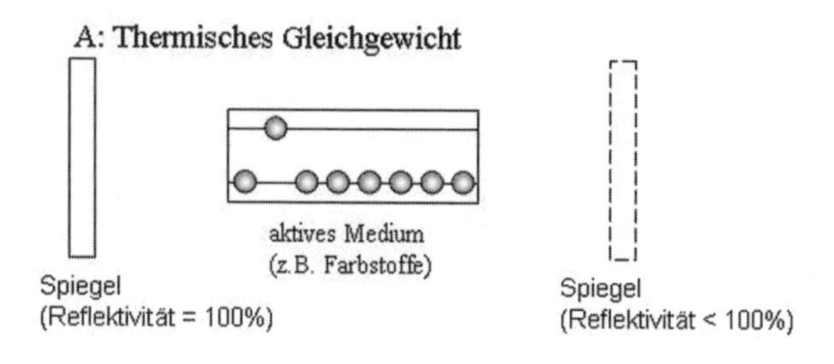

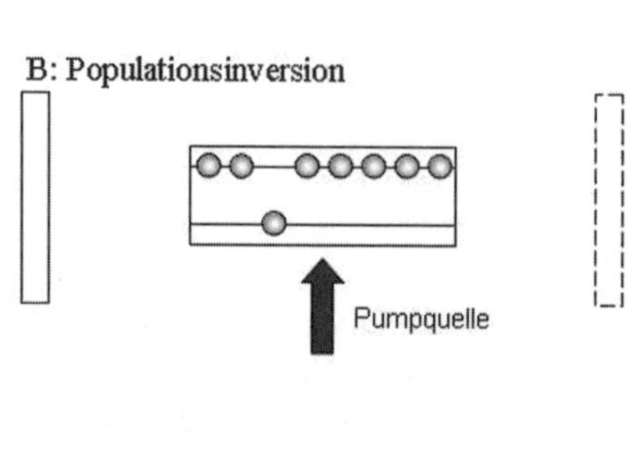

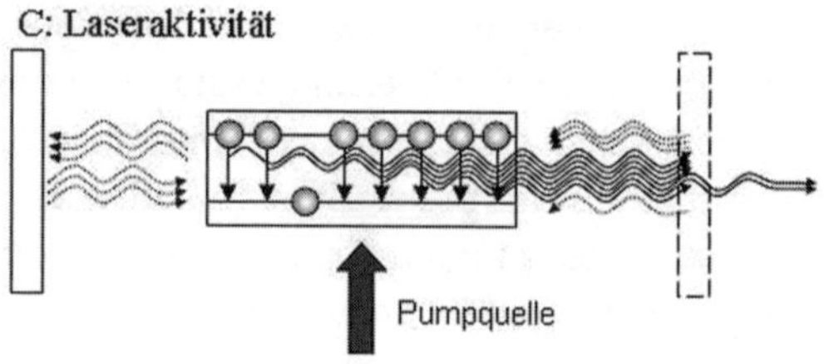

Abb. 1.28 Prinzipieller Aufbau eines Lasers. Ein Laser besteht aus einem aktiven Medium, d. h. Molekülen, welche über die in Abb. 1.27 gezeigten drei bzw. vier Niveaus zur Realisierung einer Besetzungsinversion verfügen. Eine Pumpquelle regt das aktive Medium an und induziert eine Besetzungsinversion. Das aktive Medium wird in einen Resonator zwischen zwei Spiegeln eingebracht. Der eine Spiegel hat eine Reflektivität von 100 % und der andere eine Reflektivität, die geringer als 100 % ist, damit Licht auskoppeln kann. Dieser Resonator gewährleistet, dass die stimulierte Emission äußerst effizient verläuft. In (A) ist die Pumpquelle ausgeschaltet, d. h. die Besetzung der Energieniveaus erfolgt nach der Boltzmann-Statistik. Durch das Anschalten der Pumpquelle kann die Populationsinversion aufgebaut werden (B). Die spontan emittierten Photonen setzen einen Kaskadenprozess in Gang. Durch die resultierende stimulierte Emission und die Rückkopplung durch den Resonator kann Laseraktivität erreicht werden. Dabei gilt, dass die Verluste an Strahlung, beispielsweise durch Auskopplung von Laserlicht aus dem Resonator, durch die Verstärkung kompensiert werden müssen, ansonsten kommt die Laseraktivität zum Erliegen oder entsteht erst gar nicht.

Was ist nun so besonders an einem Laser? Der Laser kann extrem monochromatisches Licht abstrahlen, also Licht einer Wellenlänge. Der Laserstrahl ist sehr gut gebündelt, auch über große Strecken weitet sich der Strahldurchmesser nur wenig auf. Ein Laserstrahl lässt sich sehr gut fokussieren, was insbesondere für die Lasermikroskopie – wie wir später sehen werden – von großer Bedeutung ist. Das Laserlicht kann kontinuierlich oder auch in Form von langen bis extrem kurzen Pulsen abgestrahlt werden. Damit stellt der Laser eine universelle Lichtquelle für die Biophotonik dar.

Wechselwirkung von Licht mit »Bulk«-Materie

Bei unseren bisherigen Betrachtungen haben wir uns mehr oder minder nur auf einzelne Moleküle konzentriert. Wie die Moleküle vorliegen, ob als Gas, Flüssigkeit oder als Festkörper, hat uns bisher nicht sonderlich interessiert. Gewöhnlich liegt jedoch die Materie außer bei Gasen nicht in Form von einzelnen Molekülen vor, sondern immer in Form von Molekülaggregaten. Diese Molekülaggregate können von ihrer räumlichen Ausdehnung ganz unterschiedlich sein. Sie reichen von wenigen zusammengelagerten Molekülen, wir sprechen hier von Clustern, über Nano- und Mikropartikel bis hin zu großen Molekülverbänden, wie sie im Makrokosmos, also in unserer mit den Augen wahrnehmbaren Umwelt z. B. als Kristalle vorliegen. (Unter Nanopartikeln versteht man Anordnungen aus wenigen hundert Atomen oder Molekülen, die diskrete Einheiten bilden und eine Größe im Nanometerbereich besitzen.) Hört sich kompliziert an, bedeutet jedoch lediglich Folgendes: Wenn wir mit Materie agieren, die in ihrer räumlichen Ausdehnung größer als die Lichtwellenlänge, also größer als beispielsweise 300 nm ist, so treten neben Absorption und Streuung weitere Effekte bei der Wechselwirkung von Licht und Materie auf. Diese neuen Effekte sind beispielsweise die Reflexion und die Brechung von Licht. Diese Art der Wechselwirkung, die Sie natürlich sehr gut aus dem täglichen Leben kennen, spielen bei der Wechselwirkung von Licht mit biologischer Materie, wie beispielsweise biologischen Zellverbänden und Gewebe eine ganz wichtige Rolle. Auch hier ist die bei den Molekülen angesprochene Polarisierbarkeit von großer Bedeutung. Im Fall von ausgedehnter Materie, deren räumliche Ausdehnung größer als die Lichtwellenlänge ist, wird die Polarisierbarkeit als Summe der molekularen Eigenschaften, also als gemittelte Größe, dargestellt. Analog zur molekularen Polarisierbarkeit beschreibt die so genannte Bulk-Polarisierbarkeit das durch ein äußeres elektrisches Feld in der Bulk-Materie induzierte Dipolmoment. Darüber lässt sich ohne weiter ins Detail gehen zu wollen eine Größe bestimmen, die angibt, wie schnell Licht Materie durchläuft. Diese Größe ist der Brechungsindex. Ist keine Materie vorhanden – wir befinden uns dann im Vakuum –, so beträgt die Geschwindigkeit c_0 des Lichtes 3×10^8 m/s. Durchläuft das Licht Materie, so nimmt die Geschwindigkeit c des Lichtes ab. Das Verhältnis dieser beiden Geschwindigkeiten ist der Brechungsindex $n(\nu) = n(\lambda) = c_0/c$. Der Brechungsindex ist genauso wie die Polarisierbarkeit eine Funktion der Lichtfrequenz ν bzw. der Lichtwellenlänge λ.

Trifft nun ein Lichtstrahl auf Materie, beispielsweise auf einen Glasblock, so erfährt der Lichtstrahl einen Brechungsindexunterschied von n_1 nach n_2. Wie wir gehört haben, verlangsamt sich hierbei die Geschwindigkeit des Lichtes von etwa 300.000 km/s auf beispielsweise 198.000 km/s im Fall von Kronglas mit einem Brechungsindex von $n(500 \text{ nm}) = 1{,}515$. Der Brechungsindex des Vakuums n_0 wird dabei per Definition gleich eins gesetzt. Da Frequenz ν, Wellenlänge λ und Geschwindigkeit c über die Gleichung $\nu = c/\lambda$ in Beziehung zueinander stehen und die Geschwindigkeit c selbst eine Funktion des Brechungsindexes ist, ergibt sich daraus folgender Zusammenhang: $\lambda = c_0/(\nu\, n)$. Damit stellt sich natürlich die Frage, welche Größe beim Durchlauf durch ein Medium konstant bleibt: die Wellenlänge oder die Frequenz des Lichtes? Diese Frage können wir relativ einfach beantworten, indem wir uns noch einmal erinnern, was eine einfallende elektromagnetische Welle im sichtbaren Spektralbereich in der Materie bewirkt. Durch das sich ständige ändernde elektrische Feld werden die Moleküle polarisiert und ein Dipolmoment induziert. Das Dipolmoment oszilliert mit der gleichen Frequenz wie das einfallende Lichtfeld. Die entstehende Sekundärwelle hat die gleiche Frequenz wie die einfallende. Damit bleibt also die Frequenz gleich, wohingegen sich die Wellenlänge verkleinert (siehe Abb. 1.29).

Welche Effekte lassen sich noch beobachten, wenn ein Lichtstrahl auf den Glasblock trifft? Es kommt natürlich wie jeder weiß zur Reflexion bzw. zur Brechung (Refraktion) des Lichtstrahls an der Oberfläche. Diese beobachtbaren Effekte lassen sich sehr anschaulich mit Hilfe der geometrischen Optik erklären. Je nach Beschaffenheit des

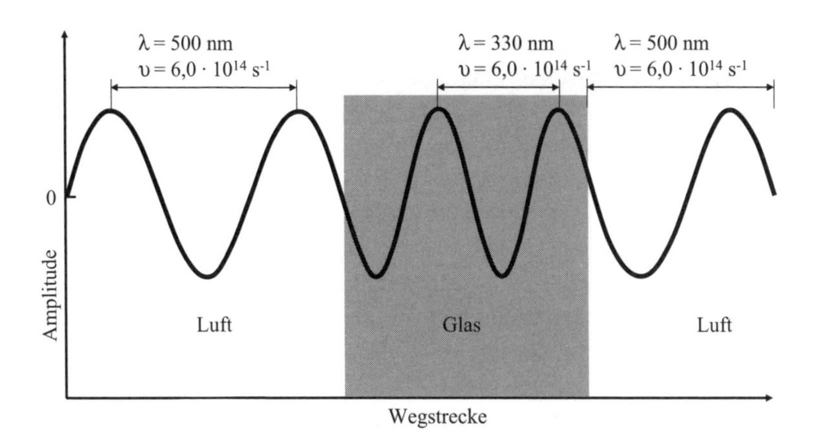

Abb. 1.29 Eine Lichtwelle der Wellenlänge 500 nm ($\nu = 6{,}0 \times 10^{14}\ s^{-1}$) trifft aus Luft kommend auf eine Glasplatte ($n = 1{,}5$). Aufgrund des Brechungsindexes des Glases bewegt sich das Licht nicht mehr mit nahezu 300.000 km/s, sondern nur noch mit einer verringerten Geschwindigkeit von etwa 198.000 km/s. Da die Frequenz des Lichtes bei dem Durchlaufen der Materie gleich bleibt, verringert sich die Wellenlange von 500 nm auf etwa 330 nm.

Materials wird ein bestimmter Anteil des Lichtes reflektiert (siehe Abb. 1.30). Hierbei sind Einfalls- und Ausfallswinkel in Bezug auf die Oberflächennormale identisch. Die Brechung des Strahls ins Medium tritt immer dann auf, wenn das Medium nicht zu stark die Strahlung absorbiert. Mögliche Absorptionsvorgänge haben wir ja be-

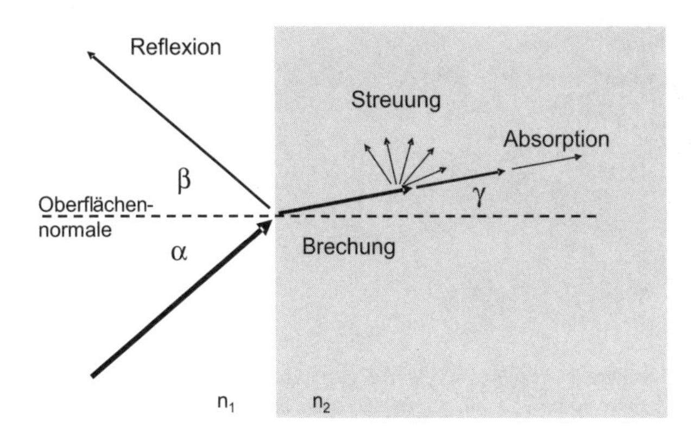

Abb. 1.30 Anschauliche Darstellung der optischen Prozesse Reflexion, Brechung, Streuung und Absorption, die Auftreten wenn Lichtstrahlen von einer Materie auf eine optisch andere Materie treffen.

reits ausführlich weiter oben besprochen. In Abb. 1.30 sind neben der Reflexion auch die Phänomene Brechung, Streuung und Absorption mit aufgeführt.

Alle diese Prozesse sind von entscheidender Bedeutung bei der Untersuchung von biologischen Zellen und Geweben.

Was gilt es noch zur Brechung zu sagen? Die Änderung des Ausbreitungswinkels des Lichtstrahls ist – wie kann es auch anders sein – eine Funktion des Brechungsindex und lässt sich mit Hilfe des Snellius'schen Gesetzes beschreiben: $n_1 \sin \alpha = n_2 \sin \gamma$. Für die Brechungsindizes gilt in diesem Beispiel, dass $n_1 < n_2$, das heißt n_2 ist das optisch dichtere Medium (siehe Abb. 1.30). Für den Fall, dass n_1 größer als n_2 ist, sprich n_1 ist das optisch dichtere Medium, so wird in diesem Fall das Licht nicht in Richtung der Normalen gebrochen, sondern davon weg.

Bevor wir uns der Wechselwirkung von Licht mit biologischer Materie zuwenden, müssen wir uns noch ganz kurz mit einem besonderen Phänomen auseinander setzen, nämlich der Totalreflexion. In Abb. 1.31 ist die Totalreflexion graphisch dargestellt.

Bei der Totalreflexion wird, wie es der Name impliziert, der Lichtstrahl vollständig reflektiert. Voraussetzung hierfür ist, dass der Lichtstrahl vom optisch dichteren Medium auf eine Grenzfläche zu einem

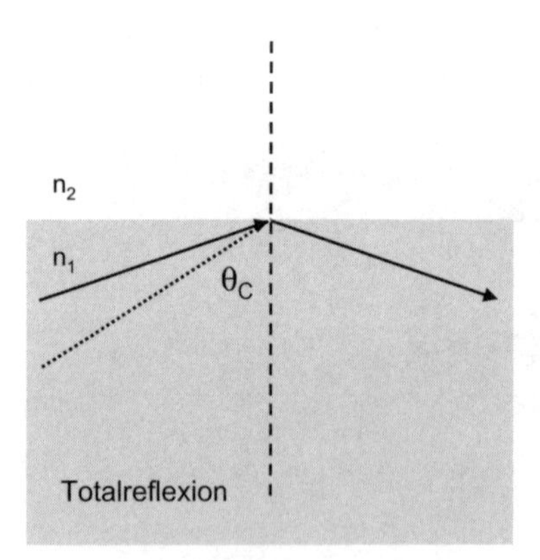

Abb. 1.31 Fällt ein Lichtstrahl aus dem optisch dichteren Medium kommend auf eine Grenzfläche zu einem optisch dünneren Medium ($n_1 > n_2$), so kann der Lichtstrahl nur dann ins optisch dünnere Medium übertreten, wenn der Auftreffwinkel gegenüber der Oberflächennormalen kleiner als der kritische Winkel θ_c ist. Für den Fall, dass der Auftreffwinkel größer als θ_c ist, kommt es zur Totalreflexion.

optisch dünneren Medium fällt. Ist dabei der Einfallswinkel größer als der Grenzwinkel θ_c, so tritt Totalreflexion auf. Der Grenzwinkel der Totalreflexion ist definiert durch $\theta_c = \arcsin (n_2/n_1)$, wobei n_2 wie schon gesagt größer als n_1 sein muss.

Wechselwirkung von Licht mit biologischem Gewebe

Trifft Licht auf biologisches Gewebe, so wird das Licht teilweise an der Oberfläche reflektiert, teilweise wird es ins Gewebe hinein gebrochen. Im Gewebe kann es absorbiert oder gestreut werden. Der Anteil des reflektierten Lichtes ist umso größer, je schräger das Licht auf das Gewebe fällt, das heißt umso größer der Einfallswinkel α ist (Abb. 1.32). Soll möglichst viel Licht in das Gewebe eindringen, muss das Licht senkrecht auf das Gewebe treffen.

Wir haben es also wieder mit den gleichen Phänomenen wie zuvor beschrieben zu tun. Da jedoch biologisches Gewebe gewöhnlich sehr inhomogen ist, treten die Effekte mit unterschiedlicher Gewichtung

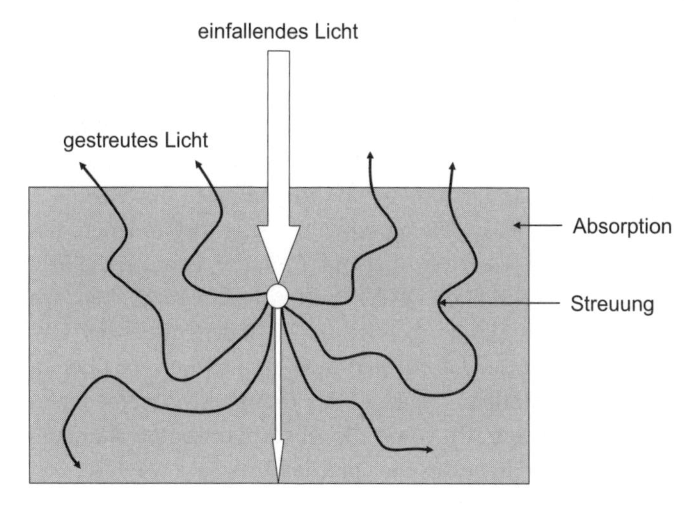

Abb. 1.32 Trifft ein einfallender Lichtstrahl senkrecht auf biologisches Gewebe, so ist der Anteil, der direkt von der Oberfläche reflektiert wird, minimal. Das in das Gewebe eindringende Licht wird nun in Abhängigkeit der gewählten Lichtwellenlänge mehr oder weniger stark absorbiert, d. h. im Fall von sichtbarer Strahlung kommt es zur elektronischen Anregung. Daneben wird geradlinige Ausbreitung des Lichtstrahls (der Photonen) im Gewebe durch Rayleigh- und Mie-Streuung behindert. Je nach Beschaffenheit des Gewebes gelangt nur eine minimale Intensität des ursprünglich eingestrahlten Lichtes durch das Gewebe.

auf. Biologisches Gewebe wird beispielsweise als stark Licht streuende Materie bezeichnet. In Abhängigkeit der Gewebebestandteile unterscheidet man bei der elastischen Lichtstreuung Rayleigh- und Mie-Streuung. Rayleigh-Streuung tritt vornehmlich an Zellbestandteilen auf, die kleiner als die Lichtwellenlänge sind. Hierbei gilt wie bereits weiter oben erwähnt, dass das Streuvermögen dieser Gewebebausteine mit der Lichtfrequenz ν^4 skaliert, also blaues Licht deutlich stärker gestreut wird als rotes. Liegen die Zellbestandteile in der Größenordnung der Lichtwellenlänge, so kommt ein neues Streuphänomen hinzu, die so genannte Mie-Streuung. Es handelt sich um einen von Gustav Mie (1908) gefundenen Lichtstreueffekt. Im Gegensatz zur Rayleigh-Streuung ist bei der Mie-Streuung die Wellenlängenabhängigkeit deutlich geringer ausgeprägt, zudem wird das Licht bevorzugt in Vorwärtsrichtung gestreut.

Somit führen sowohl Lichtstreuung als auch Absorption zu einer Schwächung des Lichtes in Richtung der Propagation des Lichtstrahls (siehe Abb. 1.30 und 1.32). Die Absorption des Lichtes rührt von der Vielzahl der verschiedenen Moleküle, die im Gewebe vorhanden sind, her. Insgesamt lässt sich diese Schwächung in Anlehnung zum Lambert-Beer'schen-Gesetz beschreiben: $I(z) = I_0 \exp[-(\alpha(\nu) + \alpha_s)z]$. Hierbei kennzeichnet $I(z)$ die Intensität des Lichtes an der Position z im Gewebe. z charakterisiert die Eindringtiefe, $\alpha(\nu)$ ist der Absorptionskoeffizient und α_s der Streukoeffizient. Beide Größen zusammen beschreiben den Verlust an Lichtintensität innerhalb des Gewebes.

Durch die Vielzahl der im biologischen Gewebe vorhandenen molekularen Bestandteile – wie zum Beispiel Proteine, Peptide, die Erbmoleküle DNS und RNS, Hämoglobin (roter Blutfarbstoff), Melanin (Melanin stellt einen wichtigen Schutz der Haut gegenüber der UV-Strahlung dar) und Wasser – absorbiert biologisches Gewebe über einen sehr breiten Spektralbereich. In Abb. 1.33 sind die verschiedenen Spektralbereiche (UV bis IR), sowie die Absorptionsdaten charakteristischer Hauptbestandteile des biologischen Gewebes wie Blut, Melanosome und Epidermis gegeben.

Durch diese hohe Absorption über einen relativ breiten Spektralbereich ergibt sich, dass beispielsweise die Eindringtiefe des Lichtes in Gewebe sehr stark von der verwendeten Lichtwellenlänge abhängt. Teilweise kann das Licht nur wenige Bruchteile eines Millimeters in die Haut eindringen, bevor es ganz absorbiert oder gestreut wird. Diese Abhängigkeit können Sie an einem sehr einfachen Experiment selbst erkennen. Nehmen Sie eine Taschenlampe zur Hand, die weißes Licht abstrahlt. Versuchen Sie, das Licht der Taschenlampe mit ihrer Hand abzudecken. Falls die Intensität der Taschenlampe hoch genug ist, können Sie rotes Licht durch die Hand durchscheinen sehen. Das weiße Licht besteht aus der Überlagerung aller Spektralfarben. Das enthaltene blaue und grüne Licht wird stark absorbiert, während das rote Licht nicht sonderlich absorbiert wird. Hinzu kommt, dass das kurzwellige blaue Licht auch besonders stark gestreut wird. In Summe bedeutet dies, dass nur das rote Licht mit wenigen Verlusten

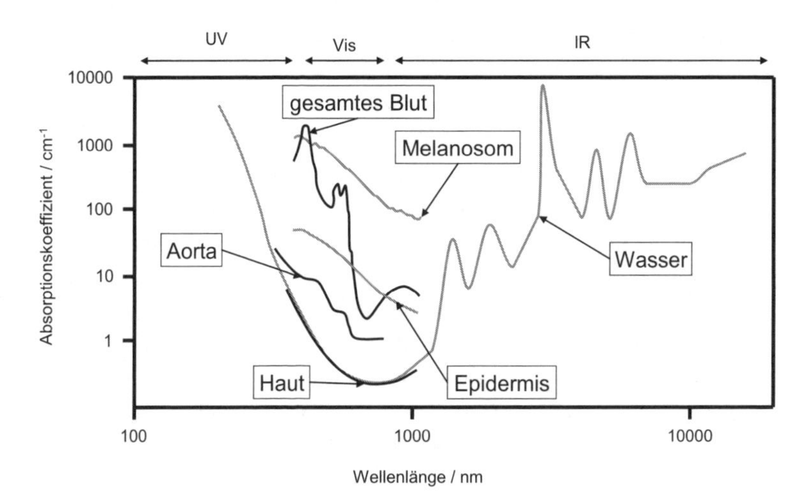

Abb. 1.33 Hauptbestandteile des Absorptionsspektrums biologischen Gewebes: (1) Absorption im Ultravioletten nimmt aufgrund von Proteinen, DNS und anderen Molekülen zu. (2) Im Infraroten steigt die Absorption für längere Wellenlängen aufgrund des im Gewebe vorhandenen Wassers (75 %) an. (3) Im Roten bis nahen Infraroten (NIR) ist die Absorption aller molekularen Bestandteile des biologischen Gewebes minimal. Dieser Frequenzbereich wird daher auch diagnostisches bzw. therapeutisches Fenster genannt, da man hier besonders gut und weit in das Gewebe mit Licht eindringen kann. (4) Blut ist ein starker Absorber im Roten/NIR-Bereich, da aber Blut nur zu einem geringen Prozentsatz im Gewebe vorkommt, wird der durchschnittliche Absorptionskoeffizient nur wenig beeinflusst. Falls jedoch ein Photon dennoch auf ein Blutgefäß trifft, wird es durch das Blut absorbiert, d. h. die örtlich variierenden Absorptionseigenschaften biologischen Gewebes bestimmen die Licht-Gewebe-Wechselwirkungen und die durchschnittlichen Absorptionseigenschaften bestimmen den Lichttransport. (5) Melanosome sind starke Absorber, die jedoch nur zu einem geringen Prozentsatz in der Epidermis vorhanden sind. Das heißt die lokale Wechselwirkung von Licht mit Melanosomen ist groß, jedoch ist der Beitrag der Melanosomen zum durchschnittlichen Absorptionskoeffizient eher gering, so dass diese den Lichttransport nur wenig beeinflussen.

das Gewebe durchlaufen kann. Rotes genauer nahes infrarotes Licht hat somit die höchste Eindringtiefe, die 2 bis 5 mm reichen kann. Grünes Licht ist im Vergleich dazu nach 0,5 bis 2 mm bereits komplett absorbiert bzw. gestreut.

Eine ganz besondere Beziehung – warum Licht und Leben zusammengehören

»Der freie Mann denkt über nichts weniger nach als über den Tod; seine Weisheit liegt darin, dass er nicht über den Tod, sondern über das Leben nachsinnt.«

Baruch de Spinoza, niederländischer Philosoph (1632–1677)

Nachdem wir uns mit den Wechselwirkungen von Licht und Materie im Allgemeinen beschäftigt haben, wollen wir uns nun dem biologischen Aspekt der Biophotonik zuwenden. Dabei wollen wir ein wenig auf den Spuren jener Physiker wandeln, die wie Einstein über das Licht nachgedacht und darüber einen besonderen Zugang zur zweiten in ihrer Zeit rasant an Bedeutung gewinnenden Wissenschaft, der Biologie, gefunden haben.

Der Berliner Physiker Max Delbrück zum Beispiel, den sein ehemaliger Doktorand und Biograph Peter Fischer als den »Sokrates der Biologie« bezeichnet, hatte sich nach seiner Promotion Anfang der 1930er Jahre in Kopenhagen bei Niels Bohr mit der Idee der Komplementarität beschäftigt. Dieses Konzept war 1927 von Niels Bohr vorgeschlagen worden, um die Widersprüchlichkeiten bezüglich des Verhaltens der Atome zu versöhnen, die einmal als feste Teilchen, einmal als Wellen in Erscheinung traten. Bohr formulierte damals eine als »Kopenhagener Deutung« bekannt gewordene philosophische Interpretation der Quantenmechanik. Welle und Teilchen – so Bohr – seien einander komplementäre Erfahrungen, die nicht zu *einem* anschaulichen Bild zusammengefügt werden können, aber jede einzelne von ihnen liefere einen gleichwertigen Beitrag zur vollständigen Erklärung. Nach Bohrs Überzeugung musste das auch für die Biologie Konsequenzen haben, in der schließlich das untersuchende Subjekt – nämlich der Mensch als biologisches System – mehr und mehr zum Objekt der Untersuchungen wird. Der dänische Physiker nahm sogar an, dass Leben und Atomphysik sich in einem ähnlich komplementären Verhältnis befinden wie Welle und Teilchen in der Quantenmechanik.

Delbrück folgte Bohr in diesen Gedanken und war von Anfang an davon überzeugt, dass mit der Komplementarität nicht nur das Licht, sondern auch das Leben erklärt werden könnte. Das Leben wie das Licht zu verstehen, das war für Delbrück, wie er Niels Bohr gegenüber immer wieder betonte, die »einzige Motivation in der Biologie«.

Nach seiner Rückkehr aus Kopenhagen arbeitete Delbrück noch zunächst in der Physik und zwar bei Lise Meitner in Berlin. Tagsüber beschäftigte er sich mit der Physik des Atomkerns, seine Freizeit widmete er abends der Natur des Gens. Damit bewegte er sich an der Frontlinie der Wissenschaft, denn als er 1906 geboren wurde, gab es den Begriff »Gen« noch gar nicht, er wurde erst einige Jahre später geprägt. Delbrück untersuchte, wie sich die Stabilität des genetischen Materials und seine Veränderungen erklären lassen. Er arbeitete dabei mit Viren, die Bakterien angreifen und zerstören können (so genannten Bakteriophagen), und schuf damit das Fundament für das später immer höher werdende Gebäude der Molekularbiologie.

Da nun die meisten Beispiele für das große Anwendungspotenzial der Biophotonik aus den Bereichen Zell- und Molekularbiologie kommen, wollen wir uns an dieser Stelle die Zeit nehmen, deren Grundlagen darzustellen.

Zellen: Spezialisten in starken Verbünden

Die Zelle wird oft als die kleinste Einheit des Lebens bezeichnet, denn jedes Lebewesen besteht aus mindestens einer von ihnen. In dieser Eigenschaft enthält eine Zelle sämtliche Informationen, die sie selbst für ihre Struktur, Funktion und Selbstreproduktion benötigt. Allerdings gibt es nicht *die* lebende Zelle. Es gibt sehr viele verschiedene Typen von Zellen, die sehr unterschiedliche Funktionen haben und daher in Form und Größe erstaunlich variieren können. Wenn wir allerdings näher hinschauen (und das bedeutet in der Zellbiologie schon ziemlich nah, nämlich mit Vergrößerungen um den Faktor 100 oder höher), so finden wir einige Merkmale, die allen Zellen gemeinsam sind, also sozusagen den kleinsten gemeinsamen Nenner bilden (Abb. 1.34).

Zellen haben etwas mit uns Menschen gemeinsam. Sie sind, so könnte man es etwas salopp ausdrücken, nicht gerne allein. Denn ob-

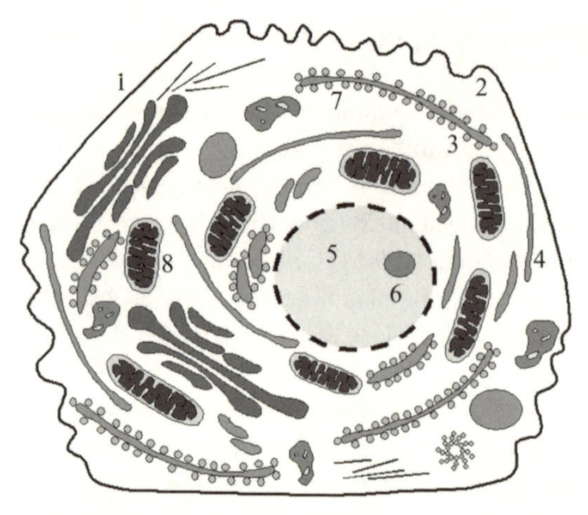

Abb. 1.34 Grundbauplan einer tierischen Zelle mit einigen ausgewählten Zellorganellen. Die kleinste Einheit des Lebens ist umgeben von einer Membran (1) und ausgefüllt mit Zellplasma (2). Das Endoplasmatische Retikulum (ER) (3 und 4) ist ein wichtiges Zellorganell in allen eukaryontischen Zellen. Es besteht aus einem weit verzweigten Membrannetzwerk aus Röhren und Zisternen. Am und im ER finden die Translation und Proteinfaltung statt sowie posttranslationale Modifikationen von Proteinen (Näheres siehe Abb. 1.37). Teile des ER, das so genannte raue ER (3), sind auf ihrer Oberfläche mit Ribosomen (7) besetzt, andere Teile sind ribosomenfrei und werden als glattes ER (4) bezeichnet. Die Ribosomen (7) sind kleinste, nur unter dem Elektronenmikroskop sichtbare Körperchen im Inneren aller lebenden Zellen. In den Ribosomen wird die genetische Information in die Bildung von Proteinen übersetzt (Translation). Der DNS-Code eines Gens wird durch die Boten-RNA (m-RNA, Messenger-RNA) an die Ribosomen übermittelt. Hier werden die einzelnen Aminosäuren in genau der Reihenfolge, die das jeweilige Gen vorschreibt, zu einem Kettenmolekül zusammengesetzt. Daraus entsteht durch Faltung das jeweilige Protein (Näheres siehe Abb. 1.37). Die Mitochondrien (8) sind von einer Doppelmembran umschlossene Organellen, die auch als »Kraftwerke der Zellen« bezeichnet werden. Ihre Hauptfunktion ist es, unter Sauerstoffverbrauch die Energieeinheiten der Zelle, das so genannte ATP, herzustellen. In Zellen, die besonders viel Energie verbrauchen finden sich besonders viele Mitochondrien (Muskelzellen, Nervenzellen, Sinneszellen).

wohl sie einen kompletten Satz an Informationen mitbringen, kommen die meisten so ganz alleine doch nicht klar. Vielmehr könnte ihr Motto lauten »Gemeinsam sind wir stark«. Zwar ist jede Zelle unter den für sie optimalen Bedingungen allein lebensfähig, aber meist vereinigen sich Zellen des gleichen Typs zu Verbänden, Geweben oder Organen. Unser eigener Körper ist ein Verbund aus einigen Hundert verschiedenen Zelltypen mit jeweils bis zu Tausenden von Milliarden Individuen. In diesem Zusammenhang unterscheiden Zellbiologen zwei wichtige Begriffe: Die Zelldifferenzierung, die die Spezialisierung der einzelnen Zelltypen, ausgehend von einer einzelnen befruchteten Eizelle, beschreibt, und die Zellproliferation. Darunter verstehen die Wissenschaftler die starke Vermehrung von Zellen eines Typs. Wir Menschen haben zum Beispiel Nerven-, Muskel-, Drüsen-, Blut- und Hautzellen, um nur einige wenige zu nennen. Jede einzelne von ihnen hat viele Vorteile davon, dass sie Mitglied in der zellulären Gesellschaft ist. Doch jede Zelle muss auch ihren Beitrag zum Erfolg des Ganzen leisten. Und dazu muss sie nicht nur ihre Aufgaben erfüllen, sondern sich auch in der richtigen Weise in ihren Verband einfügen. Beispielsweise sehen alle unseren quergestreiften Muskelzellen gleich aus und sind in der gleichen Weise fähig, sich zu kontrahieren. Die Unterschiede zwischen den Hunderten von Muskeln in unserem Körper entstehen dadurch, dass die Einzelzellen sich in unterschiedlicher Art miteinander verbinden. Im Zentralnervensystem des Menschen spielen über zehn Milliarden Zellen ein komplexes Spiel, in dem jede einzelne mit bis zu zehntausend Verwandten eine Verknüpfung eingeht. Wie die Zellen sich gegenseitig suchen und erkennen und wie solche Verbindungen stabilisiert und unterstützt werden, sind nur zwei hoch spannende Fragen der Wissenschaft von den Zellen, der Zytologie.

Nicht überall im Tierreich finden wir so komplizierte Systeme aus stark spezialisierten Zellen. Wirbellose, wie zum Beispiel die im Meer lebenden Schwämme, sind nicht Organismen im eigentlich Sinn, sondern eher Kolonien halbunabhängiger Zellen, und im Reich der so genannten Protozoen finden wir Tiere, die nur aus einer einzigen Zelle bestehen, wie die Amöben etwa oder die Erreger verschiedener Krankheiten, der Malaria zum Beispiel, die wir später noch genauer kennen lernen werden.

Die Größenordnungen, die Zellen einnehmen können, liegen weit auseinander: Ein menschliches rotes Blutkörperchen misst rund 7,5 µm im Durchmesser (ein Mikrometer ist ein tausendstel Millimeter, Genaueres siehe Tabelle 1). Die menschliche Eizelle ist mit 150 µm deutlich größer, aber ein Zwerg im Vergleich mit der Eizelle von Vögeln, die etwa 5 cm erreichen können (im Fall des Hühnereis) und bis zu 15 cm beim Vogel Strauß. Einige Nervenzellen bei Giraffen können sogar bis zu mehrere Meter lang werden.

Auch das Spektrum der Pflanzenzellen reicht weit – von winzigen einzelligen Algen bis zu meterlangen Siebzellen der Lianen. Es be-

Tabelle 1 Größenordnungen und ihre Bezeichnungen.

10^{18}	Exa	10^{-3}	Milli
10^{15}	Peta	10^{-6}	Mikro
10^{12}	Tera	10^{-9}	Nano
10^{9}	Giga	10^{-12}	Pico
10^{6}	Mega	10^{-15}	Femto
10^{3}	Kilo	10^{-18}	Atto
$10^{0} = 1$			

stehen einige Unterschiede zwischen Tier- und Pflanzenzellen, da letztere sich vollständig auf Nutzung der Sonnenenergie ausgerichtet haben. Der Grundbauplan der Zellen des Tier- und Pflanzenreiches ist allerdings gleich: Sie sind durch Membranen in viele getrennte Untereinheiten oder Kompartimente unterteilt und enthalten einen großen Zellkern (Nukleus), weshalb man sie auch als eukaryontisch bezeichnet (vom griech. *eu* für »gut« oder »echt« und *karyon* für »Kern«).

Es gibt auch ein Organismenreich, dessen Zellen keine Kerne enthalten: das Reich der Bakterien, die man auch Prokaryonten nennt. Sie sind viel kleiner als eukaryontische Zellen, leben einzeln oder in losen Kolonien und zeigen einen geringeren Grad an innerer Organisation. Ihre Artenvielfalt ist jedoch enorm: Es sind die »Extremisten« unter den Lebewesen, sie können in kochend heißen Quellen ebenso überleben wie in fast ausgetrockneten Salzpfannen, sie fühlen sich in unserem Darm ebenso wohl wie in den Tiefen der Ozeane.

Bakterien spielen in unserem Leben an vielen Stellen ein Rolle: Wir nutzen ihre Stoffwechselprozesse, um Lebensmittel herzustellen, zum Beispiel den der Milchsäurebakterien oder den der Essigbakterien. Ein großes Problem bereiten uns aber die Krankheitserreger unter den Mikroben, mit denen wir uns im Kapitel 4 näher beschäftigen werden.

Eine Größenordnung kleiner als Mikroben sind die Viren. Sie sind nur 20–200 nm groß und keine Zellen in unserem Sinn. Man bezeichnet sie auch nicht als »lebendig«. Zwar besitzen sie eine Schlüsseleigenschaft des Lebens, denn sie tragen den Bauplan für ihre eigene Vermehrung in sich. Allerdings können sie ihn nicht selbst umsetzen, dazu brauchen sie eu- oder prokaryontische Zellen, die sie entsprechend ihren Bedürfnissen umprogrammieren. Die Zelle stellt daraufhin so viele neue Viren her, dass sie selbst dabei abstirbt. Viren spielen als Krankheitserreger eine, aber eher unangenehme, Rolle in unserem Alltag, etwa, wenn wir Schnupfen haben oder Bläschen an den Lippen, für den Biologen sind sie aber als Studienobjekte und Werkzeuge im Labor von unschätzbarem Wert.

Erfindungen und Entdeckungen gehen Hand in Hand

Das Fortschreiten in der Zellbiologie war schon immer geprägt von einem steten Wechselspiel zwischen der Formulierung neuer Fragestellungen und der Entwicklung neuer Methoden und Techniken. Albert Claude hat es einmal so ausgedrückt: »In der Geschichte der Cytologie ist immer wieder zu beobachten, wie weitere Fortschritte auf zufällige technische Neuerungen warten mussten.« Christian de Duwe betont in seinem Buch »Die Zelle – Expedition in die Grundstruktur des Lebens«, dass es durch die Jahrhunderte immer wieder solche »zufälligen Neuerungen« gegeben hat, dass aber die zweite Hälfte des 20. Jahrhunderts von »ganz großen Durchbrüchen menschlicher Erkenntnis« gekennzeichnet ist und dass sie deswegen in Erinnerung bleiben wird, weil manche dieser Durchbrüche »die Grundlagen des Lebens selbst« betreffen.

An diese großen Durchbrüche wird die Biophotonik zu Beginn des 21. Jahrhunderts anknüpfen. Wie wir schon zu Beginn erwähnt haben, ist es ein Kennzeichen der Biophotonik, dass das Entwickeln neuer Technologien und das Verstehen natürlicher Vorgänge auf molekularem Niveau Hand in Hand gehen. Unser Forschungszweig wird nur dann sein Potenzial ausschöpfen können, wenn die Entwickler der licht-basierten Technologien und ihre Anwender in regem und kreativem Austausch miteinander stehen. Um zu einem integrierten Verständnis der Zelle als *dem* elementaren Baustein des Lebens zu gelangen, müssen – das war in der gesamten Geschichte der Zellbiologie so und ist heute im Zeitalter der Biophotonik um so wichtiger – alle Disziplinen der Physik, Chemie, Immunologie und Genetik eng zusammenarbeiten.

Schon am Beginn der modernen Zellbiologie wird die Verzahnung von Erfindung und Entdeckung deutlich: Da Zellen im Allgemeinen zu klein sind, als dass man sie mit bloßem Auge erkennen könnte, bedurfte ihre Entdeckung der Erfindung des Mikroskops. In den 60er Jahren des 17. Jahrhunderts konnte der Engländer Robert Hooke in Oxford an dünn geschnittenem Korkgewebe erstmals »little boxes«

(kleine Kammern) oder auf lateinisch »cellulae« wahrnehmen. Das waren freilich nur die toten Hüllen von Pflanzenzellen, aber es war doch der Beginn der Zellbiologie und auch der Mikroskopie. 1624 hatte Galileo Galilei bereits ein Mikroskop vorgestellt, das bald zum Spielzeug der Wohlhabenden wurde. Auf die Idee, nach Bausteinen des Lebens zu suchen, war noch niemand gekommen. Dies ist ein frühes Beispiel dafür, dass das Potenzial einer Technik erst genutzt werden kann, wenn man die richtigen Fragen stellt.

Der Erste, der lebende Zellen beobachtet hat, war der holländische Leinenhändler Antony van Leeuwenhoek, ein Zeitgenosse Hookes. Er benutzte eine einfache Linse, die so geschliffen war, dass er eine ca. 100fache Vergrößerung erreichen konnte. Leeuwenhoek beobachtete unter anderem einzellige Tierchen im Tümpelwasser und Samenzellen. In manchen Fällen konnte der Hobby-Mikroskopiker sogar den Zellkern wahrnehmen.

Etwa 150 Jahre lang ruhte dann die junge Wissenschaft von den Zellen. Den eigentlichen Beginn der Zytologie könnte man mit 1838 angeben, als der deutsche Botaniker Matthias Schleiden erkannte, dass Pflanzen aus einer Vielzahl von Zellen aufgebaut sind. Ein Jahr später wurde dann veröffentlicht, dass auch tierische Organismen aus Zellen bestehen. Max Schultze schrieb im Jahr 1861: »Die Zelle ist ein mit den Eigenschaften des Lebens begabtes Klümpchen Protoplasma, in welchem ein Kern liegt.«

Mikroskope mit nur einer Linse, wie beispielsweise die Modelle von van Leeuwenhoek, werden als einfache Mikroskope bezeichnet, während zusammengesetzte Mikroskope dem Aufbau mit mehreren Linsen entsprechen, der heutzutage allgemein bekannt ist. Auch wenn Robert Hooke bereits ein zusammengesetztes Mikroskop für seine Untersuchungen benutzt hat, hatten zu dieser Zeit mehrlinsige Geräte noch zwei entscheidende Nachteile: die spährische und die chromatische Abberation.

Die sphärische Abberation ist durch die Linsenkrümmung bedingt und führt dazu, dass Lichtstrahlen am Rand der Linse gegenüber der Linsenmitte einen leicht verschobenen Brennpunkt aufweisen, wodurch das Bild unscharf wird. Eine relativ einfache Lösung dieses Problems ist die Verwendung von Blenden, die die betroffenen Randbereiche der Linse abdecken. Der alternative Weg, nämlich die Herstellung von Linsen, deren Form die sphärische Abberation vermeidet, ist wesentlich schwieriger und konnte erst später realisiert werden.

Die chromatische Abberation ist darin begründet, dass Licht unterschiedlicher Wellenlänge bzw. Farbe in jeweils voneinander abweichenden Brennpunkten fokussiert wird. Zwar lässt sich dieser Effekt durch eine geignete Auswahl und Kombination von Glassorten kompensieren, doch in der Anfangszeit der Mikroskopie fehlte noch das Hintergrundwissen, um dieses Problem effektiv beseitigen zu können.

Nachdem 1757 John Dollond eine achromatische Linsenkonstruktion für Fernrohre eingeführt hatte, benutzte 1774 Benjamin Martin erfolgreich ein achromatisches Linsensystem aus Kron- und Flintglas in einem Mikroskop. Auch Josef von Fraunhofer untersuchte die optischen Eigenschaften von Glas und fand so 1817 einen Weg zur Herstellung achromatischer Linsen für Teleskope und Mikroskope.

Ein entscheidender Impuls für die Mikroskopie ging von Jena aus, wo Carl Zeiss 1846 in seiner Werkstatt mit der Herstellung von Mikroskopen begann. Die Entwicklung und Produktion von Mikroskopen ist in dieser Zeit noch immer durch Ausprobieren geprägt, doch die theoretischen Berechnungen des Physikers Ernst Abbe eröffneten Zeiss ganz neue Wege, um Mikroskope systematisch zu optimieren. Zwar waren zu diesem Zeitpunkt bereits achromatische Linsensysteme bekannt, bei denen blaues und rotes Licht in einem gemeinsamen Brennpunkt zusammenfällt, Abbe gelang es aber darüber hinaus, 1886 so genannte apochromatische Systeme herzustellen. Apochromatische Linsen fokussieren das Licht für praktisch alle Wellenlängen im selben Brennpunkt, wodurch sich die Bildqualität weiter verbessert. Durch die Ölimmersion mit eingedicktem Zedernöl konnte Abbe 1878 die Zahl der Grenzflächen zwischen Objektiv und Objektträger reduzieren und so die Bildqualität weiter verbessern. In Zusammenarbeit mit Friedrich Otto Schott entwickelte Abbe neue Glassorten mit definierten Materialkenngrößen, so dass sich die Zeiss-Mikroskope durch eine immer bessere Qualität auszeichneten.

Außerdem formulierte Abbe ein entscheidendes Gesetz für die Mikroskopie, das den Zusammenhang der Wellenlänge des eingestrahlten Lichtes und der Auflösung des Mikroskops beschreibt. Damit schien die Auflösung von 200 nm als absolutes Limit für die Mikroskopie besiegelt. Wir schreiben ausdrücklich »schien«, weil heutige Wissenschaftler daran arbeiten, diese Grenze zu durchbrechen.

Zeittafel 3 Geschichte der Mikroskopie.

1590	Hans und Zaccharias Janssen entwickeln möglicherweise das erste Mikroskop
1609	Galileo Galilei improvisiert ein Mikroskop aus einem Fernglas
1619	Cornelius Drebbel baut ein Mikroskop mit zwei Sammellinsen
1637	René Descartes veröffentlich Pläne eines Mikroskops unter Verwendung von Spiegeln und Linsen
1665	Robert Hooke veröffentlicht seine mikroskopischen Beobachtungen in der »Micrographica«
17. Jhd.	Antoni van Leeuwenhoek baut Mikroskope mit einer bis zu 266fachen Vergrößerung und dokumentiert zahlreiche Beobachtungen
1757	John Dolland entwickelt achromatische Linsensysteme für Teleskope
1774	Benjamin Martin benutzt erfolgreich ein achromatisches Linsensystem für eine Mikroskop
1813	Giovanni Batista Amici baut ein Mikroskop, das Spiegel statt Linsen verwendet
1817	Josef von Fraunhofer studiert Glassorten und entwickelte Herstellungsverfahren für achromatische Linsen
1830	Joseph Jackson Lister veröffentlicht seine Ergebnisse zur Kombination von Linsen zur Vermeidung der achromatischen Aberration
1846	Carl Zeiss eröffnet seine Werkstatt in Jena
1878	Ernst Abbe entwickelt die Ölimmersion
1886	Ernst Abbe gelingt die Herstellung eines apochromatischen Systems
1925	Richard Adolf Zsigmondy erhält den Nobelpreis für die Visualisierung von Kolloidteilchen mit dem Ultramikroskop
1953	Frits Zernike erhält den Nobelpreis für die Entwicklung des Phasenkontrasts
1957	Marvin Lee Minsky erhält das erste Patent für die konfokale Mikroskopie
1986	Ernst Ruska erhält den Nobelpreis für die Entwicklung des Elektronenmikroskops
1990	Stefan Hell beschreibt die 4pi-konfokale Fluoreszenzmikroskopie
1994	Stefan Hell entwickelt die STED-Mikroskopie

Wie vielfältig die Innovationen waren, die die Mikroskopie im 20. Jahrhundert erfahren hat, lässt sich daran ablesen, dass es auf diesem Gebiet sehr viele Nobelpreise gab. So bekam 1925 Richard Adolf Zsigmondy die begehrte Ehrung, der zusammen mit Henry Siedentopf das Ultramikroskop entwickelt und zur Visualisierung von Kolloidteilchen verwendet hat. 1953 konnte Frits Zernike für die Entwicklung des Phasenkontrasts den Preis für Physik entgegennehmen. Das erste Patent für die konfokale Mikroskopie, mit der inzwischen eine dreidimensionale Rasterung des Objektes möglich wird, erhielt 1957 Marvin Lee Minsky. Hans Busch schuf die Grundlagen für die Entwicklung des Elektronenmikroskops, indem er erkannte, dass man Elektronenstrahlen mit der Hilfe von elektrischen Feldern bündeln kann. Ernst Ruska erhielt erst rund fünfzig Jahre nachdem er das erste Elektronenmikroskop gebaut hatte, nämlich 1996, den Nobelpreis (siehe Abb. 1.35).

Trotz der Auflösung von weniger als einem Nanometer ist die Elektronenmikroskopie nicht die herausragendste mikroskopische Errungenschaft des 20. Jahrhunderts. Methoden wie die 4pi-konfokale Fluoreszenzmikroskopie von 1990 oder die Stimulated-Emission-Depletion-Mikroskopie (STED) von 1994 ermöglichen Leistungssteigerungen, die über die hundert Jahre zuvor von Abbe formulierten Grenzen der Lichtmikroskopie hinausgehen und für das 21. Jahrhundert ganz neue Horizonte eröffnen.

Erlauben Sie uns an dieser Stelle zunächst einen interessanten Exkurs: Beschäftigt man sich mit den technischen Entwicklungen, die zur Untersuchung des Mikrokosmos benötigt wurden, so stößt man auf eine interessante Parallele: Viele frühe Forscher, die mit Hilfe von Linsen und Mikroskopen in die kleinsten Einheiten der Natur vordrangen, beschäftigten sich auch mit unendlichen Weiten – und nutzten ihre optischen Kenntnisse zum Bau von Teleskopen, mit deren Hilfe sie den Sternenhimmel erkundeten. Galilei Galileo ist ein Beispiel dafür, aber auch der schon erwähnte Robert Hooke, der 1664 erst mit Hilfe eines selbstgebauten Teleskops einen neuen Stern in der Konstellation Orion entdeckte, bevor er 1665 seine »Micrographica«

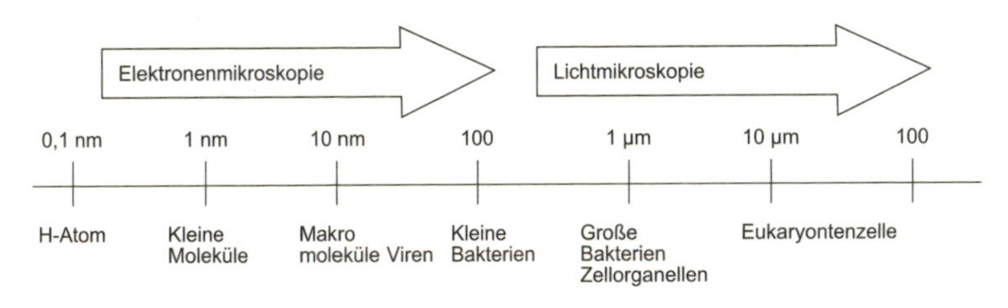

Abb. 1.35 Dimensionen zellbiologischer Objekte und Einsatzbereiche der Licht- und Elektronenmikroskopie.

veröffentlichte. Später wurden Astronomie und Mikrokopie nicht mehr von den selben Personen betrieben, aber es fällt auf, dass immer wieder bedeutende Erfindungen und Entdeckungen im Großen und im Kleinen zeitlich eng zusammenfielen: So entdeckte der amerikanische Astronom Clyde W. Tombaugh 1930 den Planeten Pluto, zur selben Zeit baute der deutsche Ernst Ruska an den ersten Versionen seines Elektronenmikroskops. Und während der amerikanische Arzt Basil Hirschowitz 1957 die erste endoskopische Operation durchführte, schickte die Sowjetunion ihren ersten Sputnik auf die Umlaufbahn. Und als vier Jahre später drei amerikanische Wissenschaftler den ersten Gas-Laser bauten, flog Jury Gagarin als erster Mensch ins All.

Die Unsterblichkeit der Henrietta Lacks: Zellkulturen als Voraussetzung für die moderne Biologie

Als die 31-jährige Amerikanerin Henrietta Lacks im Oktober 1951 ihrem Gebärmutterhalskrebs erlag, ahnte niemand, am wenigsten sie selbst, dass sie einst unsterblich werden sollte – wenn auch auf eine sehr ungewöhnliche Art und, wenn man es so ausdrücken will, nur teilweise. Sie haben den Namen der jungverstorbenen Schwarzen, die einen Mann und fünf kleine Kinder hinterließ, vermutlich noch nie gehört. Und so wie Ihnen geht es vermutlich auch zahllosen Biologen und Medizinern, die doch täglich mit dem Vermächtnis Henrietta Lacks arbeiten. Ohne sie wäre die moderne Zellforschung nämlich nicht dort, wo sie heute steht. Aber auch Sie haben schon von Henriettas Erbe profitiert, wenn Sie zum Beispiel gegen Kinderlähmung geimpft sind.

Und das kam so: Die Ärzte am John-Hopkins-Hospital in Baltimore wollten Henriettas aggressiven Tumor mit Bestrahlung behandeln. Bevor sie damit begannen, entnahmen sie der Frau jedoch eine letzte Gewebeprobe. Diese fiel dem Chef der Zellkulturabteilung des Krankenhauses in die Hände. George Gey hatte gemeinsam mit seiner Frau schon jahrelang nach einer Möglichkeit gesucht, menschliche Zellen außerhalb des Körpers zu kultivieren. Das Wissenschaftlerpaar versprach sich davon den Durchbruch in der Krebsforschung. »Am Tag, als Georg Gey die Zellen von Henrietta Lacks in die Hände bekam, änderte sich alles – für Gey und für die Medizin«, heißt es in einem Bericht des John-Hopkins-Hospitals. Und in der Tat wurden mit diesen Zellen die Träume des ehrgeizigen Mediziners war: Henriettas Krebszellen lagerten sich an den Wänden von Reagenzgläsern an, sie verzehrten das Medium, das Gey ihnen anbot und, was das Allerwichtigste war: Sie wuchsen und wuchsen. Das Tragische daran: So schnell, wie die Zellen im Labor wuchsen, wucherten sie auch im Körper der jungen Amerikanerin – deshalb waren innerhalb kürzester Zeit fast alle Organe betroffen, deshalb starb sie so schnell an dem Krebs, der nur wenige Monate vorher diagnostiziert worden war. Am Tag ihres Todes am 4.10.1951 trat Gey im Fernsehen auf und hielt ein kleines Röhrchen in die Kameras. »Möglicherweise werden wir von der Grundlagenforschung mit diesen Zellen lernen, wie Krebs vollkommen ausgerottet werden kann«, verkündete damals der Mediziner und nannte sein neues Studienmaterial im Gedenken an die unfreiwillige Spenderin, die zum Zeitpunkt der Ausstrahlung bereits in der Leichenhalle lag, »HeLa-Zellen«.

Henrietta selbst war Zeit ihres Lebens nicht weiter gereist als von ihrer Heimat Virginia bis nach Baltimore, doch ihre Zellen traten schon bald die Reise um die ganze Welt an und wurden sogar in einer frühen Space-Shuttle-Mission ins All geschossen. HeLa-Zellen gehören zu den stärksten Zellen, die die Wissenschaft kennt. Sie produzieren alle 24 Stunden eine neue Generation. Mit ihrer Hilfe entwickelten Gey und seine Kollegen einen Impfstoff gegen das Polio-Virus, den Erreger der Kinderlähmung. Heute arbeiten Forscher auf der ganzen Welt mit Henriettas Erbe und suchen nach Behandlungen gegen verschiedene Krebsarten, studieren die Vermehrung von Viren, die Synthesen von Proteinen und genetische Kontrollmechanismen, andere erforschen den Einfluss von Medikamenten und Strahlung auf das Wachstum von Zellen.

Seit der Kultivierung der HeLa-Zellen sind sowohl das wissenschaftliche als auch das kommerzielle Interesse an der Nutzung menschlichen Gewebes für Forschung und Therapie explodiert. George Geys Hoffnung, den Krebs bald auszurotten, hat sich nicht erfüllt, doch haben die Forscher viel über die Entstehung des Krebses lernen können und sind heute in der Lage menschliches Gewebe in gewissem Umfang zu züchten (Näheres dazu in Kap. 6).

Allen medizinischen und biologischen Erfolgen zum Trotz hat die Geschichte von der »Unsterblichkeit« der Henrietta Lacks einen bitteren Beigeschmack: Sie selbst hat nie davon erfahren, dass ihr die Zellen entnommen wurden, geschweige denn, dass man sie nach ihrem Einverständnis zu deren Verwendung befragt hätte. Die Familie der Toten hat erst über 20 Jahre später durch Zufall von den HeLa-Zellen erfahren und profitiert bis heute nicht von deren Kultivierung.

Doch kehren wir zurück zur Zellbiologie. In deren molekularen Bereich müssen wir uns nun noch etwas tiefer vorwagen und uns den Genen und Proteinen zuwenden. Diese Grundlagen werden wir brauchen, um viele Technologien der Biophotonik zu verstehen, die ihrerseits von den Erkenntnissen der Molekularbiologie stark profitiert haben. Wir können die sich dahinter verbergenden Techniken nicht nachvollziehen, wenn wir nicht die theoretischen Fundamente genau angeschaut haben.

Den Genen auf der Spur

Erwin Schrödinger (1887–1956), Physiker aus Wien, hat sich intensiv mit der Wellenmechanik und Quantentheorie beschäftigt und dafür 1933 auch den Nobelpreis bekommen. Auch er gehörte zu jenen Wissenschaftlern seiner Zeit, die über ihren Tellerrand hinausgesehen und sich mit der neu aufkommenden Disziplin der Molekularbiologie auseinander gesetzt haben. Sein 1944 erschienenes Buch »Was ist Leben?«, in dem er die lebende Zelle mit den Augen eines Physikers betrachtet, ist bis heute ein wegweisendes und viel diskutiertes Dokument. Die Physiker der 30er und 40er Jahre des 20. Jahrhunderts haben deshalb ein so starkes Interesse für die Genetik gezeigt, so führt es der Wissenschaftshistoriker Ernst Peter Fischer in einem Vorwort zu Schrödingers Buch aus, weil sich beide Wissenschaften am Beginn des 20. Jahrhunderts zwar getrennt, aber doch parallel entwickelt hatten. So korrespondiert die Entdeckung des Wirkungsquantums im Jahr 1900 durch Max Planck mit der Wiederentdeckung der Mendel'schen Vererbungsregeln. Diese Wiederentdeckung basierte auf dem Studium sprunghafter Mutationen, die an Quantenzustände erinnerten.

Wir benutzen heute die Worte »Molekül« und »Molekularbiologie« im Zusammenhang mit der Erforschung der Gene ganz selbstverständlich. Aber es musste erst mal festgestellt werden, dass Gene Moleküle sind. Auch nachdem man die Mendel'schen Regeln wiederentdeckt hatte und die Chromosomen als Träger der Gene unter dem Mikroskop betrachten konnte, wusste man noch nichts über die Natur der Gene. Im Jahr der Kopenhagener Deutung des dänischen Physikers Niels Bohr entdeckte Herrmann Muller, dass Röntgenstrahlen bei Fliegen Mutationen verursachen können. Gene wurden damit als Erbanlagen im Inneren von Zellen erkannt, die von Stahlen von außen getroffen werden konnten. Muller war nach seinen Experimenten sofort klar, dass die Genetik von dieser Erkenntnis ausgehend nur dann weiter vorankommen konnte, wenn Physiker und Chemiker mithelfen würden. E. A. Carlson formuliert es in seinem Buch »Genes, Radiation and Society« so: Der klassische Genetiker stand der Frage nach der Natur des Gens hilflos gegenüber.

Wir Biophotoniker können das natürlich nur unterstreichen. Die Interdisziplinarität ist heute wichtiger denn je. Man kann es nicht besser ausdrücken als Schrödinger, der schreibt: »Es wird uns klar, dass wir erst jetzt beginnen, verlässliches Material zu sammeln, um unser gesamtes Wissensgut zu einer Einheit zu verbinden. Andererseits ist es aber einem einzelnen Verstande beinahe unmöglich geworden, mehr als nur einen kleinen spezialisierten Teil zu beherrschen.«

Doch kommen wir nach diesem kleinen Exkurs in die Wissenschaftsgeschichte zu den molekularbiologischen Fakten zurück. Schrödinger zeigte sich in seinem Buch »Was ist Leben« erstaunt und fasziniert von der Tatsache, dass ein so außerordentlich komplexer Organismus wie der menschliche Körper von wenigen Molekülen gesteuert werden sollte. Zwar bestehe, so betont Schrödinger, ein erwachsenes Säugetier aus 10^{14} Zellen und jede enthalte ein bis zwei Kopien des »Erbmoleküls«, doch, so schreibt der Physiker: »Was bedeutet das schon?« Schließlich seien in einem Kubikmeter Luft über sechzigtausend Mal mehr Moleküle enthalten, die zusammengenommen nur einen winzigen Tropfen Flüssigkeit ergeben würden. Und dennoch besitze das Erbmolekül, dass Schrödinger als »örtliche Regierungszentrale der Zelle« bezeichnet, ein ungeheure Macht, die es zusammen mit »anderen gleichartigen Ämtern, die über den ganzen Körper verteilt sind«, ausübe, mit denen es »mühelos mittels eines gemeinsamen Codes verkehrt«.

Woraus besteht nun diese Regierungszentrale?

Sie besteht aus Atomen, die, wie es der amerikanische Physiker Paul Davies in seinem aufschlussreichen Buch »Das fünfte Wunder« ausdrückt, »raffiniert aneinander gereiht« sind in einem komplexen Molekül namens Desoxyribonukleinsäure, kurz DNS, dem, wie Davies es nennt, »bemerkenswertesten Molekül auf Erden« (siehe Abb. 1.36). Und es ist in der Tat bemerkenswert, dieses Molekül, dessen Name indianisch anmutet, er bedeutet nämlich ins Deutsche übersetzt »Saurer Zucker aus dem Kern der Zelle, der zu wenig Sauerstoff hat«. Die DNS ist ein Molekül der Superlative: Es wird gebildet von Milliarden von Atomen, die sich in zwei Spiralen umeinander schlingen, und ähnelt damit einer um sich selbst gewundenen Strickleiter. Diese berühmte Doppelhelix ist wiederum zu einem dichten Knäuel aufgerollt, denn sonst hätten wir ein erhebliches Platzproblem: Auseinander gezogen ist die DNS einer jeder Ihrer Körperzellen zwei Meter lang. Die gesamte Erbsubstanz aller menschlichen Körperzellen aneinander gelegt ergäbe einen Faden, der fünfzig Mal so lang wäre wie die Entfernung zwischen dem Mond und der Sonne. Die DNS ist ein Konstruktionsplan für den Bau lebender Organismen und ist dabei universell: Ob Farn oder Fliege, Bazille oder Braunbär, Maus oder Mensch – sie alle sind nach Anweisungen ihrer jeweiligen DNS geformt.

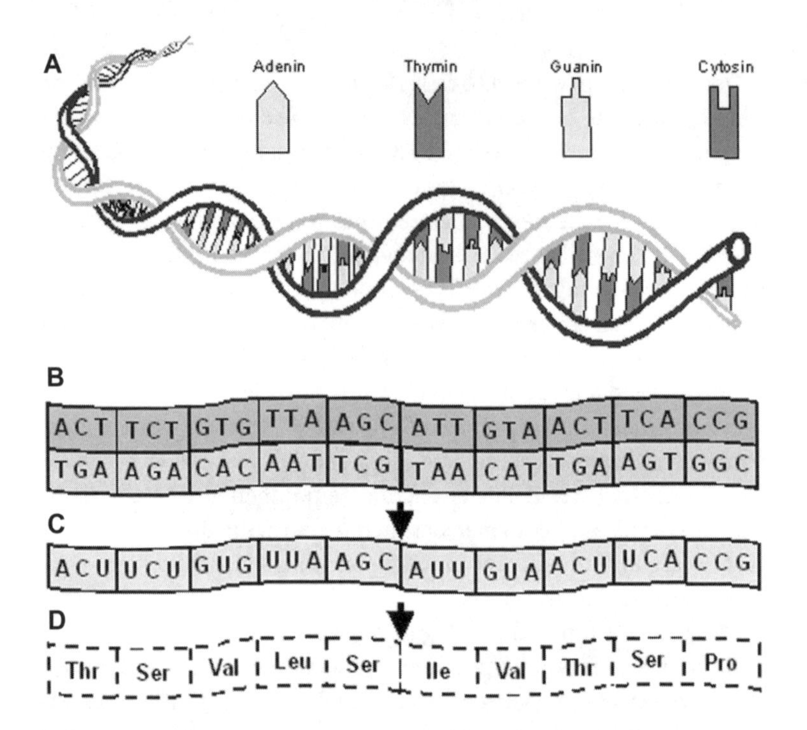

Abb. 1.36 Das Alphabet des Lebens. Die Gene sind aus Desoxyribonukleinsäure (DNS) aufgebaut, die die Form einer Doppelhelix hat (A). Die DNS dient als Informationsspeicher, als eine Art Bau- und Betriebsanleitung für die Zelle. Der Informationsgehalt beträgt in einer Eukaryonten-Zelle ein bis mehrere Gigabyte – und das auf kleinstem Raum, da kann die Computerindustrie nur neidisch werden. Das »Rückrat« des DNS-Moleküls besteht aus Ribose-Molekülen, welche über eine Phosphatgruppe linear verknüpft sind. Ribose ist ein Fünffach-Zucker, hat aber in der DNS ein Sauerstoffatom weniger als üblich (daher »Desoxy«-Form). Ausschlaggebend für die Information, die die DNS trägt, sind vier Basen, die entlang der DNS miteinander vernetzt sind und nach ihren Anfangsbuchstaben A (Adenin), T (Thymin), G (Guanin), C (Cytosin) abgekürzt werden. In der Doppelhelix stehen sich immer zwei Basen gegenüber: Adenin paart sich dabei mit Thymin und Cytosin mit Guanin. Die Erbsubstanz ist aufgeknäult zu Chromosomen, die im Lichtmikroskop sichtbar sind. Der Mensch besitzt davon 23, die meisten seiner Körperzellen verfügen über einen doppelten Chromosomensatz. (B) Je eine Dreiergruppe der Basen, ein so genanntes Triplett, bildet den Code für eine bestimmte Aminosäure, das ist der vielzitierte »genetische Code«. In (C) ist die Umsetzung in RNS dargestellt, Näheres siehe Abb. 1.37). (D) Nach seiner Anleitung können Proteine mit spezifischen Abfolgen von Aminosäuren zusammengesetzt werden (die Namen der Aminosäuren sind abgekürzt). Die Proteine dienen dann in der Zelle als Katalysatoren für chemische Reaktionen, der Festigung und Strukturgebung oder der Bewegung. Die Unterschiede zwischen den einzelnen Zelltypen eines Organismus kommen dadurch zustande, dass, obwohl jede Zelle denselben Bauplan enthält, nicht in jeder Zelle alle Proteine gebaut werden, sondern je nach den funktionellen Bedürfnissen eine Auswahl getroffen wird.

Das wesentliche Merkmal der DNS, das sie von allen anderen großen organischen Molekülen unterscheidet, ist ihre Fähigkeit zur Replikation. Paul Davies beschreibt es so: »Die DNS ist mit nichts anderem beschäftigt, als mehr DNS zu produzieren, Generation auf Generation, Bauanleitung für Bauanleitung, durch alle Zeitalter in einer ununterbrochenen Kette von Kopien, von der Mikrobe zum Menschen.«

Fassen wir noch einmal zusammen, was wir bis hierher über die Zelle und die Gene erfahren haben: Die Zelle ist die fundamentale Einheit des Lebens. Der Kern einer jeden eukaryontischen Zelle enthält Chromosomen als Träger der genetischen Information. Chromosomen sind Makromoleküle, die aus DNS aufgebaut sind. Die DNS enthält die Information von Tausenden von Genen, die aus einem Alphabet von vier Buchstaben, den Basen, besteht. Als Gen bezeichnet man einen DNS-Abschnitt, der die Instruktionen für den Bau eines bestimmten Proteins enthält.

Als 1953 die zwei jungen Wissenschaftler James Watson und Francis Crick vom Cavendish Laboratory in Cambridge in der Zeitschrift »Nature« ihr Modell einer Doppelhelix veröffentlichten, beendete diese Entdeckung nach Ansicht des Braunschweiger Strukturbiologen Dirk Heinz nicht nur endgültig den alten Streit, ob Nukleinsäuren oder Proteine die Erbsubstanz bilden, sondern bereitete auch den Weg für eine neue biologische Disziplin, die Strukturbiologie. Erstmals in der Wissenschaftsgeschichte konnten zentrale biologische Phänomene anhand der dreidimensionalen Struktur eines Makromoleküls erklärt werden.

Um ihre eigentliche Funktion als »Bauplan« ausüben zu können, muss die DNS allerdings nicht nur von Zellgeneration zu Zellgeneration weitergegeben, sondern auch während der Lebensspanne einer Zelle übersetzt werden. Die Molekularbiologen sprechen von Transkription, wenn die DNS-Sequenz zunächst in ein Molekül Ribonukleinsäure (RNS) übertragen wird. Ein solches RNS-Molekül kann selbst Funktionen in der Zelle übernehmen oder die in ihm enthaltene Information wird zum Aufbau von Proteinen verwendet (diesen Vorgang bezeichnet man als Translation und beides zusammen als Proteinbiosynthese, sie ist in Abb. 1.37 vereinfacht dargestellt). Diese Abläufe hat Francis Crick 1958 in einem einfachen Satz zusammengefasst, den man seitdem als das »zentrale Dogma der Molekularbiologie« bezeichnet: DNS macht RNS, RNS macht Protein. Damit

Frankenstein und der Faden des Lebens: Die DNS als Kulturgut

Das Bild der Doppelhelix ist zu *dem* Bild der Genetik und Gentechnik geworden und vielleicht zu einem visuellen Synonym für moderne Naturwissenschaft schlechthin. Aufgrund der langgezogenen Struktur bezeichnet man die DNS auch als »Faden des Lebens«; der genetische Code, der durch die ersten Buchstaben der vier beteiligten Basen ausgedrückt wird, legte die Metapher vom »Alphabet des Lebens« nahe. Im Jahr 2000 ging die Begeisterung über die Entschlüsselung des menschlichen Genoms so weit, dass die Frankfurter Allgemeine Zeitung eine ganze Beilage nur mit den Buchstaben A, T, C, G füllte. Bereits zwei Jahre zuvor hatte die französische Firma Bijan ein Parfum mit dem Namen »DNA« herausgebracht, dessen Flakon der Doppelhelix nachempfunden ist.

Da das Erbgut einen Code darstellt, sind viele Begriffe aus der Informationstechnologie in die Sprache der Molekularbiologie eingedrungen. In einer Broschüre der Firma Bayer liest man von einem »biologischen Datenspeicher« und in einer Informationsschrift des Berliner Max-Delbrück-Centers für Molekularbiologie ist die Rede von Proteinen, die »molekulare Morsezeichen, Antennen, Kabel und Relaisstationen bilden.«

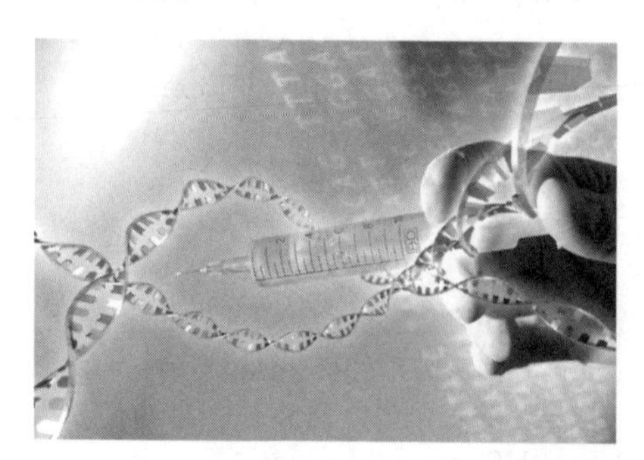

In dieser Sprache kommt eine Technisierung zum Ausdruck, die auch eine Kontrollier- und Manipulierbarkeit nahe legt: Das Leben wird in vielen Darstellungen auf den DNS-Faden reduziert, den man zerschneiden und zusammenkleben kann, um die dazugehörigen Organismen umzubauen wie Maschinen. Der amerikanische Physiker und selbsternannte »Zukunftsexperte« Michio Kaku bezeichnet die DNS gar als »users manual«, als Benutzerhandbuch. Da stellt sich natürlich die Frage, wer hier der »user«, der Benutzer, ist. Der Mensch scheint es Gott gleichtun zu wollen. Auf dem Titel eines »Bild der Wissenschaft«-Heftes von 1987 sprengt ein überdimensionales DNS-Molekül die Erde und die Schlagzeile dazu lautet: »Biologen als Designer – Der 8. Tag der Schöpfung«. 1992 beschwor das Magazin dann auf einem anderen Titel den »entschlüsselten«, zwei Jahre später gar den »optimierten Menschen«.

Gerne wird auch ein Zusammenhang mit Frankenstein hergestellt, wenn von Gentechnik die Rede ist. So überschrieb die Süddeutsche Zeitung einen Bericht über gentechnisch veränderte Tomaten 1993 mit »Angst vor Frankensteins Pflanzen«. Und das TIME-Magazin stellte schon 1977 neben ein Titelbild, das einen Wissenschaftler mit einem Reagenzröhrchen zeigt, in dem eine milchig-trübe Substanz zu sehen ist, die Schlagzeile »Tinkering with Life« (etwa: »im Leben herumpfuschen«).

schien das Prinzip des Lebens in einfache Worte gefasst. In einem unumkehrbaren Prozess wird die Erbsubstanz DNS im Zellkern in Ribonukleinsäure übersetzt, die außerhalb des Kerns als Matrize für die Herstellung von Proteinen dient.

Nur 20 Jahre nach der epochalen Entdeckung der Doppelhelix gelang es Wissenschaftlern, das Genom von Zellen zu verändern, ihr Erbgut zu »rekombinieren«, also praktisch die Karten der Schöpfung neu zu mischen. Damit war, wie Heinz in einem Artikel für die Reihe »Biotechnologie 2020« beschreibt, die Biologie von einer rein beschreibenden Wissenschaft zu einer synthetischen geworden, mit dem Potenzial, Lebewesen mit neuen biologischen Eigenschaften zu entwerfen und Organismen gezielt zu verändern. Diese Entwicklungen schufen mit der Biotechnologie einen ganz neuen Industriezweig. Wiederum gut 20 Jahre später, im Jahre 1995, war mit der ersten vollständigen Genomsequenzierung eines Bakteriums erstmals der Bauplan einer lebenden Zelle ermittelt worden. Dieses Ereignis bildete den Auftakt zur Sequenzierung von mittlerweile mehreren hundert Genomen und gilt als der Durchbruch auf dem Weg zu einer globalen Sicht auf die Zelle. Der 20-Jahres-Rhythmus biochemischer Revolutionen wirft nun Strukturbiologe Heinz zufolge die spannende Frage auf: Wo werden wir im Jahr 2013, 60 Jahre nach der Entdeckung der Doppelhelix stehen? Werden wir dann die wesentlichen Prozesse in einer Zelle verstanden haben?

Die für dieses Verständnis erforderlichen Methoden sind zum großen Teil erst in den vergangenen Jahren entwickelt worden. Bezeichnet werden die verschiedenen Disziplinen mit Namen, die ein bisschen an Asterix erinnern, weil sie alle auf »omics« enden. Und wie bei den Galliern, wo Namen wie »Verleihnix« oder »Methusalix« etwas über die Eigenschaften ihrer Träger verraten, so geben auch die Bezeichnungen der modernen biologischen Fächer Auskunft darüber, was sich dahinter verbirgt.

So beschäftigen sich die Genomics mit der Erforschung der Gesamtheit der Gene, also des Genoms. In den vergangenen Jahren sind viele vollständige Genomsequenzen vom Bakterium bis zum Menschen aufgeklärt worden. Die Molekularbiologen arbeiteten sich dabei vom Bakteriophagen Lambda, einem Virus, der Bakterien befällt und dessen genetischer Aufbau bereits 1983 veröffentlicht wurde, über das Erbgut des AIDS-erregenden HI-Virus (1984) bis zum ersten »richtigen« Organismus, dem Bakterium *Haemophilus influenza*, nach

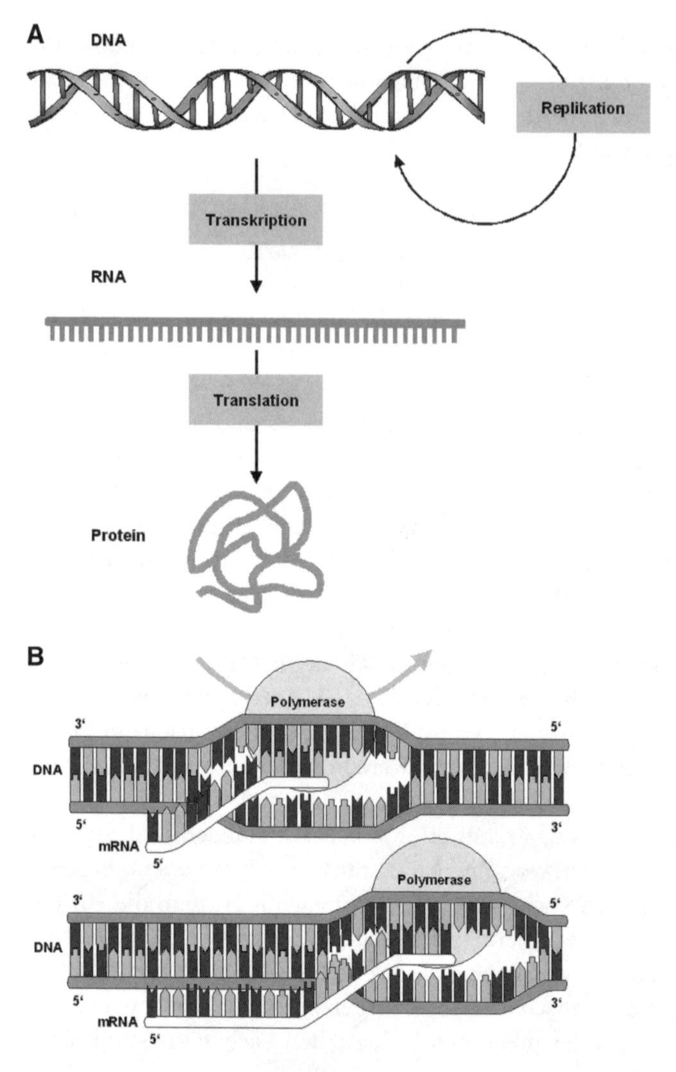

Abb. 1.37 Die Proteinbiosynthese. Benötigt eine Zelle ein bestimmtes Protein, wird die entsprechende Anweisung auf der DNS abgerufen und anschließend in ein Protein übersetzt. Dieser Prozess (Proteinbiosynthese) umfasst zwei Teilschritte: die Transkription und die Translation. Da die Proteine nicht im Zellkern gebildet werden, muss die Information zunächst aus dem Kern hinaus transportiert werden. Für diesen Transport wird ein »Negativabbild« des betreffenden DNS-Abschnitts erstellt, eine so genannte mRNS (von engl. *messenger*, »Bote«). Die mRNS ist klein genug, um aus dem Zellkern in das Plasma, also die Zellflüssigkeit, zu wandern. Im Zellplasma gibt es molekulare Maschinen, die so genannten Ribosomen, welche die Bauanleitung der DNS ausführen und die Proteine herstellen. Entsprechend dem genetischen Code legt dabei ein Abschnitt von jeweils drei

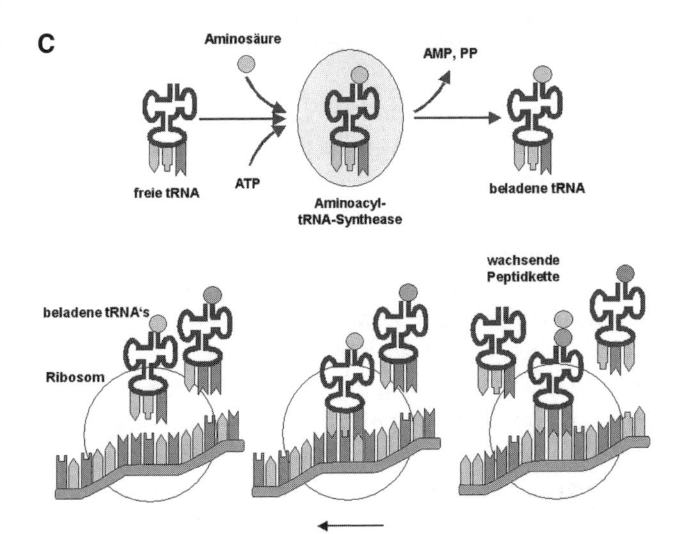

Basen (Kodon) entlang der RNS die passende Aminosäure fest. Die einzelnen Aminosäuren schwimmen frei im Plasma. Dort werden sie von Trägermolekülen namens tRNS (von *transfer*) eingesammelt und zu den Ribosomen gebracht. Die Information auf der mRNS wird Schritt für Schritt abgearbeitet. Für jedes Kodon wird eine Aminosäure an den wachsenden Proteinfaden angehängt. Ist der Proteinfaden vollständig, folgt ein »Stopp«-Kodon und das Ribosom trennt sich wieder von der mRNS. Schon während das Protein gebildet wird, beginnt sich die Aminosäurekette zu falten. Damit am Ende die richtige Raumstruktur entsteht, muss diese spontane Faltung manchmal allerdings verhindert werden – spezielle Helferproteine halten in diesem Fall die Aminosäurekette entfaltet, bis das vollständige Protein gebildet worden ist. Das ist wichtig, weil die Struktur eines Proteins auch über seine Funktion entscheidet. Falsch geformte Proteine werden daher wieder entfaltet, um ihnen Gelegenheit zu geben, die richtige Struktur auszubilden. Gelingt das nicht, werden sie abgebaut.

oben. Bereits ein Jahr später lagen die Erbinformationen des ersten komplexen Lebewesens, der Bäckerhefe *Saccharomyces cerevisae* entziffert vor, und als erster mehrzelliger Organismus war 1998 der Fadenwurm *Caenorhabditis elegans* entschlüsselt. Mit der Bekanntgabe der Sequenz des Maus-Genoms lagen 2001 schließlich auch die komletten Erbinformationen des ersten Säugetiers vor. Man kann davon ausgehen, dass zukünftig alle Organismen, die in der Medizin, der Grundlagenforschung oder der biotechnischen Produktion von Bedeutung sind, in ihrer Genomsequenz erfasst werden. Seit Anfang der 1990er Jahre hat hier eine Automatisierungswelle dafür gesorgt, dass DNS-Sequenzierung heute »fast wie von selbst«, in großen Robotern, abläuft.

Besonderes Augenmerk liegt Heinz zufolge dabei auf der Genomsequenzierung von Mikroorganismen, die die Biotechnologie für ihre verschiedenen Anwendungsgebiete einspannen kann. Unterdisziplinen der Genomics sind die Structural Genomics, die sich auf die räumliche Anordnung der Gene konzentrieren und die Functional Genomics, die sich wiederum mit den biologischen Funktionen der Gene und deren Regulierung beschäftigen. Das Spezialgebiet der Pharmacogenomics zielt darauf ab, die Auswirkungen der genetischen Konstitution eines Patienten auf die Entstehung von Krankheiten und die Wirkung von Medikamenten zu untersuchen und so den Weg für maßgeschneiderte Pharmaprodukte zu eröffnen. Mit ähnlichen Fragestellungen im Bereich der Ernährungswissenschaften beschäftigen sich die Nutrigenomics.

Bei der Structural Genomics wollen wir noch einen Moment verweilen: Sie vollziehen den Schritt von der eindimensionalen auf die dreidimensionale Ebene. Durch konsequente Automatisierung sollen die 3D-Strukturen möglichst vieler Genprodukte analysiert werden, so dass in naher Zukunft alle in der Natur vorkommenden Proteinfaltungen experimentell bestimmt sein werden. Methodisch stützen sich die Structural Genomics dabei auf vier Säulen: Die Röntgenstrukturanalyse, die Kernresonanzspektroskopie (NMR), die Elektronenmikroskopie und die theoretische Strukturvorhersage. Durch die Nutzung von intensiver Röntgenstrahlung aus Synchrotronen, die Entwicklung hochauflösender NMR-Spektrometer und Elektronenmikroskope sowie extrem leistungsfähiger Computer und Algorithmen haben alle vier Methoden in den vergangenen zehn Jahren rasante Fortschritte erlebt. Wenn es so weitergeht, kann man davon ausgehen, dass am Ende dieses Jahrzehnts weit über 100.000 experimentell bestimmte und über eine Million mit hoher Verlässlichkeit modellierte Proteinstrukturen bekannt sein werden.

Auf dem Weg vom Gen zum Protein bzw. zum gesamten Stoffwechsel der Zelle begegnen wir dann zunächst den Transcriptomics, die sich mit der RNS-Ebene beschäftigen. Während ein Genom alle prinzipiell exprimierbaren Gensequenzen enthält, liefern Transcriptomics-Methoden Momentaufnahmen vom jeweiligen aktuellen Zustand von Zellen in Abhängigkeit von ihrer Umgebung. Im Mittelpunkt des Interesses steht es, zu verstehen, wie die Hierarchie der ablaufenden Prozesse ist und wie sie reguliert werden. Um das zu bestimmen, sind zeitaufgelöste Experimente von großer Bedeutung. Das gilt auch für die modernen Proteomics-Ansätze. Sie dienen zur Identifizierung und Charakterisierung sämtlicher Proteine, die in der Zelle zu einem bestimmten Zeitpunkt vorhanden sind. Den ca. 30.000 Genen des humanen Genoms stehen unter Berücksichtigung der auf die Translation folgenden Modifikationsschritte schätzungsweise bis zu einer Million Proteine gegenüber. Wie das Transkriptom befindet sich auch das Proteom, also die Gesamtheit aller Zellen, in ständigem Wandel und ist stark von den äußeren Bedingungen abhängig. Auch hier unterscheidet man wieder zwischen Structural und Functional Proteomics.

Auch wenn die Zukunft noch bessere Werkzeuge zur Untersuchung der zeitlichen und räumlichen Auflösung der Genexpression in einer Zelle bringen muss, verfügen die Transcriptomics mit der DNS-Chip-Technologie heute schon über ein leistungsfähiges Instrument. Im Kapitel 2 werden wir beschreiben, in welcher besonderen Weise das Licht zum Erfolg dieser Technologie beitragen kann.

Stoffwechselprodukte der Zelle sind schließlich Untersuchungsgegenstand der Metabolomics. Das sind all jene Substanzen, die beim Stoffwechsel durch die Proteine verwendet, umgesetzt oder hergestellt werden. Im Vergleich zu den aus Genomics, Transcriptomics und Proteomics gewonnenen Daten ist die Kenntnis der in einer Zelle ablaufenden biochemischen Reaktionen ein eher »alter« Wissensbestand. Die Verwendung von ^{13}C-markierten Substraten seit Beginn der 1990er Jahre hat die Stoffflussanalysen zu einem sehr wertvollen Werkzeug auch für die Auswertung komplexer metabolischer Netzwerke gemacht. Doch die Metabolomics gehen über diese rein qualitative Beschreibung hinaus und zielen darauf ab, die intrazellulären Konzentrationen aller Stoffwechselprodukte auch quantitativ zu erfassen. Das ist ein sehr ambitionierter Ansatz, von dessen Realisierung wir noch weit entfernt sind. Die Kenntnis der intrazellulären Konzentrationen ist jedoch für zukünftige Arbeiten entscheidend, da nur so das biochemische Reaktionsnetzwerk unter Berücksichtigung aller Reaktionspartner beschrieben werden kann.

Parallel zu dieser Quantifizierung intrazellulärer Stoffwechselprodukte wird die Forschung in Zukunft auch eine andere Richtung einschlagen, die man als »Metabolic Fingerprinting« bezeichnet. Unter einem »metabolischen Fingerabdruck« wird dabei die Gesamtheit aller intra- und/oder extrazellulären Metabolite verstanden. Der Vergleich von solchen Fingerabdrücken, die unter verschiedenen Umweltbedingungen oder von verschiedenen Bakterienstämmen gewonnen wurden, kann unter Zuhilfenahme statistischer Auswerteverfahren Hinweise auf Veränderungen im Stoffwechsel geben.

Auch in Zukunft wird man weder ohne diese molekular- und proteinbiologischen Spezialdisziplinen noch ohne die klassischen physiologischen und biochemischen Analysen auskommen. Doch wird das »Imaging« eine immer größere Rolle spielen – einfach ausgedrückt: Wir wollen uns ein Bild vom Leben machen.

Im Vordergrund steht zunächst das Ziel, die wesentlichen zellulären Vorgänge zu verstehen und möglichst quantitativ zu beschreiben. Ein wichtiger Schritt dorthin, die Erfassung der Gesamtheit aller genetischen Information, ist für viele Organismen bereits erfolgreich vollzogen worden. Doch schon bei der Interpretation der Fülle von Genom-Daten stößt man rasch auf Grenzen und neue Fragen: Was ist die Funktion aller Gen(produkt)e in einem Bakterium, wie zum Beispiel unserem Darmbewohner *Escherichia coli*? Welche der zahlreichen molekularen Wechselwirkungen innerhalb einer Zelle sind entscheidend für ihre Funktions- und Überlebensfähigkeit? Über wie viele Genprodukte verfügt der Mensch und welche sind wann aktiv? Wie wird die genetische Information über den genetischen Code hinaus »übersetzt«? Trotz der weit reichenden Fortschritte, die in den letzten Jahren bei der Entwicklung von Methoden gemacht wurden, die eine umfassende Analyse von Zellen auf mRNS-, Protein- und Metabolismusebene erlauben, kann ein umfassendes Verständnis der Zelle sicher nicht allein durch Anwendung dieser Methoden erhalten werden. Hier ist vielmehr die Disziplin der Systembiologie gefragt, in der experimentelle Biologie, Bioinformatik und Systemwissenschaften zusammenarbeiten, um die Lücken zu schließen.

Mit einem umfassenden Verständnis nicht nur der Zelle, sondern des gesamten Organismus beschäftigen sich auch Wissenschaftler wie der kanadische Biologe Brian Goodwin. Sie treten gleichsam einen Schritt zurück, fokussieren den Blick nicht mehr auf die Gene im Inneren des Zellkerns, sondern nehmen wieder den Organismus als Ganzes ins Visier.

In den letzten Jahren habe sich in der Biologie etwas sehr Interessantes ereignet, schreibt Goodwin in seinem Evolutionsbestseller »Der Leopard, der seine Flecken verliert«. Die Organismen als

Grundeinheiten des Lebens seien auf der Strecke geblieben: »Sie wurden von den Genen abgelöst, die sämtliche Grundmerkmale annahmen, die zuvor Lebewesen kennzeichneten.« In gewisser Weise macht es Sinn, die Gene in den Mittelpunkt zu stellen: Während jedem Organismus nur eine mehr oder weniger kurze Lebensspanne auf Erden vergönnt ist, stellen die Gene den »lebendigen Fluss des Erbgutes« von Generation zu Generation dar und sind somit potenziell unsterblich.

Aber diese bestechend klare Vorstellung hat nach Goodwins Ansicht einen großen Haken: Sie führt zu der Überzeugung, dass wir das Wesen der Organismen verstehen, sobald wir die in ihren Genen gespeicherten Informationen kennen. Diese Schlussfolgerung hält der Kanadier für »schlichtweg falsch« und fordert daher einen Paradigmenwechsel in der Biologie. Dass die Gene nicht alles sind, haben uns ja nicht zuletzt die großen Genomprojekte selbst gezeigt: Nach der Entschlüsselung des genetischen Codes zahlreicher Organismen ist die Biologie zwar um eine ganze Menge Daten reicher, aber immer noch um viele Antworten verlegen. Mehr Aufmerksamkeit verdienen epigenetische Prozesse, meint der Marburger Philosoph Michael Weingarten. Epigenese bedeutet, dass nicht alle Strukturen und Funktionen eines erwachsenen Lebewesens schon auf der Ebene der Gene repräsentiert sind. Das Genom als »Bauplan« zu bezeichnen, hält er daher für völlig falsch, weil dadurch die Assoziation des Nachbauenkönnens geweckt werde. Tatsächlich werden zu Beginn der Entwicklung eines Organismus nicht einfach alle Gene angeschaltet und festgelegte Programme abgespult, sondern jeder einzelne Entwicklungsschritt beeinflusst den nächsten. Welche Gene zu welchem Zeitpunkt abgelesen und in welche Mengen von Proteinen übersetzt werden, hängt von vielen Faktoren innerhalb und außerhalb des Organismus ab, die nicht von den Genen reguliert werden.

Nachdem wir uns nun so ausführlich mit den Genen beschäftigt haben, wollen wir Ihnen aber auch nicht verschweigen, dass die Gene längst nicht alles sind in unserem Erbgut. 1978 stellte man fest, dass in den Chromosomen einzelne Gene in Stücken angeordnet sind. Zwar wird der komplette DNS-Strang in ein RNS-Molekül transkribiert, aber anschließend werden große Teile wieder herausgeschnitten und die Abschnitte, die die Zelle tatsächlich für den Aufbau der Proteine benötigt, werden passgenau aneinandergefügt. Als Beispiel wollen wir das BRCA1-Gen betrachten, das eine erbliche Veranlagung für Brust- und Eierstockkrebs darstellt und für etwa 5 % aller Brustkrebsfälle verantwortlich ist. Das gesamte Gen besteht aus etwa 100.000 Nukleotidbasen, doch lediglich rund 5500 davon werden tatsächlich in Aminosäuren umgesetzt. Anders gesagt, nur ein Zwanzigstel des Gens ist funktionell.

Eine überzeugende Erklärung dafür, warum die meisten eukaryontischen Gene in scheinbar funktionslose und informationstragende Abschnitte geteilt sind, gibt es bis heute nicht, betont John Maddox, der 30 Jahre lang Herausgeber von »Nature« war, in seinem spannenden Buch »Was zu entdecken bleibt«. Es gibt nur Vermutungen: W. Gilbert von der Harvard University glaubt, dass die scheinbar funktionslosen Teile, die Introns, Reste von einst autonomen Genen sind, die urzeitliche Organismen zu einem frühen Zeitpunkt der Evolution in eukaryontische Genome eingebaut haben. Andere Hypothesen gehen davon aus, dass die Erhaltung der Introns in den heutigen Genen etwas mit der Art zu tun hat, wie DNS-Moleküle in den Chromosomen verpackt sind.

Doch es sind noch viel größere Teile des Genoms, die den Wissenschaftlern Rätsel aufgeben. Zwischen den Genen, die die Bauanleitung für die Proteine enthalten, liegen riesige Bereiche von DNS, die einfach nichts zu bedeuten scheinen. Das menschliche Genom zum Beispiel enthält rund 3 Milliarden Nukleotide. Wir haben aber – den Berechnungen der Molekularbiologen vom Deutschen Humangenom-Projekt zu Folge – nur rund 30.000 bis 40.000 Gene. Die Länge eines Gens beträgt im Schnitt etwa 1000 Nukleotide – demnach haben nur 3 % der gesamten menschlichen DNS eine Funktion. Etwa 2 % werden für die Regulation einzelner Gene und die Organisation der Replikation gebraucht. Aber von 95 % der DNS weiß die Wissenschaft nicht, ob sie eine Funktion hat und wenn ja, welche. Unsere Gene sind über diese langen Abschnitte von »Junk«-DNS verstreut. Die genetische »Mülltrennung« erfolgt über bestimmte DNS-Motive, die den Anfang und das Ende eines Gens markieren und so den an Transkription und Translation beteiligten Enzymen den Weg zu den codierenden Abschnitten weisen.

»Licht ist das Wasser auf die Mühlen des Lebens«

Wilhelm Ostwald, Physikochemiker (1853–1932)

Nachdem wir uns mit dem Phänomen Licht und der Geschichte seiner Erforschung ebenso gründlich auseinander gesetzt haben, wie mit den Grundlagen der Zell- und Molekularbiologie, wollen wir beides nun zusammenführen – nichts anderes tut die Forschungsrichtung Biophotonik. Bevor wir uns aber den technologischen Entwicklungen der Wissenschaft zuwenden, wollen wir erstmal nachschauen, wie die Natur selbst Licht und Leben zusammenbringt.

Die Disziplin, die sich mit dem natürlichen Wechselspiel von biologischen Komponenten mit Licht beschäftigt, ist die Photobiologie. Dieses Wechselspiel kann auf molekularer oder zellulärer Ebene oder mit Geweben stattfinden. Dabei sind es vor allem Streuprozesse und der Grad der Lichtabsorption, die das Eindringen von Licht bestimmter Wellenlängen in einen bestimmten Gewebetyp beeinflussen. Die Interaktionen sind außerordentlich komplex, sie leiten oft eine ganze Kette von Ereignissen ein, physikalische, thermische, mechanische oder chemische – oder beliebige Kombinationen daraus. Auslöser für diese Prozesse ist meistens eine lineare Absorption von Licht, aber wir werden sehen, dass man sie auch mit nichtlinearen optischen Prozessen induzieren kann, etwa mit sehr kurzen Laserimpulsen.

Schauen wir uns zunächst lichtinduzierte Prozesse in großen biologischen Molekülen, so genannten Biopolymeren, an. Solchen Prozessen verdanken Sie nicht nur Ihr Dasein überhaupt, sondern auch, dass Sie dieses Buch lesen können, wäre ohne die Interaktion von Licht mit Biopolymeren nicht möglich. Zum einen sorgen nämlich die grünen Pflanzen mit ihrer Photosynthese dafür, dass es genug Sauerstoff auf der Erde gibt, zum anderen ist es die Reaktion des Rhodopsins in Ihren Augen, die Ihnen ermöglicht, die Welt visuell wahrzunehmen.

Wir wollen uns im Folgenden mit diesen beiden Phänomenen näher beschäftigen und noch auf ein drittes eingehen, nämlich die Wechselwirkung von Licht mit dem Bakteriorhodopsin in Halobakterien. Letzteres ist ein interessantes Beispiel dafür, wie sich innovative Technologien (in diesem Fall für fälschungssichere Geldscheine und Dokumente) mit natürlichen Vorbildern gestalten lassen.

Einige wichtige Eigenschaften sind allen diesen Prozessen gemeinsam: Sie arbeiten mit einer hohen Effizienz, wie sie der Mensch in künstlichen Systemen noch nie erreicht hat; sie führen alle zu einer Serie komplexer Schritte mit zahlreichen molekularen Zwischenstufen und sie laufen zyklisch ab, das heißt, dass die Licht aufnehmende Struktur, die am Anfang der Reaktionskette steht, am Ende wieder regeneriert wird und sich somit nicht verbraucht.

Außerdem läuft bei allen genannten Beispielen der Großteil der Schritte im Dunkeln ab – Licht wird nur für den ersten, auslösenden Impuls benötigt.

All diese bemerkenswerten Eigenschaften sind es, die die Wissenschaft anspornen, es der Natur gleich zu tun. Sie versucht, die Prinzipien der Natur zu verstehen und nachzustellen, wenn es etwa um das Design und die Produktion innovativer Materialien geht, zum Beispiel für effektivere Sonnenkollektoren in der Energiewirtschaft.

Wie die Minze die Kerze wieder leuchten lässt

Wenden wir uns zunächst den Pflanzen zu. Genauer gesagt, allen chlorophyllhaltigen Organismen, die im Rahmen eines überaus komplexen Vorgangs, der Photosynthese, unter Einwirkung von Licht organische Substanz aus Kohlendioxid und Wasser aufbauen. Die damit verbundenen Prozesse haben seit jeher Wissenschaftler und Laien fasziniert. Der Physikochemiker Ludwig Boltzmann hat es 1905 leicht poetisch so formuliert: »Um den Übergang der Energie von der heißen Sonne zur kalten Erde auszunutzen, breiten die Pflanzen die unermesslichen Flächen ihrer Blätter aus und zwingen die Sonnenenergie in noch unerforschter Weise, chemische Synthesen auszuführen, von denen man in unseren Laboratorien noch keine Ahnung hat«. Die Erforschung der Photosynthese begann allerdings schon vor über 350 Jahren. Da machte der belgische Arzt und Naturforscher Jean Baptista van Helmont, der als Wegbereiter der Experimentalchemie gilt, die Beobachtung, dass ein Weidenbaum, der fünf Jahre in einem Gefäß gestanden hatte und gehörig gegossen wurde, über einen halben Zentner an Gewicht zunahm, obwohl die Erde im Topf nur um sechzig Gramm abgenommen hatte. Aus dem Boden konnte die Pflanze also nicht die immense Zunahme an organischer Substanz gespeist haben, deshalb stellten sich van Helmont und andere Wissenschaftler seiner Zeit die Frage, ob sich Pflanzen wohl aus der Luft ernähren könnten. Der Theologe und Chemiker Joseph Priestley, einer der Entdecker des Sauerstoffs, führte gegen Ende des 18. Jahrhunderts erste Versuche zur Klärung dieser Problematik durch: Priestley brachte eine Kerze in einen abgeschlossenen Behälter. Die Kerze erlosch nach kurzer Zeit. Als er eine Maus in den Behälter brachte, starb sie. Waren Maus und Kerze zusammen in denselben Behälter, erlosch die Kerze schneller als vorher, daraus schloss Priestley, dass Maus und Kerze den gleichen Bestandteil der Luft benötigten. Das brachte den Briten, der auch als Erfinder des Sodawassers gilt, ins Grübeln: Wenn auf der Erde ständig Verbrennungsprozesse stattfinden und gleichzeitig viele Lebewesen atmen, müsste dann nicht dieser Luftbestandteil eines Tages verbraucht sein? 1771 machte Priestley dann eine wichtige Entdeckung: Er brachte einen Minzezweig in das Gefäß ein, in dem zuvor die Kerze erloschen war und konnte ein paar Tage später in dem gleichen, noch immer abgeschlossenen Gefäß die Kerze wieder entzünden. Offensichtlich hatte die Pflanze der Luft den Bestandteil wiedergegeben, den die Kerze vorher verbraucht hatte. Der Genfer Priester Jean Senebier bemerkte, dass die Regeneration der Luft daneben auch auf den Verbrauch von »fixer Luft«, wie er das Kohlendioxid nannte, zurückzuführen war. Bestätigt und erweitert wurden diese Befunde durch den holländischen Arzt Jan Ingenhousz, der die Bedeutung des Lichtes für die Kohlendioxidaufnahme erkannte und feststellen konnte, dass der gesamte in Pflanzen enthaltene Kohlenstoff der Atmosphäre entstammt. Im Jahr 1804 bewies dann der Schweizer Nicolas Theodore de Saussure durch sorgfältigen Vergleich des Gewichtes der von der Pflanze produzierten organischen Substanz und des von ihr abgegebenen Sauerstoffs mit der Menge des aufgenommenen Kohlendioxids, dass zwischen den Ausgangsstoffen und den Endprodukten eine Differenz besteht. Dies konnte nur erklärt werden, wenn neben dem Kohlendioxid auch das Wasser zur Ernährung der Pflanzen beiträgt. Damit war die qualitative Beschreibung der Photosynthese in ihren Grundzügen gelungen:

Kohlendioxid + Wasser + Licht → organische Substanz + Sauerstoff

Bei der organischen Substanz in den belichteten Sprossen, so fand man später heraus, handelt es sich um Stärke, die aus Traubenzuckerbausteinen, also Glukose-Molekülen, aufgebaut ist. Die Ausgangsstoffe der Photosynthese, Kohlendioxid und Wasser, sind energiearm, die Glukose dagegen energiereich. Sie kann in Form von Stärke von der Pflanze gespeichert werden und bei Bedarf genutzt werden. In diesem Sinn profitieren wir in doppeltem Sinn von der

Photosynthese: Wir atmen den dabei entstehenden Sauerstoff und ernähren uns von der Stärke, wenn wir zum Beispiel Kartoffeln oder andere pflanzliche Produkte essen.

Einen kleinen Augenblick wollen wir bei der Geschichte der Photosyntheseforschung noch verweilen. Denn als nächstes interessierte die Botaniker, welche Bestandteile der pflanzlichen Zelle als Lichtrezeptoren dienen. Um das herauszufinden, baute Theodor Wilhelm Engelmann Ende der 90er Jahre des 19. Jahrhunderts aus einem Mikroskopkondensator eine Vorrichtung, mit der er Teile photosyntheseaktiver Zellen der Grünalge *Spirogyra* durch einen feinen Lichtstrahl beleuchtete. Um den Ort der Sauerstoffproduktion sichtbar zu machen, wandte er einen raffinierten Trick an: Er tauchte die Algenfäden in eine bakterienhaltige Flüssigkeit. Traf Engelmann mit seinem Lichtstrahl den Teil einer Zelle, in dem die Photosynthese abläuft – Botaniker nennen ihn den Chloroplasten –, konzentrierten sich die Bakterien an der belichteten und damit sauerstoffreichen Zone. Bei Belichtung anderer, farbloser Bereiche der Zelle blieben die Bakterien wo sie waren.

Engelmann war es auch, der ein erstes Wirkungsspektrum der Photosynthese aufzeigen konnte: Er zerlegte weißes Licht durch ein Prisma in die Spektralfarben und beleuchtete mit diesem Spektrum einen Faden der Grünalge *Cladophora*, der wiederum in einer Bakteriensuspension schwamm. Engelmann konnte beobachten, dass sich die Sauerstoff liebenden Bakterien nun an den Abschnitten der Algenoberflächen ansammelten, die blauem oder rotem Licht ausgesetzt waren. Das Aktionsspektrum, das der Wissenschaftler daraus gewann, ähnelte bereits in groben Zügen dem Aktionsspektrum von Chlorophyll a und b, den Farbstoffen, die in den Zellen für die Photosynthese verantwortlich sind, wie der Würzburger Pflanzenphysiologe Julius von Sachs gezeigt hatte.

Antennen für das Licht oder wie das Licht in die Pflanze kommt

Nun wollen wir uns die im Rahmen der Photosynthese ablaufenden Prozesse etwas genauer anschauen. Die zahlreichen Teilschritte hat man schon früh in »Lichtreaktion« und »Dunkelreaktion« unterteilt – wie wir bereits auf Seite 95 beschrieben haben, ist die Aufteilung ein typisches Merkmal für natürliche Photoprozesse. Die Lichtreaktion, auf die wir uns hier konzentrieren wollen, beinhaltet das »Einfangen«

und »Festhalten« des Lichtes. Die Natur nutzt eine große Zahl Licht absorbierender Moleküle, die so genannten Chromophoren, als »Antennen«, um die Photonenenergie zu sammeln und sehr effizient zu einem Reaktionszentrum weiterzuleiten. Die Antennenmoleküle haben dabei die gleiche Funktion wie die Antenne an Ihrem Radio, nur dass sie Licht aufnehmen und nicht Radiowellen. Die einzelnen Schritte der Lichtreaktion erstrecken sich von so extrem kurzen Zeiten wie Pikosekunden (10^{-12} s = 0,000 000 000 001 s) bis in den Bereich von Sekunden. Da Pikosekunden eindeutig außerhalb unserer Vorstellungskraft liegen, wollen wir auf die Lichtgeschwindigkeit zurückgreifen, um uns eine Idee von der Kürze dieser Zeiteinheit zu vermitteln: Wir haben ja bereits beschrieben, dass die Lichtgeschwindigkeit rund 300.000 Kilometer pro Sekunde beträgt. Eine Nanosekunde (10^{-9} s) lässt sich daher mit Hilfe der Lichtgeschwindigkeit als die Zeit ausdrücken, die das Licht benötigt, um 30 cm zurückzulegen. Eine Pikosekunde entspricht dann einer Wegstrecke von 0,3 mm. Eine wirklich extrem kurze Zeit, aber bedenken Sie, wie kurz die Wege in den atomaren Strukturen sind, in denen sich die ersten Schritte der Photosynthese abspielen, schließlich ist der ganze Chloroplast nur wenige Mikrometer groß. Der Zeitraum, in denen ein Lichtquant mit einem Molekül in einer Pflanze wechselwirken und ihm seine Energie übertragen kann, ist nun gar in der Größenordnung von Femtosekunden angesiedelt. Dieser Zeitraum ist sehr viel kürzer als die Lebenszeit des angeregten Zustands eines einzelnen Antennenmoleküls, so dass die Energie des absorbierten Photons nahezu unvermindert das Reaktionszentrum erreichen kann. Es ist die Aufgabe einer komplexen molekularen Maschinerie, diese extrem kurze Zeit des Licht-«Einfangens« zu nutzen und die Energie des Lichtquants mit einer möglichst hohen Ausbeute bis in die Zeiträume »festzuhalten«, in denen wesentlich langsamere (wenngleich immer noch unvorstellbar schnelle) chemische Reaktionen ablaufen und eine dauerhafte Speicherung bewirken können.

Der Apparat der Photosynthese sitzt in spezialisierten Organellen der Pflanzenzelle, die man, wie schon erwähnt, als Chloroplasten bezeichnet. In ihnen wird das Licht in der so genannten Thylakoid-Membran gefangen, die das Chlorophyll a als Chromophor enthält.

Um Energie zu erzeugen, absorbiert ein Chlorophyll-Molekül ein Lichtquant und geht dadurch in einen angeregten Zustand über, das heißt, dass ein Elektron auf ein höheres Energieniveau gebracht wird.

Dieses energiereiche Elektron wird dann auf ein benachbartes Elektronenrezeptormolekül übertragen. Diese Überführung des Elektrons vom angeregten Chlorophyll-Molekül auf den ersten Akzeptor beendet bereits die eigentliche photochemische Phase der Photosynthese. Der entscheidende Punkt liegt darin, dass ein Photonenfluss in einen Elektronenfluss umgewandelt wird (Abb. 1.38).

Die Licht fangenden Antennen absorbieren, wie schon die Versuche von Engelmann vor über 100 Jahren gezeigt haben, vor allem die Wellenlängen aus dem roten und blauen Spektralbereich und reflektieren das grüne Licht (daher haben für uns die Blätter diese Farbe).

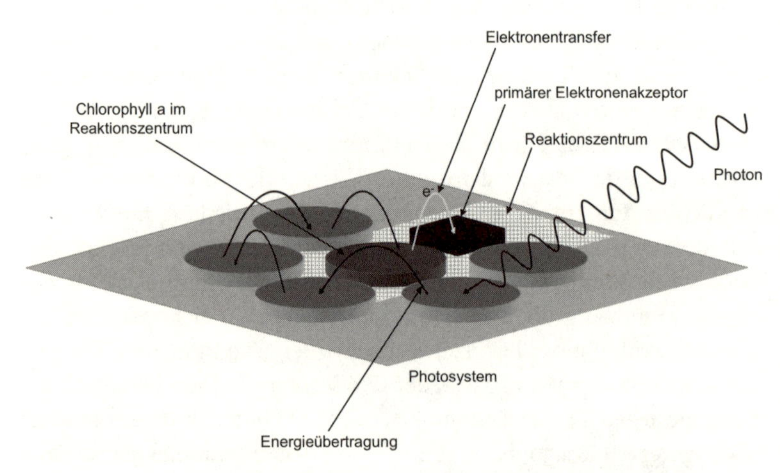

Abb 1.38 Eine Lichtsammelfalle tut im wörtlichen Sinne das, was der Name nahe legt, nämlich das Licht einfangen. Dazu besteht sie besteht aus zahlreichen Pigmentmolekülen, die zusammen den Antennenkomplex bilden. Außerdem enthält die Lichtsammelfalle ein Reaktionszentrum, das aus zwei Chlorophyll a-Molekülen und dem primären Elektronenakzeptor besteht.

Trifft nun ein Photon (dargestellt durch den geschlängelten Pfeil) im Antennenkomplex auf ein Pigmentmolekül, wird seine Energie absorbiert und bis zu einem Chlorophyll a-Molekül des Reaktionszentrums weitergegeben. In diesem Molekül löst sich dadurch ein Elektron und wird durch die Elektronentransportkette weitergereicht. Zunächst wird es dabei von Chlorophyll a zum primären Elektronenakzeptor übertragen, in weiteren Schritten dann von einem Elektronenakzeptor der Elektronentransportkette zu nächsten. Ganz am Ende steht das Coenzym NADP, dessen komplizierter Name ausgeschrieben Nicotinamid-Adenin-Dinukleotid-Phosphat lautet. Es ist der Endakzeptor der Elektronen aus dem photosynthetischen Elektronentransport. Es wird durch die Aufnahme der Elektronen im Zuge einer Redoxreaktion reduziert zu $NADPH_2$. Solche Redoxreaktionen sind in der Chemie von großer Bedeutung. Der Begriff beschreibt chemische Reaktionen, bei denen ein Partner Elektronen aufnimmt, also reduziert wird, während der andere Elektronen abgibt, also oxidiert wird.

Eine Photosyntheseeinheit trägt ungefähr 200 bis 400 Antennenmoleküle von der Sorte Chlorophyll. Darüber hinaus nutzt die Natur noch Carotinoide, die im blauen und grünen Bereich absorbieren und Phycocynin, das grünes und gelbes Licht einfängt. Durch die Kombination dieser verschiedenen Antennen gelingt es den Pflanzen, ein möglichst großes Spektrum des Lichtes zu ernten und für die Energiegewinnung zu nutzen.

Unser Auge: Stäbchen, Zapfen, Sehpurpur

Nun wollen wir zu unserem zweiten Beispiel natürlicher Photoprozesse kommen, nämlich der Wahrnehmung von Licht und Farben in unserem Auge (Abb. 1.39).

Die visuelle Wahrnehmung der Wirklichkeit beruht auf äußerst komplexen chemischen Vorgängen und einer enormen Gehirnleistung.

Kurz zusammengefasst: Das Sinnesorgan Auge dient dem Gehirn als »Codewandler«. Mit Hilfe der Hornhaut, der Linse und des Glaskörpers wird ein verkleinertes und auf dem Kopf stehendes Bild auf der Netzhaut erzeugt. Licht fällt durch die Hornhaut ins Auge, wird von der Linse gebündelt und reizt lichtempfindlicher Empfänger (Photorezeptoren) auf der Netzhaut: die Stäbchen für das Dämmerungssehen und die Zapfen für das farbige Sehen. Die in diesen Sinneszellen vorhandenen Sehpigmente – verschiedene Typen von Rhodopsin-Molekülen – sind photosensibel. Das heißt, sie werden durch Licht verändert. Ihr Zerfall löst eine Reaktion in der entsprechenden Zelle aus. Diese photochemische Reaktion wird in eine neurale Erregung umgewandelt, zu immer größeren Gruppen zusammengefasst und schließlich über den Sehnerv mit seinen rund eine Million Leitungsfasern zur Sehrinde des Gehirns weitergeleitet. Hier erst werden die elektrischen Impulse als Seheindrücke in das Bewusstsein gebracht und interpretiert.

Schauen wir uns nun etwas tiefer in die Augen. Unsere Netzhaut enthält die unvorstellbare Menge von 110 Millionen Stäbchen und ca. 6 Millionen Zapfen. Wir haben deshalb so viele Stäbchen, damit wir auch in sehr schwachem Dämmerlicht noch etwas sehen können. Das liegt an der guten neuronalen Weiterverarbeitung: Sehr viele Stäbchen geben ihr Signal an eine Nervenzelle weiter. Dadurch können wir zwar auch bei wenig Licht sehen, aber die Details gehen uns ver-

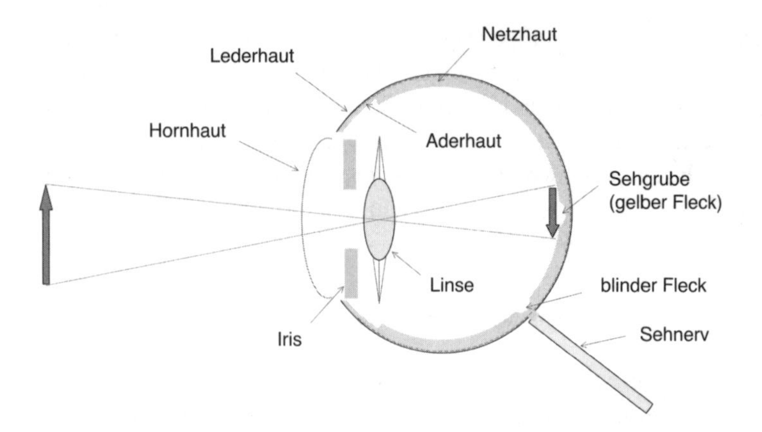

Abb. 1.39 Zum räumlichen Sehen besitzen wir Menschen die »Bauteile« für das Sehen gleich doppelt: Augapfel mit Hornhaut, Linse und Iris. Der Sehvorgang ist ziemlich komplex und diese »Bauteile« allein würden dafür nicht reichen. Vom Auge führt deshalb eine Kabelleitung direkt ins Gehirn, das alle optischen Eindrücke verarbeitet und interpretiert. Die Hornhaut (Cornea) ist in die Lederhaut des Auges eingelassen. Die glasklare, nur einen halben Millimeter dicke Membran besteht aus Kollagenfasern und enthält keine Blutgefäße, aber feine Nervenfasern. Von ihrer Unversehrtheit hängt ein großer Teil der Sehstärke des Auges ab. Die Hornhaut steuert zwei Drittel der Lichtbrechkraft des Sehapparates bei – nämlich 43 von insgesamt 65 Dioptrien. Direkt hinter der Hornhaut liegt die mit klarem Gewebewasser gefüllte vordere Augenkammer. Die vordere Augenkammer wird nach hinten durch die Regenbogenhaut (Iris) begrenzt. Diese besteht aus Bindegewebe, Muskulatur und so genannten Epithelzellen. Wie die Blende bei der Kamera reguliert sie den Lichteinfall in das Augeninnere. Die schwarze Pupille ist also ein veränderbares Sehloch. Eine dunkelbraune Augenfarbe rührt von einer hohen Pigmentdichte in der vorderen Irisschicht her. Je weniger Pigment (Melanin) diese eingelagert hat, desto heller erscheinen die Augen. Der Blaueindruck entsteht, da die von Blutgefäßen durchzogene hintere Schicht der Iris durch die schwach pigmentierte vordere Schicht schimmert. Die Iris geht nach hinten in den Strahlenkörper (Ziliarkörper) über. In dessen Zentrum hängt die elastische Linse. Sie bündelt das Licht, das durch die Pupille fällt. Ist der Ringmuskel des Strahlenkörpers entspannt, ziehen die Linsenaufhängefasern (Zonulafasern) an der Linse und flachen sie ab. Das Auge sieht in diesem Zustand ferne Gegenstände scharf (Fernakkomodation). Spannt sich der Ringmuskel an, so geben die Zonulafasern nach und die Linse kugelt sich ab. Jetzt lassen sich nahe Gegenstände scharf erkennen (Nahakkomodation). Die Netzhaut (Retina) ist die innerste Schicht der Augapfelschale. Sie beginnt dort, wo der Strahlenkörper endet. Sie beherbergt zwei Arten von Lichtsinneszellen: Stäbchen und Zapfen, die Lichtreize in Nervenimpulse umwandeln. Rund 120 Millionen Stäbchenzellen ermöglichen das Schwarz-Weiß-Sehen in der Dunkelheit. Zwischen sechs und sieben Millionen Zapfen bewerkstelligen das Farbensehen bei Tageslicht und Dämmerung. Die höchste Konzentration von Zapfen befindet sich im so genannten gelben Fleck (Macula), der Netzhautregion des schärfsten Sehens. Er liegt auf der optischen Achse im Zentrum der Retina, ungefähr vier Millimeter schläfenwärts vom ▶

so genannten blinden Fleck. Dort befinden sich keine Lichtsinneszellen, weil sich die Nervenfasern zum Sehnerv bündeln und sich den Weg aus dem Augapfel zum Gehirn bahnen. Die hochaktive äußere Schicht der Netzhaut benötigt reichlich Nährstoffe und Sauerstoff. Dafür sorgt die stark durchblutete Aderhaut (Choroidea). Sie wird nach außen von der Lederhaut umhüllt. Aufgrund ihrer starken Pigmentierung erfüllt die Aderhaut noch einen weiteren Zweck: Sie schluckt störendes Streulicht.

loren – die Trennschärfe verschwindet. Bei den Zapfen geben nur wenige Zellen ihre Information an eine Nervenzelle weiter. Dadurch sehen wir schärfer, aber dieser Rezeptor benötigt mehr Licht. Im Prinzip haben wir zwei verschiedene Sehsysteme: Eines für wenig Licht

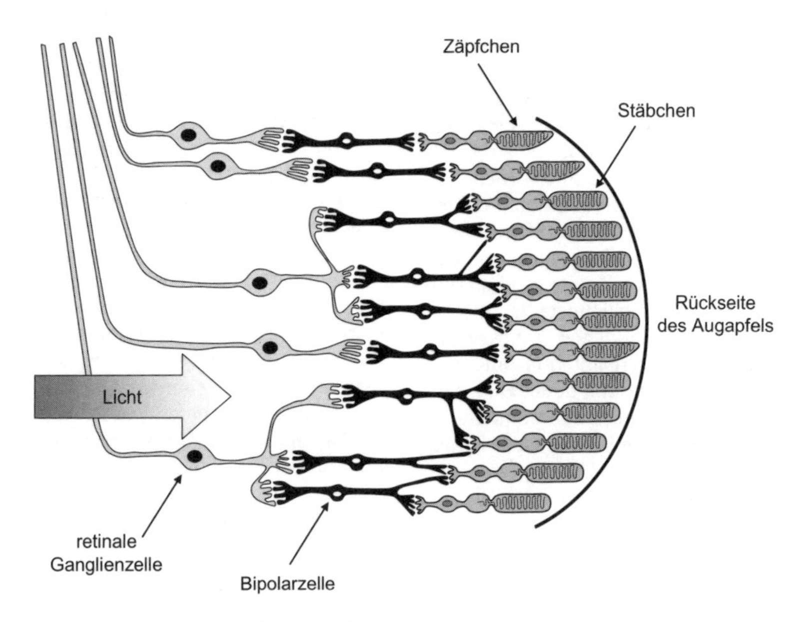

Abb. 1.40 Die Netzhaut oder Retina besteht aus mehreren Zellschichten. Interessanterweise sind die Lichtsinneszellen nicht dem Licht zugewandt, sondern das Licht muss erst andere Zellschichten durchdringen. Dies ist bei allen Linsenaugen der Wirbeltiere der Fall. Deshalb nennt man das Linsenauge der Vertebraten ein inverses Auge. Die Retina besteht aus Lichtsinneszellen (Photorezeptoren) und Nervenzellen. Dabei findet man von beiden Gruppen unterschiedliche Typen. Als Lichtsinneszellen gibt es die länglicheren Stäbchen und die etwas kürzeren, dickeren Zapfen. Die Photorezeptoren übertragen die Information auf verschiedene Zellen, die man grob in zwei Gruppen, die Schaltzellen und die Nervenzellen, einteilen kann. Die Ganglienzellen sind es, die im Sehnerv aus dem Auge austreten und den Lichtreiz ans Gehirn weitergeben.

Wie andere die Welt sehen

Für uns Menschen ist der Lichtsinn von sehr großer Bedeutung. Das erfahren wir alle, wenn wir in einem dunklen Zimmer die Orientierung verlieren – auch, wenn wir bei Tageslicht jeden Zentimeter zu kennen glauben.

Auch für andere Lebewesen spielt das Licht zur Orientierung eine große Rolle und das nicht nur für Tiere. Pflanzen, die ja, wie wir gesehen haben, auf die Sonne als Energiespender angewiesen sind, haben Möglichkeiten entwickelt, Lichtquellen wahrzunehmen und sich ihnen zuzuwenden. Man nennt diese Eigenschaft von Sprossen Phototropismus: Dadurch, dass die Flanken der Sprosse unterschiedlich stark wachsen, neigt sich die Pflanze der Sonne zu.

Wie wichtig die Lichtwahrnehmung für Tiere ist, kann man daran ablesen, dass die Natur Augen der verschiedensten Bauweisen im Laufe der Evolution etwa 40-mal neu erfunden hat. Die schlichteste Variante sind lichtempfindliche Sinneszellen, die manche Tiere auf ihrer Außenhaut tragen und mit deren Hilfe sie Helligkeitsunterschiede wahrnehmen, aber keine Formen oder Farben erkennen können. Gleich ganz viele Augen haben Insekten und andere Gliederfüßer, bei ihnen bilden die Einzelaugen mit ihren Linsen ein bienenwabenartiges Sechseckmuster. Allerdings sehen Bienen und Co damit nicht eine Vielzahl von kleinen Bildern, sondern die Eindrücke aller Augen setzen sich zu einem rasterartigen Bild zusammen.

Die Augen von Wirbeltieren und manchen Weichtieren (z. B. Tintenfischen) ähneln sich im Aufbau sehr stark. Beides sind Linsenaugen, haben sich aber in der Evolution unabhängig voneinander entwickelt. Dies wird deutlich, wenn man sich ansieht, wie die Bildung des Auges beim Embryo vor sich geht: Das Auge des Wirbeltiere bildet sich aus einer Ausstülpung der Zellen, die später das Gehirn bilden. Das Auge der Weichtiere entsteht dagegen in umgekehrter Richtung, nämlich durch eine Einstülpung der äußeren Zellschicht, die später die Haut bildet.

Neben solchen Augen mit lichtbrechenden Linsen findet man in der Natur auch Spiegelaugen. Die Kammmuschel (*Pecten*) zum Beispiel sieht durch Augen, in denen das Bild durch Hohlspiegel erzeugt wird, die hinter der Netzhaut angeordnet sind. Direkt vor der Netzhaut liegt eine Linse, die das stark verzerrte Spiegelbild korrigiert. Obwohl wir Muscheln vielleicht als einfache Organismen ansehen, müssen wir doch über ihren perfekt an ihren Lebensraum angepassten Sehsinn staunen: Um das schwache Licht im tiefen Wasser optimal ausnutzen zu können, sind in ihren Augen – genauso wie übrigens bei Tiefseekrebsen, Hummern und Langusten – die Spiegel nach dem Prinzip von reflektierenden Glasplatten gebaut. Mehr als 30 Schichten aus feinsten Kristallen liegen dicht gestapelt, jede Schicht in eine Doppelmembran eingeschlossen. Diese Augenart liefert zwar keine hohe Bildqualität, aber eine exzellente Lichtausbeute.

---

mit einer sehr guten Sensitivität (Schwarz/Weiß) und ein Farbsystem, das die Welt bei guter Beleuchtung bunt, scharf und detailgetreu abbildet (siehe Abb. 1.40).

Die Sehzellen befinden sich auf der Rückseite des Augapfels. Um sie zu erreichen muss sich der Lichtreiz seinen Weg durch das Geflecht der verarbeitenden Neuronen bahnen.

Damit der Prozess, der uns die Welt sehen lässt, in Gang kommen kann, müssen unsere Augen, ähnlich wie die Pflanzenzelle, erst einmal Photonen einfangen. Unsere Antennen für das Licht sind Moleküle des Sehpurpurs Rhodopsin. Es besteht aus einem Proteinanteil, dem Opsin, und einem Chromophor, dem Retinal. Das Retinal ist zwar alleine in der Lage, Licht zu absorbieren, aber erst durch die Bindung an das Opsin wird sein Absorptionsmaximum in den sichtbaren Bereich des Wellenspektrums verschoben. Absorbiert das Retinal ein Lichtquant, so verändert es seine räumliche Struktur und passt damit nicht mehr in das Rhodopsin – es spaltet sich ab. Darauf verändert sich auch das Rhodopsin und nimmt eine so genannte aktive Form ein. Dies kann nun seinerseits eine große Zahl von Überträgermolekülen aktivieren, bevor es regeneriert wird und damit für die Aufnahme eines neuen Photons wieder zur Verfügung steht.

Das Retinal ist übrigens ein Aldehyd von Vitamin A. Deshalb ist die Aufnahme dieses Vitamins so wichtig, ein Mangel daran kann zu Nachtblindheit und Verhornung der Sehzellen führen.

Alles so schön bunt hier: Warum wir Farben sehen

Die unterschiedlichen Photorezeptoren besitzen jeweils einen anderen Sehfarbstoff. Diese unterscheiden sich in ihren Absorptionsmaxima und somit in ihrer Empfindlichkeit gegenüber bestimmten Wellenlängen des Lichtes. Der Mensch besitzt als so genannter »Trichromat« drei Zapfenarten, die für die drei Grundfarben Rot, Grün und Blau besonders sensitiv sind, wobei die blauempfindlichen Zapfen mit nur 12 % am seltensten vertreten sind (Abb. 1.41). Die Zapfendichte ist in der Netzhautmitte, am Punkt des schärfsten Sehens, der Sehgrube, am größten, am Rand des Sehfelds sind hingegen kaum noch Zapfen zu finden.

In welchen Farben wir die Welt sehen, hängt davon ab, welche Zapfentypen in unserem Auge in welchem Maße angeregt werden Wir können freilich nicht bewusst unterscheiden, von welchen Zapfen welche Eindrücke kommen. Vielmehr wandeln die zuständigen Gehirnzellen sie in drei neue Parameter um: Schwarz/ Weiß, Rot/ Grün

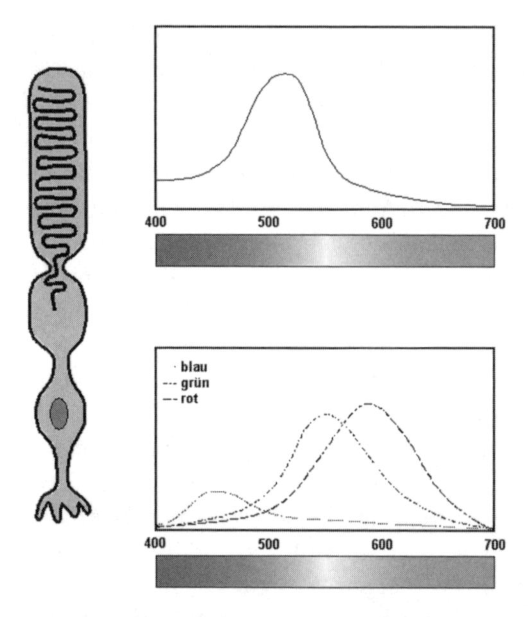

Abb. 1.41 Farbempfindlichkeit der Zapfen. Stäbchen werden optimal von blaugrünem Licht (500 nm) angeregt. Sie vermitteln die Wahrnehmung von Grautönen. Zapfen dagegen teilen sich das Spektrum in drei Bereiche auf: Das Absorptionsmaximum der Blauzapfen liegt bei 420 nm, das der Grünzapfen bei 540 nm und das der Rotzapfen bei 560 nm. In der Information welche Zapfenart wie stark angeregt wird liegt daher die Farbinformation für das Gehirn. Die Spezialisierung der drei Zapfenarten auf unterschiedliche Farben kommt dadurch zustande, dass sie verschiedene Opsin-Proteine besitzen. Schon geringe Änderungen in der Opsin-Struktur entscheiden über die Farbempfindlichkeit des Rhodopsins. Chromophor ist bei alle Zapfen Retinal.

und Blau/ Gelb. Deshalb nehmen wir diese sechs Farben als die reinsten wahr.

Nur dadurch, dass wir Farben sehen können, haben wir ein einigermaßen konstantes Bild von unserer Umwelt. Zwar nehmen wir die Unterschiede zwischen der »rosenfingrigen Morgenröte«, wie es bei Homer heißt, und der grellen Mittagssonne war, aber im Großen und Ganzen bleiben doch die Farben in unserer Umgebung für uns gleich. Wäre das nicht so, dann wäre eine reife rote Kirsche für uns am Morgen eher weiß und Mittags eher schwarz, weil sich die Einstrahlung des Sonnenlichtes auf unserem Planeten im Lauf des Tages stark verändert: Morgens und Abends gibt es eher langwelliges rotes Licht und Mittags eher kurzwelliges blaues.

Deshalb könnten wir uns mit einem Sehfarbstoff, der die Wahrnehmung nur einer Farbe erlaubt, nicht orientieren: Nahrung, Mitmenschen, Umwelt sähen je nach Tageszeit und Lichteinfall völlig anders aus.

Andere Wirbeltiere können in Punkto Farbwahrnehmung übrigens noch viel mehr als wir: Vögel, Fische und Beuteltiere sind Tetrachromaten, haben also vier Zapfentypen. Sie verfügen zusätzlich über UV-Zapfen, die im Bereich von weniger als 380 nm absorbieren.

Der Natur auf die Moleküle geschaut

Anhand unseres dritten Beispiels für natürliche Photoprozesse werden wir sehen, dass unser Sehen und die Energiegewinnung der Pflanzen sehr viel miteinander zu tun haben. Wir wollen uns nämlich mit dem Bakteriorhodopsin beschäftigen, das bestimmte Mikroben der Gattung *Halobakterium* zur Photosynthese nutzen, das aber, wie der Name schon vermuten lässt, chemisch stark unserem Sehpurpur ähnelt.

Purpur ist auch die Farbe, die manche Salzseen und die Becken von Salinen annehmen. Dies ist ein Zeichen dafür, dass in ihnen sehr viele Bakterien der Art *Halobacterium salinarium* leben. Dieser stäbchenförmige, vier Geißeln tragende Prokaryont gehört zur Ordnung der extrem halophilen Archaebakterien. Er fühlt sich dort wohl, wo es fast alle anderen Lebewesen nicht mehr aushalten: In den von ihm besiedelten Salzseen herrscht eine sehr geringe Sauerstoffkonzentration und eine hohe Lichtintensität, vor allem aber ein außerordentlich hoher Gehalt an Kochsalz, er ist mit etwa 250 Gramm Salz pro Liter Wasser mehr als sieben Mal so hoch wie im Meerwasser. Bei weniger als 180 Gramm/Liter »schmeckt« das Wasser dem Bakterium nicht mehr und es geht ein.

Seit seiner Entdeckung vor über dreißig Jahren ist das Bakteriorhodopsin Gegenstand intensiver Forschung, denn es stellt eine lichtgetriebene molekulare Maschine dar, die im Laufe der Evolution von der Natur in Funktion und Stabilität optimiert wurde. Das Protein ist in bestimmte, als Purpurmembran bezeichnete Areale der Zellmembran eingebaut und dient dort als einfaches System der Photosynthese, indem es mittels absorbierter Lichtenergie einen Protonenkonzentrationsgradienten über die Membran erzeugt: Wie bei allen Mitgliedern der Rhodopsin-Familie, also auch den Verwandten in unserem Auge, üblich, löst das aufgenommene Sonnenlicht eine Strukturveränderung des Retinalchromophors aus. Dadurch wird ein Reaktionszyklus in Gang gesetzt, in dessen Verlauf das Bakteriorhodopsin ein Proton aus dem Zellinneren nach außen transportiert (Abb. 1.42). Auch hier finden die Prozesse in äußerst kurzen Zeiträumen statt: Nach nur 10 Mikrosekunden ist der ganze Photozyklus durchlaufen.

Durch den Einsatz molekularbiologischer, strukturaufklärender spektroskopischer und Computersimulations-Verfahren kennt man heute die Funktion des Bakteriorhodopsins bis ins Detail. Es ist sogar zu einem Modell für die Architektur von Proteinen geworden, die in die Membran eingebaut sind.

Doch nicht nur für Biologen ist das Bakterienpigment von großem Interesse. Auch Wissenschaftler, die sich mit Sicherheitstechnik und Datenspeicherung beschäftigen, sind von Bakteriorhodopsin begeistert. Der Physikochemiker Norbert Hampp von der Universität Marburg untersucht im vom Bundesforschungsministerium und dem VDI-Technologiezentrum unterstützten Verbundprojekt »Multifunktionale optische Sicherungssysteme auf der Basis von Bakteriorhodopsin« die Anwendungsmöglichkeiten für das Purpurprotein und hat seine Ergebnisse in verschiedenen Artikeln dargestellt.

Der Bedarf an neuen Sicherungssystemen ist Hampp zufolge groß: Zwar sind schon heute auf Banknoten oder Ausweispapieren mehr als zehn Einzelmerkmale gegen Fälschungsversuche eingebaut, doch schreckt das Kriminelle nicht ab, die es immer wieder schaffen, täuschend echte »Blüten« oder falsche Pässe in Umlauf zu bringen. Hier bietet Bakteriorhodopsin eine leistungsfähige Alternative.

Die Forscher um Hampp nutzen dabei eine Eigenschaft des Bakterienpigmentes aus, die sie Photochromie nennen. Wie wir schon gesehen haben, besteht ja die biologische Funktion des Bakteriorhodopsins darin, ein Proton vom Inneren der Zelle nach außen zu transportieren. Während dieses Vorgangs ändert das Protein seine Farbe von violett nach gelb. Wenn vom Inneren der Zelle ein Proton nachgerückt ist und die Bindungsstelle am Bakteriorhodopsin wieder besetzt ist, wird das Pigment wieder violett. Dieser Farbwechsel ist mit bloßem Auge gut zu erkennen, da er im Bereich der höchsten Empfindlichkeit des menschlichen Auges stattfindet. Man braucht zur Sichtbarmachung nur etwas Tageslicht oder eine Schreibtischlampe. Inzwischen hat man aus Bakteriorhodopsin Farben hergestellt, die

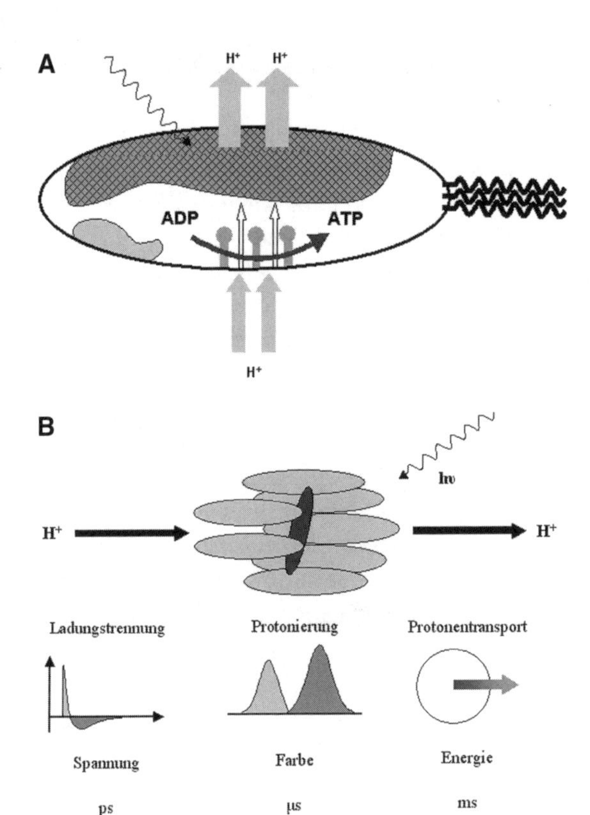

Abb. 1.42 (A) und (B) Bakteriorhodopsin. (A) Bestimmte Bereiche der Zellmembran der Halobakterien bestehen ausschließlich aus Bakteriorhodopsin und Lipiden. Man bezeichnet diese Bereiche als Purpurmembran. Dabei sind die Bakteriorhodopsine in der Purpurmembran sind so orientiert, dass der lichtinduzierte Protonenstrom von innen nach außen gerichtet ist (in der Abbildung von unten nach oben). Der durch die Aktivität von Bakteriorhodopsin über die Zellmembran entstehende Protonengradient versorgt die Zelle mit Brennstoff. (B) Die biologische Funktion des Bakteriorhodopsins ist der Transport von Protonen. Daher bezeichnet man Bakteriorhodopsin auch als lichtgetriebene Protonenpumpe. Um ein Proton vom Innern der Zelle nach außen zu transportieren benötigt Bakteriorhodopsin etwa 10 ms. Der Transport eines positiv geladenen Protons beginnt mit einer Ladungsverschiebung. Deshalb ist als Erstes eine Photospannung über das Protein zu beobachten, da sich nur das Proton verschiebt, nicht aber die Gegenladung. Etwas später, wenn das Proton von der Ankerstelle des zentralen Retinals an das Gerüst des Proteins abgeht, ändert sich die Farbe von lila nach gelb. Nachdem von der intrazellulären Seite wieder ein Proton nachdiffundiert ist und die Bindungsstelle wieder besetzt ist, kehrt der Farbwechsel sich um – das Protein wird lila.

sich in den verschiedensten Druckverfahren – Sieb-, Offset- oder Inkjet-Druck – verwenden lassen.

Der besondere Vorteil: Dokumente oder Geldscheine, die mit Bakteriorhodopsin-Farben hergestellt sind, kann man nicht einfach kopieren oder scannen, da das dafür notwendige Licht den Farbwechsel auslöst und damit die Farbe des Materials ändert.

Während für die Beobachtung dieser Photochromie niedrige Lichtintensitäten ausreichen, kann bei sehr hohen Intensitäten das gleiche Material als Datenspeicher benutzt werden. Wenn man Bakteriorhodopsin mit sehr kurzen Impulsen sehr hoher Lichtintensität bestrahlt – etwa durch den Beschuss mit einem Picosekunden-gepulsten Laser – wird das Pigment in einen Zustand überführt, in dem irreversibel die Polarisation des Schreiblichtes gespeichert wird. Auf diese Weise lassen sich auf einigen Quadratzentimetern mehrere Megabyte optische Informationen ablegen. Diese Informationen sind fälschungssicher, da sie beim Kopieren oder Scannen verloren gehen, und können nur mit einem speziellen Scanner ausgelesen werden.

2
Das Unsichtbare sichtbar machen

Um in immer kleinere Welten vordringen zu können, brauchen Biologie und Medizin Biologen und Mediziner feinere optische Werkzeuge. Die Biophotonik liefert neue Technologien »mit Ausstrahlung«.

Nachdem wir uns nun mit der Geschichte der Wissenschaften des Lichtes und des Lebens sowie mit der Wechselwirkung von Licht mit Materie im Allgemeinen und mit biologischen Systemen im Besonderen beschäftigt haben, wollen wir uns nun einige Techniken anschauen, die das Rüstzeug für die Biophotonik bilden. Spannend dabei ist, dass diese Techniken auf natürliche Phänomene zurückgehen. Wie wir später sehen werden, können wir mit diesem Rüstzeug, das wir uns von Fall zu Fall ein wenig »zurechtschneiden«, ganz unterschiedliche medizinische und biologische Fragestellungen angehen. Es lohnt sich also, sich den »Werkzeugkasten« der Biophotonik ein bisschen genauer anzuschauen.

Wahrhaft leuchtende Einfälle: Fluoreszenztechniken

Die Fluoreszenz ist ein sehr gutes Beispiel dafür, wie ein natürliches Phänomen zur Grundlage von einer ganzen Reihe von Techniken wurde. Fluoreszenzfarbstoffe und die auf ihnen basierenden Innovationen wie die Fluoreszenzmikroskopie oder optische Bio-Chips sind aus keinem Labor mehr wegzudenken.

Das Phänomen der Fluoreszenz wurde schon im 17. Jahrhundert von Anastasius Kircher, einem Jesuiten-Pater, Universalgelehrten und Alchimisten beschrieben. Er beobachtete, dass wässrige Extrakte des Blauen Sandelholzes eine blaue Farbe abstrahlten, wenn er sie mit weißem Licht beschien. Später hat Isaac Newton diese Beobachtun-

Laser, Licht und Leben. Susanne Liedtke und Jürgen Popp

ISBN 3-527-40636-0

gen in seine Beschreibungen der spektralen Eigenschaften des weißen Lichtes aufgenommen. Es war dann aber George Stokes, der in der Mitte des 19. Jahrhunderts die entscheidende Beobachtung machte, die das Phänomen der Fluoreszenz erst verständlich machte: Die Absorptionswellenlänge ist immer kürzer und damit das absorbierte Licht energiereicher als die Emissionswellenlänge. Demnach wird einfallendes Licht von der fluoreszierenden Substanz absorbiert, die dann mit kurzer zeitlicher Verzögerung energieärmeres, längerwelliges Licht emittiert. Gemäß der »Stokeschen Regel« muss die Wellenlänge des emittierten Photons mindestens gleich oder größer sein als die des absorbierten Photons. Bei exakt gleichen Wellenlängen spricht man von »Resonanzfluoreszenz«. Der Unterschied zwischen dem Absorptions- und dem Emissionsmaximum ist immer abhängig von dem eingesetzten Fluorophor. Darunter verstehen wir bestimmte Moleküle, die nach Absorption energiereichen Lichtes Photonen mit längerer Wellenlänge abgeben – das Molekül fluoresziert. Wie wir schon aus der Schule wissen, gibt es keine Regel ohne Ausnahme: Im Fall der Zwei-Photonen-angeregten Fluoreszenz ist bei zwei absorbierten Photonen nur ein Elektron betroffen, das aufgrund der doppelt erhöhten Energie ein Photon emittiert, welches eine kürzere Wellenlänge als das Anregungslicht besitzt – was der Stokeschen Regel scheinbar widerspricht.

Lumineszenz ist der Oberbegriff zu Fluoreszenz und Phosphoreszenz. Zur Lumineszenz gehört beispielsweise das so genannte kalte Leuchten, wie es zum Beispiel das Mineral Fluorit in Flussspat und Calciumfluorit abgibt, und mit deren Spezialform, der Biolumineszenz, wir uns im nächsten Abschnitt beschäftigen wollen – und die Phosphoreszenz, bei welcher die verzögerte Emission erst nach Millisekunden oder gar Tagen auftritt. Im Gegensatz dazu ist das Zeitintervall zwischen der Absorption und der Emission im Fall der Fluoreszenz extrem kurz und beträgt weniger als eine Millionstel Sekunde.

Viele pflanzliche und tierische Gewebe fluoreszieren ebenso wie manche Materialien von sich aus, wenn man sie mit einer kurzen Wellenlänge bestrahlt. In diesem Fall sprechen wir von primärer oder Autofluoreszenz. Diese Eigenschaft ist für die Untersuchung von Pflanzen, in der Analyse von Sedimentgesteinen und in der Halbleiterindustrie von großem Nutzen. Für das Studium von tierischem Gewebe oder Krankheitserregern ist die Autofluoreszenz allerdings oft zu blass oder nicht spezifisch genug und deshalb nur von geringem Wert. Hier kommen Fluorophore ins Spiel, deren abgestrahltes Licht intensiver ist. Durch sie vermittelte Fluoreszenz bezeichnet man als sekundäre Fluoreszenz.

Fluorophore werden seit Ende des 19. Jahrhunderts hergestellt. Es sind Farbstoffe, die in gewissem Sinn mit den sichtbares Licht absorbierenden Farben vergleichbar sind. Sie binden an organische Materie, und, was sie für den Einsatz in der Biologie so nützlich macht, zeigen dabei oft eine gewisse Spezifität für bestimmte Zielstrukturen. So binden manche an Nukleinsäuren, wie der Farbstoff DAPI (4',6-*Dia*midino-2-*p*henyl*i*ndol). Ursprünglich wurde er als ein Mittel zur Bekämpfung der Erreger der Schlafkrankheit synthetisiert, heute wird er zur schnellen Identifikation von Pathogenen benutzt. Besonders hervorzuheben sind außerdem das Kristallviolett, das zum Anfärben von Bakterien dient, sowie das FITC (*F*luorescein*i*so*t*hio*c*yanat). Das Fluorescein wurde von Adolf von Baeyer Ende des 19. Jahrhunderts synthetisiert. FITC ist noch heute in den meisten biologischen Labors zu finden und dient als Fluoreszenzmarker in unterschiedlichen Anwendungen. FITC absorbiert Licht besonders gut bei 494 nm und strahlt Licht mit einer Wellenlänge von 518 nm ab, was dem Experimentator am Fluoreszenzmikroskop als grün erscheint.

Genutzt wird das Phänomen Fluoreszenz in der Forschung in Form des Fluoreszenzmikroskops, das in den frühen Jahren des 20. Jahrhunderts von August Köhler, Carl Reichert und Heinrich Lehmann entwickelt wurde. Nachdem man die Bedeutung dieser Technik mehrere Jahrzehnte lang unterschätzt hatte, ist das Fluoreszenzmikroskop heute ein fast unersetzbares Werkzeug der Zellbiologie.

Das grundlegende Prinzip des Fluoreszenzmikroskops ist, dem Anregungslicht den Weg zur zu untersuchenden Probe zu gestatten und dann das viel schwächere Fluoreszenzsignal davon zu trennen. Denn nur das von der Probe emittierte Licht soll das Auge des Betrachters oder auch einen anderen Detektor (wie z. B. eine digitale oder konventionelle Filmkamera) erreichen. Je dunkler dabei der Hintergrund ist, desto effizienter ist das Mikroskop.

Eines der wichtigsten Anwendungsfelder der Fluoreszenzmikroskopie ist die Immunofluoreszenz. Dazu nutzt man das natürlich Prinzip der Antikörper-Antigen-Bindung aus. Mit diesem Prinzip werden im Körper eingedrungene Krankheitserreger erkannt und zur Zerstörung durch das Immunsystem markiert. Die Antikörper-Antigen-Bindung ist hochspezifisch, ähnlich wie bei einem Schloß, in das nur ein ganz spezieller Schlüssel passt.

Die Immunofluoreszenz verbindet in äußerst nützlicher Weise diese hohe Spezifität der Bindung mit der Sensitivität der Fluoreszenzmikroskopie. Schauen wir uns kurz einen typischen Versuchsaufbau an: Wir haben zum Beispiel eine Gewebeprobe, in der wir bestimmte Proteine nachweisen wollen. Durch einen Immunisierungsschritt haben wir uns in Mäusen oder Kaninchen Antikörper gegen genau dieses Protein hergestellt. An diese koppeln wir nun ein Fluorophor und geben sie auf unsere Probe. War das entsprechende Protein darin enthalten, ist der Antikörper nun gebunden und wir können ihn im Fluoreszenzmikroskop leuchten sehen. Auf diese Weise kann man neben Proteinen auch Chromosomen und DNS-Abschnitte genauso sichtbar machen wie Hormone, Vitamine oder komplexere zelluläre Strukturen.

Bei der Untersuchung von lebenden Systemen trifft die Fluoreszenzmikroskopie allerdings an ihre Grenzen. Viele Fluorophore sind nämlich giftig, verändern die chemischen Verhältnisse oder sind schlicht zu groß für ihre Bindungsstellen. Der Trend geht deshalb zu markerfreien Methoden, von denen wir einige im weiteren Verlauf unserer Betrachtungen noch kennen lernen werden.

Glühende »Liebesbotschaften« im Labor: Luciferase-Techniken

Wahrscheinlich haben auch Sie schon mal einen frühsommerlichen Abendspaziergang gemacht, bei dem »Glühwürmchen« für eine gehörige Portion Romantik sorgten. Die kleinen leuchtenden Insekten sind in Wirklichkeit keine Würmer, sondern Käfer. Sie sind in der Lage, Licht zu erzeugen und damit ihr Liebeswerben zu bereichern. Vielleicht war es ja während eines romantischen Rendezvous, dass ein Biologe auf die Idee kam, dieses Leuchten auch in seinem Labor zu nutzen. Doch eins nach dem anderen. Als Biolumineszenz bezeichnet man zunächst ganz allgemein das Phänomen der Lichterzeugung durch Lebewesen. Sie ist, ganz unromantisch, das Ergebnis von biochemischen Reaktionen in Zellen, bei denen die chemische Energie in Form von Lichtquanten abgegeben wird. Dabei haben die Tiere eine Effizienz entwickelt, die der Mensch mit seinen Glühbirnen nicht erreichen kann: Die Lichtausbeute beträgt in der Natur nämlich fast 100 Prozent, während wir in unseren künstlichen Lichtquellen 95 Prozent als Wärme verschwenden. Das können sich die Tiere nicht leisten, denn dann würden sie beim Leuchten glatt überhitzen. Neben den Glühwürmchen setzen in der Natur auch andere Insekten, Larven, Würmer, Spinnen und sogar Pilze auf das Licht. Besonders bekannt sind auch mikroskopisch kleine Algen, die für das Meeresleuchten verantwortlich sind. Sie sorgen zum Beispiel in der karibischen Mosquito Bay für nächtliche Badeerlebnisse der besonderen Art, bei denen jede Schwimmbewegung das Wasser blau-grün aufleuchten lässt. Die dafür verantwortlichen einzelligen Algen gehören zu den Dinoflagellaten und tragen so romantische Namen wie »Nachtlaternchen«. Wenn das Nährstoffangebot stimmt, bilden die Einzeller Kolonien von bis zu 100.000 Individuen pro Liter Wasser. Und weil sie in diesen Massen natürlich im wahrsten Sinne des Wortes ein gefundenes Fressen für ihre Feinde sind, locken die Algen mit dem hellen Licht die Feinde der Feinde an – und lassen diese auffressen, bevor sie selbst zum Opfer werden.

Bei den Tieren hat die Natur zwei Strategien entwickelt: Entweder produzieren die Tiere das Licht in speziell dafür entwickelten Organen selbst oder sie beherbergen Bakterien, die das Leuchten für sie übernehmen. Auch hier sind die Motive zur Lichtaussendung oft recht heimtückisch: Der Anglerfisch lockt zum Beispiel mit einer leuchtenden »Angel« vor seinem Maul die Beutetiere direkt in seinen Mund, der Beilfisch dagegen hält sich seine Fressfeinde vom Leib, in dem er mit biolumineszierenden Schuppen an Bauch und Körperseiten die hell erscheinende Wasseroberfläche imitiert und sich so nahezu perfekt tarnt.

Doch betrachten wir jetzt noch etwas genauer die leuchtenden Käfer, deren Liebesglühen heute so manchem Wissenschaftler die Arbeit erleichtert. Weltweit gibt es rund 2000 Glühwürmchenarten. Bei uns in Europa funkelt das Glühwürmchen (*Lampyris noctiluca*), in Nord- und Mittelamerika leuchtet die Feuerfliege (*Photinus pyralis*) abendlichen Spaziergängern heim. Jede Art verfügt über ganz spezifische Blinksignale, damit es bei zufälligen Begegnungen nicht zu Paarungen der falschen Art kommt. Die Tiere besitzen dazu in ihrem Hinterleib einen biolumineszierenden Stoff, das Luciferin, das eine Leuchtreaktion auslöst, sobald ein bestimmtes Enzym, die Luziferase ausgeschüttet wird. Spezialisierte Zellen dienen mit einer Vielzahl von Salzkristallen als eine Art Reflektor, die das Licht vom Körper weg nach außen lenken. Durchsichtige Zellen auf der anderen Seite des Leuchtorgans lassen das Leuchten von außen erkennbar sein. Die nötige Energie liefern weitere Zellen, die ihrerseits besonders viele Mitochondrien enthalten. Der Vorgang der Lichterzeugung ist bei allen Tieren sehr ähnlich: Die Tiere brauchen Sauerstoff und chemische Energie in Form von ATP dazu. Es gibt Theorien, dass die Biolumineszenz einst von den Lebewesen entwickelt wurde, um das Stoffwechselgift Sauerstoff zu entsorgen, denn in den Frühzeiten der Erde war die Atmosphäre noch ganz anders zusammengesetzt als heute, enthielt fast keinen freien Sauerstoff, aber jede Menge Stickstoff, Kohlenmono- und dioxid und verschiedene Schwefel- und Stickoxide. Die damals lebenden Organismen waren daran gut angepasst und konnten mit dem Sauerstoff, den die ersten photosynthetisch lebenden Blaualgen freisetzten, nichts anfangen. Sie entwickelten also Möglichkeiten, dieses schädliche Gas wieder loszuwerden und eine dieser Möglichkeiten ist die Lumineszenz: Dabei wird eine Substanz, nämlich das Luziferin, mit Hilfe von Sauerstoff oxidiert und nimmt vorübergehend einen energetisch angeregten Zustand ein. Geht es in seinen energetischen Grundzustand zurück, wird Licht ausgesendet.

Die Lumineszenz hat in den letzten Jahren eine außerordentlich große Bedeutung für Biologie und Medizin erlangt. Luziferin/Luziferase-Systeme werden als Nachweissysteme in der Molekularbiologie eingesetzt. Die erste Luziferase wurde zwar aus Bakterien isoliert und charakterisiert, als erste intensiv biochemisch untersucht wurde allerdings die Luziferase der amerikanischen Firefly. Zur Zeit zeichnen sich nach Einschätzung des Lumineszenz-Experten Dr. Dieter Weiß vom Institut für Organische Chemie und Makromolekulare Chemie der Universität Jena folgende drei Einsatzgebiete ab:
Diagnostik: Da bei der Lichterzeugung mit Hilfe des Luciferin/Luciferase-Systems ATP verbraucht wird, ist die Stärke des ausgesendeten Lichtes ein Maß für die in der Ausgangslösung vorhandene Menge an ATP. Mit speziellen Methoden der Lichtmessung kann man also eine quantitative ATP-Bestimmung vornehmen. Der ATP-Gehalt lässt wiederum Rückschlüsse auf das Vorhandensein von Bakterien zu, was zum Beispiel bei Hygienekontrollen zum Einsatz kommt.

Gentechnik: Hier setzt man Luziferase-Gene als Reporter ein, die vom Ort eines Geschehens direkt berichten, was passiert. Denn Molekularbiologen haben häufig das Problem, dass sie nicht wissen, ob die Übertragung eines bestimmten Gens geklappt hat oder nicht, denn das Produkt des Gens lässt sich unter Umständen nur schlecht oder zu einem späteren Zeitpunkt nachweisen. Bringt man aber das Reportergen, in diesem Fall das für Luziferase, mit in das Genom ein, kann man nach Zugabe von Luziferin direkt am Leuchten der entsprechenden Zellen ablesen, dass die fremden Gene ordnungsgemäß eingebaut und ablesen werden. Medizinische Grundlagenforschung: Zellen oder Bakterien, die das Luciferase-Gen in sich haben, können als Marker dienen. Injiziert man zum Beispiel einer Ratte Luziferase-markierte Salmonellen-Erreger so breiten sie sich im Rattenkörper aus. Mit Hilfe einer Luziferin-Lösung, die man anschließend der Ratte verabreicht, kann man diese Ausbreitung durch das entstehende Licht von außen verfolgen, ohne die Ratte zu töten. In gleicher Weise kann man auch Karzinome markieren und deren Metastasenbildung und Verbreitung optisch durch das emittierte Licht registrieren.

Große Dinge im Kleinen verstehen – Moderne Mikroskopie- und Bildgebungsverfahren

Die Welt in immer kleineren Dimensionen zu verstehen, hat die Wissenschaftler beflügelt, immer bessere optische Instrumente zu entwickeln. Die Entdeckung von mikroskopisch-kleinen Zellen wie beispielsweise Bakterien, Spermienzellen, Blutzellen, mikroskopische Nematoden, usw. war die Folge. Mit den grundlegenden Arbeiten von Ernst Abbe zum Auflösungsvermögen optischer Systeme war der Grundstein für die moderne Optik gelegt. Mikroskope konnten von da an mit hoher Genauigkeit und reproduzierbaren Eigenschaften gefertigt werden.

Heutzutage sind die Anforderungen an die Mikroskopie weiter gestiegen. Man möchte optische Bilder der betrachteten biologischen Proben mit hoher Ortsauflösung und maximalem Kontrast. Sie fragen nach dem Warum? Hierzu müssen wir uns noch einmal die Zielsetzungen der Biophotonik genauer anschauen. Die großen Visionen der Biophotonik sind einen Beitrag dazu zu leisten:

- Krankheiten in ihren Ursachen zu verstehen
- Krankheiten zu verhindern oder möglichst frühzeitig zu erkennen
- Krankheitsbekämpfung nebenwirkungsfrei mit maßgeschneiderten Therapien durchzuführen

Um diese visionären Ziele erfolgreich in der nahen Zukunft erreichen zu können, benötigen die Wissenschaftler ein detailliertes Verständnis über die in Zellen, Gewebe und Organen ablaufenden Lebensvorgänge. Hierbei ist es oft von Vorteil, wenn Informationen auf molekularem Niveau vorliegen, das heißt, man versteht, was die Moleküle in einem Prozess machen. Neben dem Verstehen der Prozesse und Funktionen ist eine weitere essentielle Voraussetzung, dass man in die Zellvorgänge gezielt eingreifen und sie manipulieren kann. Dieses Eingreifen muss hierbei auf sub- und suprazellulärer Ebene möglich sein. Mit diesen beiden Instrumentarien wird man dann in der Lage sein, besonders die Grenzbereiche zwischen Zelle, Gewebe und Organismus verstehen zu lernen. Gerade auf dem Weg von der Zelle auf einem Objektträger, die dort sogar noch zu einem zweidimensionalen Untersuchungsobjekt zusammengequetscht wird, über das Organ bis hin zum gesamten Organismus benötigen wir besondere bildgebende Technologien, die heutzutage nur in Ansätzen vorhanden sind. Sollen beispielsweise Organe oder Zellen in einem lebenden Organismus untersucht werden, so müssen die optischen Untersuchungsinstrumente an die entsprechende Stelle innerhalb des Körper gebracht werden. Das heißt, die neuen bildgebende Verfahren müssen in Endoskope eingebaut werden. Dies ist – neben der Entwicklung von immer besseren bildgebende Technologien – für sich eine große Herausforderung.

Zusammenfassend können wir sagen, dass der Kampf gegen Krankheiten nur dann wesentlich erfolgreicher angegangen werden kann, wenn es uns gelingt, die Vorgänge innerhalb unserer Körperzellen auf molekularer Ebene zu verstehen. Daher sind die optischen Technologien im Wechselspiel mit anderen Wissenschaftsbereichen wie beispielsweise der Nanotechnologie, der Biotechnologie, der Mikrosystemtechnik, der Medizintechnik und anderen gefordert, innovative optische bildgebende Techniken zur Verfügung zu stellen, die uns mit möglichst hohem Kontrast und sehr guter räumlicher Auflösung detaillierte Informationen über die betrachteten biologischen Vorgänge liefern. Dieses Handwerkszeug in den Händen von Lebenswissenschaftlern, Biologen, Mikrobiologen und Medizinern kann es schaffen, die Visionen der Biophotonik wahr werden zu lassen.

Bleiben wir erstmal bei der Mikroskopie. Bei der konventionellen Lichtmikroskopie werden zur Kontrasterzeugung vor allem Unterschiede in der Absorption, Transmission und Reflexion von Weißlicht in biologischem Gewebe genutzt.

Neben diesen »konventionellen« Verfahren gewinnen seit vielen Jahren auch eine Vielzahl weiterer Phänomene der Wechselwirkung von Licht und Materie für die Bildgebung an Bedeutung.

Detaillierte molekulare Informationen über das zu untersuchende System, beispielsweise eine biologische Zelle, lassen sich über die Fluoreszenz-, die Infrarot-Absorptions- bzw. die Raman-Spektroskopie gewinnen. Mit den physikalischen Grundlagen und deren Eigenschaften haben wir uns im Kapitel 1 vertraut gemacht. In Abb. 2.1 sind die drei Licht-Materie-Phänomene nochmals nebeneinander dargestellt.

Als Fluoreszenz bezeichnet man das Phänomen, bei dem die elektronische Absorption von Licht einer bestimmten Wellenlänge durch ein Molekül zur Emission von Licht bei längeren Wellenlängen führt. Die Detektion von Fluoreszenz anstatt der schwachen Absorptionsänderungen von Weißlicht bei der optischen Mikroskopie bietet zahlreiche Vorteile. So ist die Fluoreszenzdetektion nahezu untergrundfrei und sehr sensitiv, so dass man sogar einzelne Moleküle untersuchen kann. Da viele biologische Proben keine Eigenfluoreszenz bei Anregung im sichtbaren Spektralbereich zeigen und eine direkte UV-Anregung oftmals zur einer Probenzerstörung führt, wurde die Labeling-Technologie etabliert. Dabei färbt man die Probe mit speziell entwickelten Farbstoffen (Marker bzw. Label) ein und detektiert

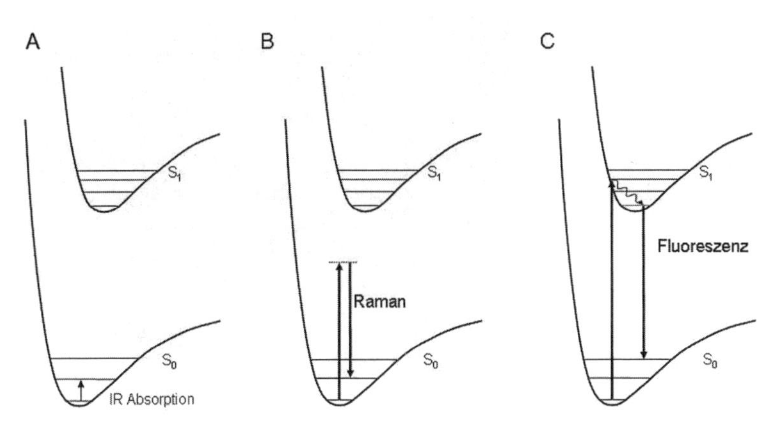

Abb. 2.1 Physikalische Prozesse zur Kontrasterzeugung in der optischen Mikroskopie. (A) IR-Absorption, (B) linearer Stokes-Raman-Prozess, (C) Fluoreszenz.

beispielsweise dann den Ort, wo man diese unter Bestrahlung fluoreszierenden Label in den Proben wiederfindet. Durch die Einführung des konfokalen Messprinzips in die Fluoreszenzmikroskopie können sehr einfach dreidimensionale Bilder der Probe erzeugt werden. Bei dieser Technik wird das Untersuchungsobjekt sukzessive abgerastert und durch den Einsatz einer Blende (konfokales Pinhole) im Fluoreszenz-Detektionsstrahlengang immer nur das Signal eines kleinen Volumensegments aufgenommen (siehe Abb. 2.2). Signale, die nicht aus dem entsprechenden Volumenelement stammen, werden durch das konfokale Pinhole im Detektionsstrahlengang gebündelt.

Durch die immer weitergehende Optimierung dieser optischen Systeme ist man heutzutage in der Lage, neben Ortsinformationen

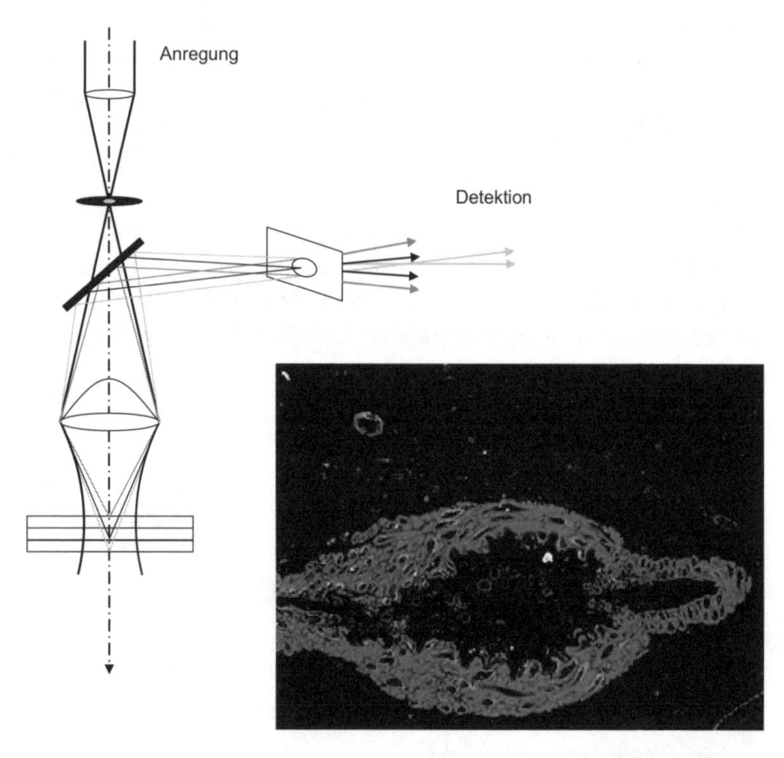

Abb. 2.2 Schematische Darstellung eines konfokalen Mikroskops sowie Fluoreszenzbild einer Arterie im Zungenquerschnitt einer Ratte. Zur Aufnahme des Bildes wurde die Probe mit den Farbstoffen ALEXA 594 und DAPI gelabelt (mit freundlicher Genehmigung der Carl Zeiss AG).

vor allem auch die in biologischen Zellen ablaufenden Prozesse zu verfolgen. Neueste optische Konzepte im Bereich der konfokalen Fluoreszenzmikroskopie erlauben die Echtzeituntersuchung schneller Prozesse an Lebendpräparaten. Mit solchen hochgerüsteten Technologien sind die Wissenschaftler aus dem Life-Science-Bereich somit in der Lage, durch eine einzigartige Kombination von Scangeschwindigkeit, Bildqualität und Sensitivität exklusive Einblicke hinter die Kulissen zellulärer Prozesse zu gewinnen. Damit hat sich Fluoreszenzmikroskopie zu einer Methode entwickelt, die zur Beantwortung einer Vielzahl von Fragestellungen aus den Bereichen Lebenswissenschaften und Medizin geeignet ist. Konfokale Fluoreszenzmikroskope gehören somit mittlerweile zum Standardequipment eines jeden Biologielabors.

Ein großer Wurf in Richtung einer dreidimensionalen Fluoreszenz-Lebendzellanalyse ist dem Wissenschaftlerteam um Ernst Stelzer am Europäischen Laboratorium für Molekularbiologie (EMBL) gelungen. Die Wissenschaftler haben ein so genanntes Scheibenmikroskop (*S*elective *P*lane *I*llumination *M*icroscopy, SPIM) realisiert, mit dem man erstmals in der Lage ist, lebende Systeme bis hinauf zu einer Größe von wenigen Millimetern mit hoher Ortsauflösung dreidimensional darzustellen. Hierbei wird die reale, lebende Probe in einem Fixierungsmaterial, zum Beispiel Agarose (einen Medium, was die Lebensfähigkeit der Zellen nicht beeinflusst), eingebettet und mit einer so genannten Lichtscheibe (siehe Abb. 2.3 A und B) beleuchtet. Das Fluoreszenzlicht wird somit auch nur innerhalb dieser schmalen Beleuchtungsscheibe angeregt. Über eine einfache Sammeloptik wird der beleuchtete Bereich auf einer Kamera abgebildet. Zur Unterdrückung von störendem Streulicht des Beleuchtungslasers wird ein Fluoreszenz-Emissionsfilter in den Detektionsstrahlengang eingebaut. Durch Rotation der Probe können die Informationen aus ganz unterschiedlichen Blickwinkeln aufgezeichnet und anschließend zu einem dreidimensionalen Bild verrechnet werden. Abb. 2.3 C und D zeigen SPIM-Bilder von Embryonen des Medaka-Fisches. Solche Aufnahmen wären ohne die innovative SPIM-Technologie unmöglich.

Die Fluoreszenztechnologie birgt jedoch auch einige Nachteile. Die Farbstoffe können durch die Laserbestrahlung ausbleichen, wodurch eine Quantifizierung extrem schwierig wird. Zudem ist die Probenvorbereitung durch den Einsatz externer Label durchaus umfangreich und bedarf speziell geschulten Personals. Methoden, die ganz ohne

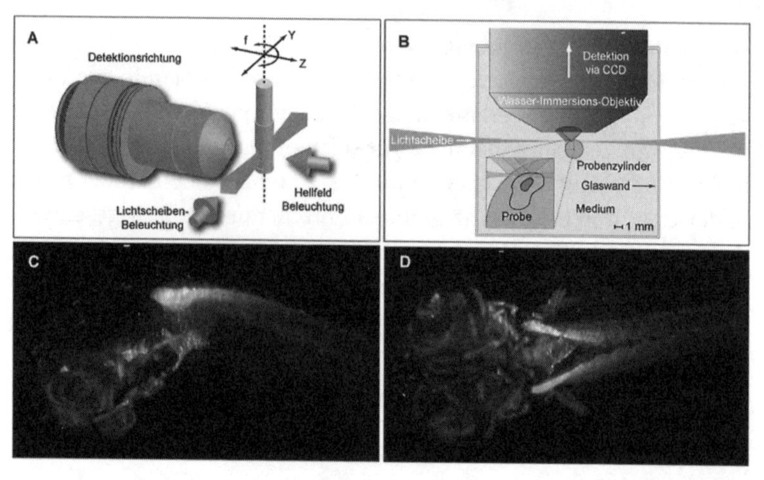

Abb. 2.3 »Single Plane Illumination Microscopy« (SPIM) für moderne drei-dimensionale Anwendungen im Life-sciences Bereich. Die dünne Lichtscheibe beleuchtet nur einen kleinen Ausschnitt der Probe, welche durch die Focusebene des Detektionsobjektiv und der Lichtscheibe bewegt wird (A, B). Ein Vorteil von SPIM ist eine deutlich reduzierte Belichtungszeit, was Folgen wie lichtinduziertes Ausbleichen und phototoxische Effekte vermindert. SPIM ist besonders gut geeignet zur Darstellung von drei-dimensionalen, stark streuenden Proben wie beispielsweise Medaka-Embryonen (C, D). Mit freundlicher Genehmigung von Ernst Stelzer, EMBL, Heidelberg.

externe Marker auskommen, sind die IR-Absorptions- und die Raman-Spektroskopie. Bei beiden Methoden können Schwingungsübergänge der in einer Probe vorhandenen Moleküle angeregt werden. Man erhält somit einen molekularen Fingerabdruck der Probe.

Bei der Raman-Spektroskopie wird das Probenmaterial mit monochromatischem Laserlicht bestrahlt, wobei das eingestrahlte Licht gestreut wird. Ein geringer Prozentsatz des Streulichtes ist jedoch durch Molekülschwingungen im Vergleich zum einfallenden Licht frequenzverschoben (siehe Abb. 2.1 B). Diese Frequenzverschiebungen spiegeln das Schwingungsmuster des Probenmaterials wider und sind somit hochspezifisch. Bei der IR-Spektroskopie werden die Molekülschwingungen direkt durch die Absorption von IR-Photonen angeregt (siehe Abb. 2.1 A). Obwohl der Raman-Effekt im Vergleich zur direkten IR-Absorption bzw. zur Fluoreszenz ein extrem schwacher Effekt ist, hat sich die Raman-Spektroskopie durch eine konsequente Verbesserung der Raman-Apparaturen (optische Filter, Detektoren,

Spektrometer, usw.) in den letzten Jahren als eine extrem leistungsstarke Methode etabliert.

Eine typische Raman-Apparatur ist in Abb. 2.4 dargestellt. Da es sich bei der Raman-Streuung, wie es der Name impliziert, um eine Streumethode handelt, kann das Streulicht unter beliebigen Streuwinkeln gesammelt werden. Als besonders vorteilhaft hat sich die Kombination mit einem Lichtmikroskop erwiesen. Diese Kombination erlaubt die detaillierte Untersuchung biologischer Objekte mit hoher Ortsauflösung. Arbeitet man zusätzlich konfokal, so können sogar dreidimensionale Informationen der biologischen Objekte erhalten werden.

Durch die Ortsauflösung im Submikrometerbereich können beispielsweise einzelne Bakterien flächenmäßig untersucht und über subtile Auswertealgorithmen direkt identifiziert werden. Ein besonderer Vorteil bei der Raman-Spektroskopie ist die minimale Probenvorbereitung, da die Proben gewöhnlich so verwendet werden können, wie sie anfallen. Im Vergleich zur IR-Absorptionsspektroskopie müssen die Proben nicht getrocknet oder wie bei der Fluoreszenzspektroskopie nicht durch externe Label markiert werden. Nachteilig bei der Raman-Methode ist der niedrige Raman-Streuquerschnitt. Daraus resultiert ein relativ großer Zeitbedarf, um ein komplettes Raman-Image aufzunehmen und im Fall der Anwesenheit von Fluorophoren überlagert die resultierende Fluoreszenz die Raman-Information bzw. erschwert ihre Detektion. Obwohl es hier vielfältige technologische Ansätze gibt, die Aufnahmezeiten zu verkürzen, ist man jedoch weit davon entfernt Raman-Bilder in Echtzeit mit Video-Wiederholungsrate aufzeichnen zu können.

Mit der Entwicklung von hochintensiven Ultrakurzzeitlasern wurde neben der Spektroskopie auch die Mikroskopie unter der Ausnutzung nichtlinearer optischer Phänomene in den letzen Jahren revolutioniert. Durch technische Tricks kann man erreichen, dass ein Laser seine Strahlung nicht kontinuierlich abgibt, sondern in Form von Lichtpulsen. Hierbei ist ein aktuelles Ziel der Laserentwickler, immer kürzere Laserpulse zu erzeugen, dies jedoch mit einer hohen Wiederholungsrate (man spricht auch von Repetitionsrate). Die kürzesten Laserpulse liegen aktuell im Bereich von Sub-Femtosekunden. Mittels dieser Ultrakurzzeitlaser lassen sich moderate Energiemengen in einer sehr kurzen Zeit (Piko- bis Femtosekunden) erzeugen, wodurch sich bei entsprechender Fokussierung extrem hohe Licht-

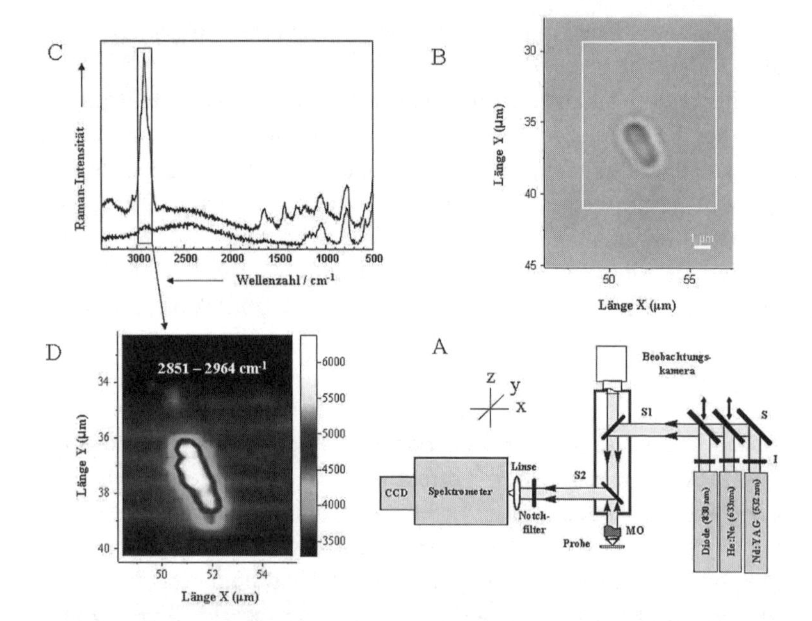

Abb. 2.4 (A) Schematischer Aufbau eines Raman-Mikroskops. Der ausgewählte Raman-Anregungslaser wird über einen Strahlteiler S1 in ein Lichtmikroskop eingekoppelt und auf die Probe fokussiert. Das Mikroskopobjektiv (MO), welches zum Fokussieren des Lasers verwendet wird, wird auch zum Sammeln des Raman-Streulichtes genutzt. Über den Strahlteiler S2 wird das gesammelte Streulicht aus dem Mikroskop ausgekoppelt und über einen Notch-Filter und eine Linse auf den Eingangsspalt eines Raman-Spektrometers (SP) fokussiert. Der Notch-Filter dient dazu, das elastische bzw. Rayleigh-gestreute Licht zu eliminieren. Das verbleibende Raman-Licht wird im Spektrometer entsprechend seiner spektralen Bestandteile zerlegt und mit einer CCD-Kamera aufgezeichnet. Zur Anregung der Raman-Streuung können verschiedene Laser mit verschiedenen Lichtwellenlängen eingesetzt werden. Die Auswahl einer entsprechenden Wellenlänge wird in Abhängigkeit der Fragestellung und der Probe getroffen. Die Laserwellenlänge hat hierbei einen sehr entscheidenden Einfluss auf die Ergebnisse, die man erhält. Für weitere Informationen muss auf die einschlägige Literatur verwiesen werden. In Teilbild (B) ist die Mikroskopaufnahme eines einzelnen Bakteriums (*Bazillus Sphaericus*) dargestellt, das mit der Bobachtungskamera aufzeichnet wurde. Diese Bakterienzelle wurde Punkt für Punkt mit einer räumlichen Auflösung von etwa 0,5 µm abgescannt. An jedem Messpunkt wurde ein Raman-Spektrum, d. h. der molekulare Fingerabdruck der Zelle, aufgezeichnet. Zwei typische Raman-Spektren sind in Teilbild (C) gegeben. Das obere Spektrum ist ein Raman-Spektrum der Zelle, während das untere Spektrum, das Raman-Spektrum des Quarzträgers zeigt, auf dem die Zelle liegt. An diesen beiden Spektren können Sie erkennen, dass auch immer die Umgebung, in der sich beispielsweise eine biologische Zelle befindet, signifikante Informationen liefert. Nimmt man nun beispielsweise die CH-Streckschwingung, die typisch für alle organischen Moleküle ist, und stellt das mikroskopische Bild (Teilbild B) als Funktion dieser Raman-Information dar, so erhält man Teilbild D. Man spricht, da in diesem Bild Raman-Informationen, also chemische Informationen dargestellt sind, auch von einer chemischen oder biochemischen »Landkarte«.

intensitäten generieren lassen. Derartige Intensitäten führen zu speziellen nichtlinearen Licht-Materie-Wechselwirkungen, bei denen im Gegensatz zu den bisher beschriebenen Fluoreszenz- bzw. Raman-Techniken das Signal nicht mehr linear mit der eingestrahlten Lichtintensität skaliert.

Die nichtlineare Antwort der Materie ermöglicht die Beobachtung spezieller Prozesse wie zum Beispiel der Multi-Photonen-Absorption. Bei der Multi-Photonen-Absorption werden von einem Atom oder Molekül gleichzeitig $m \geq 2$ Photonen absorbiert (siehe Abb. 2.1 C und 2.5 A). Da m Photonen gleichzeitig vorhanden sein müssen, hängt dieser Effekt von der m-ten Potenz des eingestrahlten Lichtes ab. Eine derartige nichtlineare Abhängigkeit lässt sich für Anwendungen nutzen, bei denen nur in einem winzigen Raumbereich eine Reaktion im System ausgelöst werden soll. Damit ist die Multi-Photonen-Absorption besonders prädestiniert für den Einsatz in der Mikroskopie. Durch die Verwendung eines Femtosekunden-Titan-Saphir-Lasers mit einer Anregungswellenlänge im Bereich von 800–960 nm können nun Fluorophore, die im Bereich von 400–490 nm (Absorption von zwei Laserphotonen) bzw. im Bereich von 270–320 nm (Absorption von drei Laserphotonen) absorbieren, angeregt und deren Fluoreszenz rot verschoben dazu detektiert werden. Da die simultane Absorption von zwei bzw. drei Photonen nur in einem sehr kleinen Volumensegment des fokussierten Laserstrahls erfolgen kann, resultiert hieraus eine sehr gute Lokalisierung der Fluoreszenz und damit ein inhärenter 3D-Effekt, der den Einsatz einer konfokalen Blende überflüssig macht (siehe Abb. 2.5 B). Durch dreidimensionales Abrastern der Probe kann über die detektierte Fluoreszenz die räumliche Verteilung des Fluorophors in der Probe ermittelt und mit entsprechender Bildgebungssoftware in dreidimensionale Bilder mit hohem Bildkontrast umgewandelt werden (siehe Abb. 2.5 C). Weitere bemerkenswerte Vorteile der Multi-Photonen-Absorptions-Fluoreszenzmikroskopie sind: (1) Da die Fluorophore nicht durch ein energiereiches, sondern durch die simultane Absorption mehrerer niederenergetischer Photonen angeregt werden, können lebende Proben schonender untersucht werden. Sowohl die Fluoreszenzemission als auch mögliche Bleichungseffekte, das heißt die photochemische bzw. thermische Zerstörung der Probe, sind auf ein sehr kleines Volumensegment beschränkt. (2) Die Wellenlänge des resultierenden Fluoreszenzlichtes und die Wellenlänge des Anregungslasers liegen spektral sehr weit auseinander, so dass es bei der Detektion des Fluoreszenzlichtes zu keiner Störung mit dem breitbandigen Anregungslaser kommt und somit das Hintergrundrauschen minimal ist. Wie bei der Beschreibung der konfokalen Fluoreszenzmikroskopie bereits erwähnt, existiert eine große Palette von synthetischen Fluoreszenzmarkern bzw. natürlichen biologischen Fluorophoren wie zum Beispiel NADH, Flavone oder grün fluoreszierende Proteine, die für die Untersuchung von lebendem biologischem Material angewendet werden können. Zwei-Photonen- bzw. Multi-Photonen-Absorptions-Fluoreszenzspektroskopie hat sich seit ihrer Entwicklung 1990 zu einer unentbehrlichen biophysikalischen Methodik entwickelt, die wertvolle Informationen über subzelluläre biochemische Vorgänge in lebenden Zellen liefert. Die Multi-Photonen-Bildgebung mittels NIR-Femtosekundenlaser zeichnet sich durch eine hohe Eindringtiefe aus und ermöglicht damit die Darstellung von Geweben mit hoher räumlicher Auflösung sowie hohem Kontrast. Sie eignet sich daher besonders für die nichtinvasive Gewebediagnostik. Die Firma JenLab brachte vor Kurzem das Gerät DermalInspect® zur Multi-Photonen-Tomographie von Hautkrebs auf den Markt. Dieses Gerät verwendet eine durchstimmbare Femtosekundenquelle zur Anregung von Multi-Photonen-Autofluoreszenz von endogenen Biomolekülen in der Haut wie zum Beispiel NAD(P)H, Flavine, Elastin, Melanin, Porphyrin usw. (siehe Abb. 2.5 C).

Worüber wir nun berichten grenzt schon fast an Zauberei. Angefangen hat die Geschichte bereits vor mehr als 130 Jahren. Im Jahre 1873 formulierte der Physiker Ernst Abbe in Jena seine bis heute gültige Theorie zur mikroskopischen Auflösung. Abbe fand heraus, dass die die Wellennatur des Lichts die räumliche Auflösung optischer Verfahren begrenzt, dass heißt alles was kleiner ist als etwa die halbe Lichtwellenlänge kann nicht mehr getrennt abgebildet werden. Wie lässt sich nun diese fundamentale Grenze im Auflösungsvermögen mit optischen Methoden überwinden? Eigentlich ist es unmöglich. Doch auch hier liegt das Geheimnis in der Kombination verschiedener Techniken, und zwar in der Kombination der Multi-Photonen-Absorption mit der stimulierten Emission (ein Prozess, den wir bereits kennen gelernt haben). Beide Techniken geschickt vereint erlauben es, räumliche Auflösungen im Bereich von wenigen Nanometern zu realisieren.

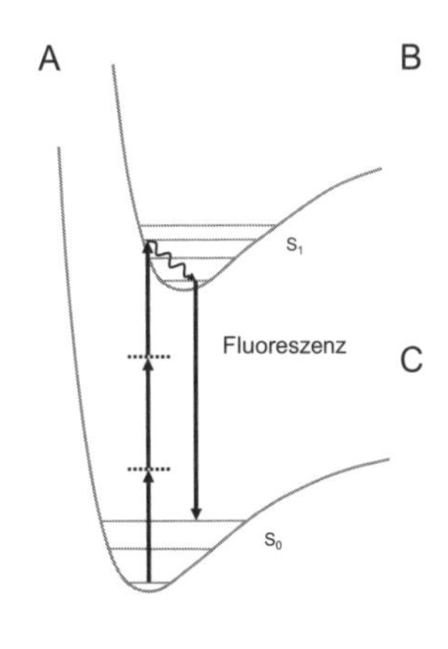

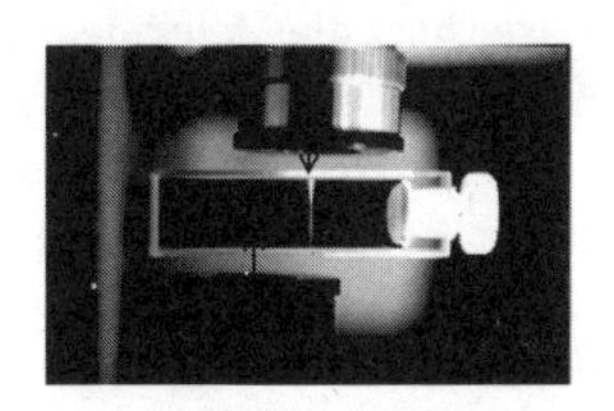

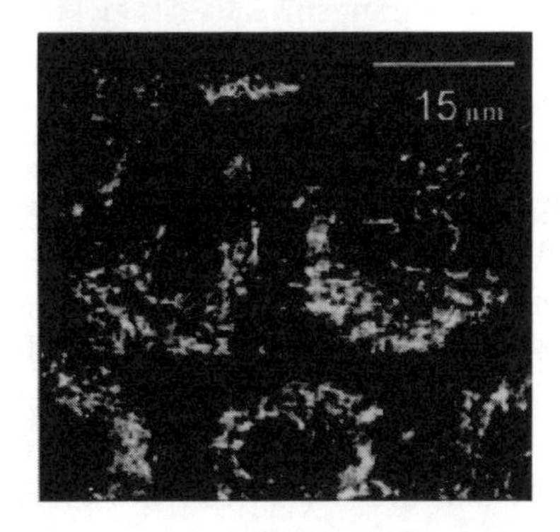

Abb. 2.5 (A) Anregungsschema der Multi-Photonen-Fluoreszenzspektroskopie. (B) Küvette gefüllt mit einem fluoreszierenden Farbstoff, angeregt mit einem einzelnen Photon (Anregung von oben, rechts) und zwei Photonen eines intensiven Femtosekundenlasers (Anregung von unten, links). Man erkennt sehr deutlich, dass die Zwei-Photonen-Fluoreszenz auf den Fokus des Anregungslasers reduziert ist (Bild aus http://www.loci.wisc.edu/multiphoton/mp.html). (C) *In-vivo*-Multi-Photonen-Autofluoreszenzbild von sieben Zellen im *Stratum spinosum*. Die Aufnahme erfolgte in 45 µm Tiefe auf dem Vorderarm einer weiblichen Freiwilligen (Anregungswellenlänge 760 nm). Die dunklen Stellen entsprechen den nicht fluoreszierenden Zellkernen, während die hellen Stellen die NAD(P)H-Fluoreszenz, welche hauptsächlich in den Mitochondrien lokalisiert ist, zeigen (mit freundlicher Genehmigung von JenaLab).

Kommen wir noch einmal auf die stimulierte Emission zurück. Sie bezeichnet, wie wir bereits gelernt haben, den durch ein Photon induzierten Übergang eines Elektrons von einem höherenergetischen in einen niederenergetischen Zustand. Dieser Effekt lässt sich dazu nutzen, um das Fokusvolumen, aus dem man die nach einer Multi-Photonen-Absorption resultierende Fluoreszenz beobachtet, noch weiter zu verkleinern. Dabei wird der Prozess der stimulierten Emission zur Auslöschung der Fluoreszenz genutzt und zwar derart, dass nur die Fluoreszenz am Rande des Fluoreszenzspots ausgelöscht wird. Abbildung 2.6 A zeigt das Anregungsschema dieser stimulierten Fluoreszenzlöschung (engl. *Stimulated Emission Depletion*, STED).

Ein Anregungslaser hebt die Moleküle in einen angeregten elektronischen Zustand, aus dem Moleküle normalerweise durch spontane Emission von Fluoreszenzlicht wieder relaxieren würden. Durch Einstrahlung eines intensiven zum Anregungslaser rot verschobenen und leicht zeitlich verzögerten STED-Laserpulses werden die angeregten Moleküle, bevor sie spontan fluoreszieren können, wieder in höhere Schwingungsniveaus des elektronischen Grundzustands abgeregt. Diese »abgeregten« Moleküle können durch den Anregungslaser dann jedoch nicht mehr angeregt werden. Wählt man das Strahlprofil des STED-Pulses in Form einer »Donut«-Mode – das heißt, im Fokuspunkt des Anregungslasers ist das STED-Laserprofil nahezu dunkel und kreissymmetrisch dazu sehr intensiv –, so resultiert daraus eine extreme Reduktion der Größe des Fluoreszenzspots, da nur die Moleküle im Zentrum beider Laserfoki von der Abregung nicht betroffen sind. Das resultierende Fluoreszenzlicht stammt somit aus einem sehr viel schärferen nur noch wenige Nanometer großen Spot. Das Untersuchungsvolumen reduziert sich bei der STED-Mikroskopie auf bis zu 0,67 Attoliter, was 18-mal kleiner ist, als das, was man mit der konventionellen konfokalen Fluoreszenzmikroskopie erreicht.

Eine weitere Möglichkeit, die räumliche Ausdehnung des Fokalpunktes zu verkleinern, ist die 4Pi-Mikroskopie. Da man aufgrund eines maximal erreichbaren Öffnungswinkels nur ein Segment einer kugelförmigen Wellenfront generieren kann, erzeugt ein Mikroskopobjektiv einen entlang der optischen Achse gedehnten Fokus (siehe Abb. 2.6 B). Bei der 4Pi-Mikroskopie werden daher die Wellenfronten von zwei entgegengesetzt angeordneten Objektiven kohärent konstruktiv addiert, um eine Kugelwelle mit dem vollen Raumwinkel von 4Pi anzunähern (siehe Abb. 2.6 C). Durch diesen Trick der konstruktiven Überlagerung zweier entgegengesetzt laufender Wellenfronten erhält man einen 3- bis 4-mal engeren Fokalbereich.

Eine Symbiose aus der STED- und 4Pi-Mikroskopie zu einem »STED-4Pi-Mikroskop« ermöglicht Auflösungen jenseits der Beugungsgrenze des Lichtes und erlaubt so den Übergang von der »Mikroskopie in die Nanoskopie«. Es ist dabei aber wichtig festzuhalten, dass die Abbe'sche Beugungsgrenze des Lichtes selbstverständlich weiterhin ihre Gültigkeit beibehält, jedoch nicht mehr die Grenze ist. Bei der »4Pi-STED-Mikroskopie« wird die Probe mit einem Femtosekunden-Puls elektronisch angeregt und nachfolgend durch zwei entgegengesetzt laufende Pikosekunden-STED-Pulse, in einer 4Pi-Anordnung durch stimulierte Emission wieder abgeregt (siehe Abb. 2.5 D). Mittels einer derartigen Anordnung lassen sich fokale Lichtflecken von angeregten fluoreszierenden Molekülen mit einer räumlichen Ausdehnung von nur 33 nm entlang der optischen Achse erzeugen. Der Einsatz dieser Spots in der Mikroskopie ermöglicht die Aufnahme von Fernfeld-Mikroskopiebildern mit einer Auflösung von einigen Zehn Nanometern (siehe Abb. 2.5 E). Eine derartige Auflö-

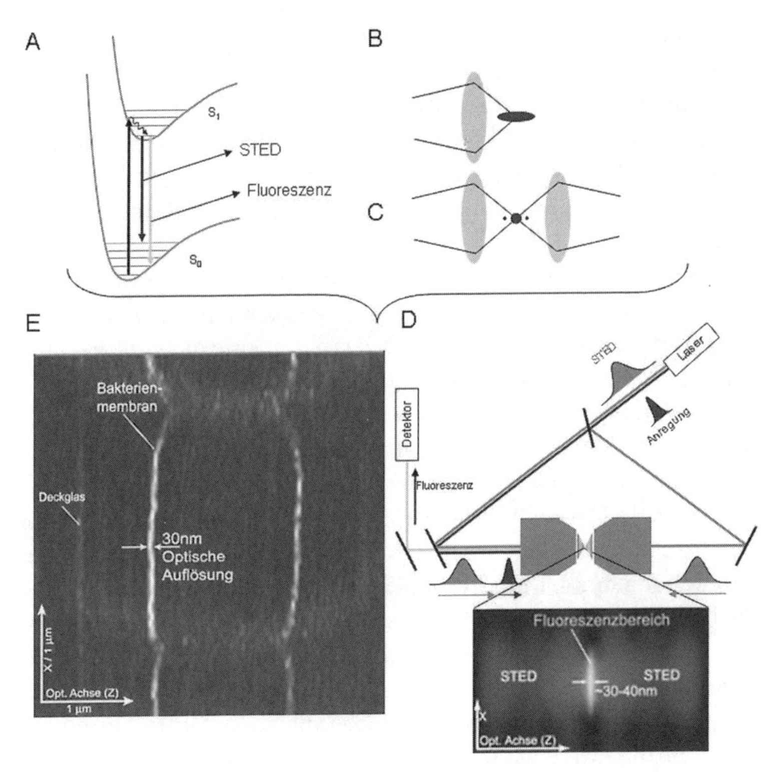

Abb. 2.6 (A) Anregungsschema der »STED«-Spektroskopie. (B) 4Pi-Mikroskopie: Abbe'sche Beugungsgrenze führt zu einem entlang der optischen Achse gedehnten Fokus. Reduktion der Fokusgröße durch konstruktive Überlagerung zweier Wellenfronten von zwei entgegengesetzt angeordneten Objektiven. Diese Addition führt zu einem kleinen zentralen Lichtfleck sowie zwei Nebenmaxima. (C) Strahlengang des »STED-4Pi-Mikroskops« (Zeichnungen A bis C modifiziert gemäß Max-Planck-Institut für biophysikalische Chemie Göttingen). (D) »STED-4Pi«-Aufnahme eines Bakteriums (*Bacillus megaterium*) mit einer Auflösung von 30 nm (Mikroskopiebild aus dem Max-Planck-Institut für biophysikalische Chemie Göttingen).

sung gestattet es, völlig neuartige Einblicke in lebende Objekte zu bekommen.

Als Laserquellen der Multi-Photonen-Mikroskopie werden hauptsächlich modengekoppelte Titan-Saphir-Laser gepumpt mit Argon-Ionen- oder frequenzverdoppelten Festkörperlasern verwendet, welche Femtosekundenpulse zwischen 700 und 1000 nm emittieren können. Nachteile dieser Laser sind allerdings die relativ hohen Anschaffungs-, Betriebs- und Wartungskosten. Zudem bedürfen sie auch eines versierten Bedieners. Neueste Entwicklungen auf dem Sektor der Kurzpulslaser brachten leistungsstarke diodengepumpte modengekoppelte Festkörperlaser hervor, die bestens für den Einsatz in der Multi-Photonen-Mikroskopie geeignet sind. Der Vorteil dieser Kurzpulslaser gegenüber Titan-Saphir-Lasern besteht darin, dass diese mit einer Hochleistungslaserdiode gepumpt werden, was zu einer hohen Zuverlässigkeit, einfachen Bedienbarkeit und geringem Preis führt.

Lassen Sie uns zum Abschluss unserer Betrachtungen noch ein weiteres ganz modernes, wenn auch relativ kompliziertes Spektroskopieverfahren, vorstellen. Es handelt sich um eine nichtlineare Variante der Raman-Spektroskopie, die kohärente Anti-Stokessche Raman-Spektroskopie (CARS = *Coherent Anti Stokes Raman Scattering*). Wie bereits oben erwähnt, ist der besondere Vorteil dieser Methode im Vergleich zur linearen und nichtlinearen Fluoreszenzmikroskopie, dass kein Fluorophor in der zu untersuchenden Probe vorhanden sein bzw. die Probe vorher nicht mit einem speziellen Farbstoff angefärbt werden muss. Die CARS-Mikroskopie ist somit eine »labelfreie« Methode, mit der sich auch durchsichtige Objekte untersuchen lassen. CARS-Mikroskopiebilder liefern detaillierte chemische Strukturinformationen, da mit der CARS-Spektroskopie Molekülschwingungen wie bei der Raman-Spektroskopie angeregt werden. In einem CARS-Prozess werden drei Laserpulse in der zu untersuchenden Probe überlagert und erzeugen dort ein räumlich gerichtetes CARS-Signal. Die CARS-Methode beruht auf der Tatsache, dass zwei Laserstrahlen (Pump (ω_p)- und Stokes (ω_S)-Laser) gleichzeitig durch eine Probe geschickt werden und dort, für den Fall, dass die Energiedifferenz zwischen Pump- und Stokes-Laser einem Raman-Schwingungsübergang ω_R entspricht, die Moleküle zu kohärenten In-Phase-Schwingungen anregen. An diesem Ensemble kohärent angeregter Molekül-Schwingungsmoden wird nun ein weiteres Pump-Photon inelastisch, unter Aussendung eines zu den Anregungslasern blau verschobenen Anti-Stokes-Raman-Signal ω_{aS}, gestreut. Die Frequenz des Anti-Stokes-Raman-Signals ergibt sich aus der Energieerhaltung: $\omega_{aS} = 2\omega_P - \omega_S$ wobei $\omega_{aS} > \omega_P > \omega_S$ (siehe Abb. 2.7 A), während die Richtung des kohärenten CARS-Signals durch die Wellenvektorerhaltung bestimmt wird. Die Summe der Wellenvektoren der vier am Prozess beteiligten Photonen muss Null ergeben ($\Delta k = 0$ ($k_{aS} = k_p - k_S + k_P$)), damit das CARS-Signal maximal wird (siehe Abb. 2.7 B). In einer häufig gewählten Strahlengeometrie zur Einhaltung der Phasenanpassung werden die drei Laserstrahlen in drei Dimensionen angeordnet, was zu einer maximalen räumlichen Trennung von Laser- und Signallicht führt. Ein wesentlicher Vorteil der CARS-Spektroskopie ist, dass Fluoreszenz nicht stört, da das CARS-Signal blau verschoben zu den Anregungslasern ist. Die resultierenden Raman-Signale bei CARS sind zudem um mehrere Größenordnungen intensiver als beim klassischen Raman-Effekt. Da die Streustrahlung einen laserähnlichen Strahl bildet, ist es möglich ohne Monochromatoren zu arbeiten und eine hohe Auflösung zu erhalten. Diesen Vorteilen steht jedoch der Nachteil der kostenintensiven Ausrüstung und dem hohen experimentellen Aufwand gegenüber. Zur Erzeugung eines CARS-Signals benötigt man hohe Lichtintensitäten (Piko- bzw. Femtosekundenpulse) und mindestens zwei farblich durchstimmbare Kurzpulslaserquellen. Bei der Implementierung eines CARS-Mikroskops werden zwei kolineare Laserstrahlen (ω_p und ω_S) über ein Mikroskopobjektiv mit möglichst großem Öffnungswinkel auf einen Punkt in der Probe fokussiert. Bei Verwendung eines Mikroskopobjektivs, das heißt stark fokussierten Laserpulsen, ist die Phasenanpassung unkritisch, da das CARS-Signal nur über eine relativ kleine Fläche entsteht. Das CARS-Signal kann entweder in Vorwärtsrichtung (F-CARS) oder in Rückwärtsrichtung (EPI-CARS) detektiert werden (siehe Abb. 2.7 C). In der F-CARS-Anordnung wird also ein zweites Objektiv zum Sammeln des CARS-Signals, welches durch einen geeigneten Filter vom Anregungslicht abgetrennt werden kann, benötigt. Die Erzeugung eines EPI-CARS-Signal beobachtet man nur dann, wenn die Größe der zu untersuchenden Probe kleiner als die Wellenlänge der Anregungslaser ist. EPI-CARS bietet den Vorteil, dass man nur ein Mikroskopobjektiv benötigt und man daher auch ein konventionelles Fluoreszenzmikroskop einfach in ein CARS-Mikroskop umbauen kann. Durch gezieltes Abrastern der Probe lassen sich so

2D- und 3D-CARS-Bilder bestimmter Molekülschwingungen aufzeichnen, welche detaillierte chemische Strukturinformationen über die untersuchte Probe liefern (siehe CARS-Mikroskopiebild in Abb. 2.7 D).

Molekulare Bildgebungsverfahren erlangen in den letzten Jahrzehnten besonders in den Bereichen der Lebenswissenschaften als auch der Medizin immer mehr an Bedeutung. Hierbei gelingt es besonders den optisch basierten Methoden immer weiter in zelluläre und subzelluläre Regionen vorzudringen. Als besonders vorteilhaft hat sich dabei der Einsatz von spektroskopischen Verfahren erwiesen. Neben Bildinformationen bekommt man direkten molekularen

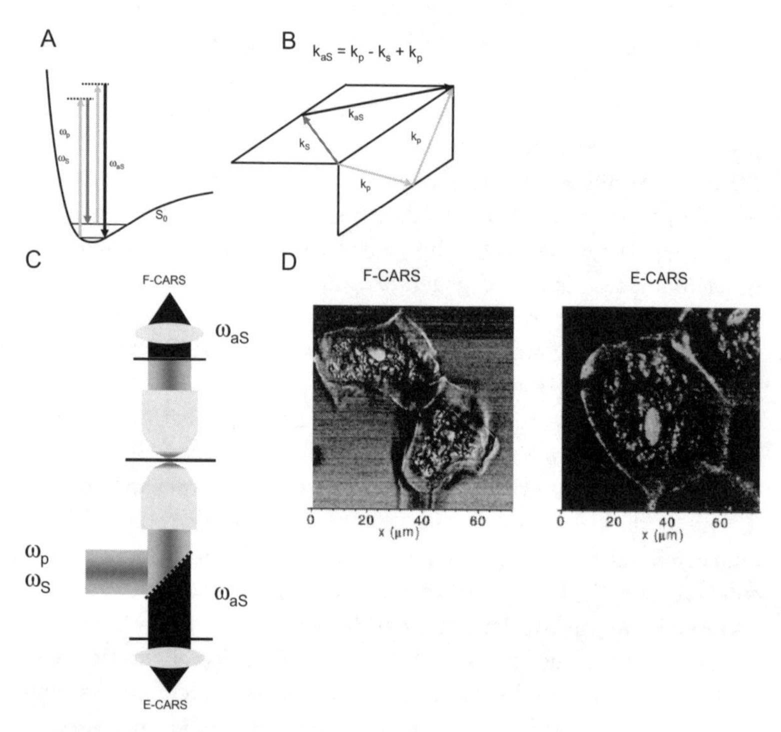

Abb. 2.7 Energieniveauschema (A) und Wellenvektordiagramm (B) zur Veranschaulichung der Energieerhaltung bzw. der Phasenanpassung innerhalb eines CARS-Prozesses. (C) Schematische Darstellung eines F- bzw. E-CARS-Mikroskops. (D) F- und E-CARS-Mikroskopiebilder von ungefärbten lebenden Epithelzellen aufgenommen für einen Raman-Shift von 1579 cm^{-1} im Fall des F-Cars-Bildes bzw. 1570 cm^{-1} für das E-Cars-Image. In diesem Wellenzahlenbereich findet man charakteristische Protein- bzw. Nukleinsäureschwingungen. (Bilder aus: A. Volkmer, J. Phys. D: Appl. Phys. 38, R59, 2005.)

Kontrast, was die Aufklärung von Zellfunktionen ermöglicht. Der Einsatz moderner Femtosekunden-Lasersysteme in der Mikroskopie ermöglicht zudem erstmals, nichtlineare Phänomene in der Diagnostik zu verwenden. Damit sind ganz neue faszinierende Einblicke in zelluläre Lebensvorgänge möglich. Die gewählten Beispiele innovativer Mikroskopietechniken zeigen das große Potenzial der Femtosekunden-Spektroskopie, welche ohne die großen Fortschritte auf dem Gebiet der Femtosekundenpuls-Lasertechnologien nicht möglich gewesen wären. Die hohen Intensitäten, welche sich mit Kurzpulslasern erreichen lassen, machen diese zu einem unverzichtbaren Werkzeug in der modernen optischen Fernfeldmikroskopie und sind heutzutage aus den modernen Lebens- bzw. Biowissenschaften nicht mehr wegzudenken.

Nicht nur die Mikroskopie hat sich in den letzten Jahren extrem gemausert, sondern es sind aufgrund der Fortschritte in Bereichen der Mikrosystemtechnik, der Nano- und Biotechnologie ganz neue Analysearchitekturen auf den Markt gekommen. Hierzu gehören beispielsweise miniaturisierte Chip-Systeme.

Nichts zu essen – Bio-Chips

Bestimmt haben Sie schon einmal von »Bio-Chips« gehört. Nein, wir meinen in diesem Zusammenhang nicht die gesunden Knabbereien aus dem Öko-Laden, sondern eine besondere Form von Reaktionsgefäßen, die so klein sind, dass Tausende von ihnen auf der Fläche einer Briefmarke oder eines Fingernagels Platz haben. Und weil die Versuche, die man mit solchen Reaktionsgefäßen machen kann, die Leistungsfähigkeit eines ganzen Analyselabors erreichen oder sogar übertreffen können, spricht man im Fachjargon gern vom »Lab-on-a-chip«. Seit ihrer ersten Beschreibung im Jahr 1995 haben die Bio-Chips die Genexpressionsanalyse revolutioniert.

Die Bezeichnung »Bio-Chip« rührt vermutlich daher, dass die Computertechnologie sich Mitte der 1990er Jahre in einer Hochphase befand und der Biotechnologie ein ähnliches Wachstumspotenzial vorausgesagt wurde. Da bot sich die Kombination aus »Bio« und »Chip« einfach an. Heute gibt es unter diesem Oberbegriff bereits einen ganzen Strauß verschiedener Chip-Technologien, die nach dem Untersuchungsgegenstand unterschieden werden, als da sind die

DNS-, Protein-, Peptid- und Proteom-Chips. Wenn die einzelnen Reaktionspunkte, auch Spots genannt, einen Durchmesser von weniger als 200 µm haben, spricht man auch von »Microarrays«. Dieser Begriff bezeichnet die Tatsache, dass eine »Große Aufstellung« (Array) auf kleinstem Raum Platz findet. Heutzutage gibt es Microarrays, die auf einem Quadratzentimeter mehr als 200.000 Reaktionspunkte beherbergen.

Wie wir schon in den einleitenden Kapiteln beschrieben haben, hat die Entschlüsselung des menschlichen Genoms der Medizin einen gewaltigen Auftrieb gegeben. Wie auch bereits kurz erwähnt, sind DNS-Chips, also Träger mit Tausenden winziger Reaktionsgefäße, ein essentielles Werkzeug der Genomforschung. Diese Chips finden ihre Anwendung vor allem in der biomedizinischen Forschung, um krankheitsverursachende Gene zu identifitzieren und zu sequenzieren. Zukünftig sollen sie auch verstärkt in der Diagnostik genutzt werden, zum Beispiel für die Früherkennung von Krankheiten, oder um Medikamentenverträglichkeiten von Patienten zu testen. Das Fernziel ist es, zu einer »Medizin nach Maß« beizutragen.

Man geht davon aus, dass alle intrazellulären Prozesse durch Proteine vermittelt werden. Daraus kann man folgern, dass sich die Unterschiede zwischen kranken und gesunden Zellen auch in der Zusammensetzung, der Zahl und der Struktur zellulärer Proteine niederschlagen wird.

Der Nachweis der Bindung zwischen dem gekoppelten und dem freien Interaktionspartner geschieht bei der Microarray-Technologie meistens über eine Messung von Fluoreszenzintensitäten. Die Fluoreszenzmoleküle sind in der Regel an den freien Liganden gebunden, so dass nach der Bindung beider Partner ein spezifisches Fluoreszenzsignal detektiert wird. Mit der Fluoreszenz haben wir uns ja schon in den einleitenden Kapiteln beschäftigt, im Folgenden wollen wir uns näher ansehen, wie das Fluoreszenzsignal durch einen Scanner gemessen und in ein digitales Format übersetzt werden kann.

Einen Scanner haben Sie ja vielleicht selbst zu Hause. Die Bedienung ist einfach: Man legt ein Bild oder eine Textseite zwischen eine Leuchtquelle und eine Abdeckung, drückt den »Scan«-Knopf und nach wenigen Minuten hat man ein digitales Abbild dessen, was man als Vorlage verwendet hat. Bevor durch die Heim-PC-Revolution Flachbett-Scanner für fast jedermann erschwinglich wurden, wurde dieses Prinzip bereits vor Jahrzehnten in Kopier- und Faxgeräten eingesetzt. Allerdings sind die Anforderungen an einen Microarray-Scanner, den Fachleute auch als »Reader«, also Lesegerät, bezeichnen, nun doch etwas größer. So muss ein Microarray-Scanner eine sehr hohe Auflösung besitzen. Er muss Spots mit einem Abstand von wenigen Mikrometern hinsichtlich ihrer Fluoreszenzintensität deutlich voneinander unterscheiden können. Nach der Messung werden die gelesenen Daten digitalisiert und in einem entsprechenden Bildformat bereitgestellt.

Herzstück eines Microarray-Scanners ist ein Laserstrahl. Er wird über verschiedene Filter, Linsen und Spiegel auf die Chip-Oberfläche gelenkt. Die Fluophore absorbieren das Laserlicht und emittieren längerwelliges Licht, das wiederum über Filter, Spiegel und Linsen in einen Photomultiplier geführt wird, der es verstärkt. Anschließend wird das Signal in eine digitale Information umgewandelt.

Das Prinzip der Laserumwandlung wird im Allgemeinen bei jedem Scanner eingesetzt, aber es gibt zwei grundlegende Unterschiede, auf welche Art der Laser den Bio-Chip abscannt. Zum einen kann sich bei einer stationären Laseroptik der Chip in X- und Y-Richtung bewegen. Die andere Möglichkeit ist, dass sich die Laseroptik in X- und Y-Richtung über einen stationären Chip bewegt. Die Aufgabe der Laseroptik ist dabei aber immer gleich: Sie besteht darin, dass die Fluorophore mit der erforderlichen Wellenlänge angeregt und die Emission mehr oder weniger gleichzeitig gemessen werden kann. Da in der Regel mindestens zwei verschiedene Fluorophore detektiert werden sollen, muss der Scanner in der Lage sein, die unterschiedlichen absorbierten und emittierten Wellenlängen zu messen. Moderne Scanner können durch Verwendung diverser Laser und Filter teilweise mehr als zehn verschiedene Fluorophore in einer Bandbreite von 488–652 nm messen. Sehr gute Scanner haben eine Auflösung von 3 µm. Ein weiteres Qualitätsmerkmal ist eine geringe Hintergrundstrahlung, die sich zum Beispiel durch die Verwendung von konfokalen optischen Systemen minimieren lässt.

3
Mehr Klarheit in der Krebsdiagnostik

Durch eine frühere und präzisere Diagnose könnten viele Tumortodesfälle verhindert werden. Die Biophotonik bietet neue viel versprechende Forschungsansätze, die Leben retten können.

Essen Sie gerne Kartoffelchips? Auch, wenn die Dinger dick machen, ab und zu greift doch jeder mal gerne in die Tüte. Doch in letzter Zeit ist uns wohl allen die Lust am Knabbern gründlich vergangen, denn nun wissen wir, dass Chips wie auch andere frittierte, gebackene oder stark gebratene Leckereien, Acrylamid enthalten. Und das bedeutet: Krebs. Der Sachverständigenrat für Umweltfragen der Bundesregierung schätzt, dass jährlich in Deutschland rund 10.000 Menschen durch den Verzehr von Acrylamid an Krebs erkranken. Hielt die Angst vor ein paar Pfunden zu viel uns nicht vom Chips-Genuss ab – die Angst vor Krebs wird doch dem einen oder anderen den Appetit verderben.

Auf kaum ein anderes Thema reagieren wir so sensibel wie auf das Thema Krebs. Denn die Gefahren lauern überall: Wir müssen um die Gesundheit unserer Kinder fürchten, wenn sie ihr Spielzeug in den Mund nehmen – Weichmacher im Plastik, so genannte Phthalate, stehen im Verdacht, die Nieren zu schädigen und Tumore auszulösen. Die EU hat die Verwendung dieser Stoffe bei der Spielzeugherstellung jetzt verboten. Auch der Feinstaub ist jetzt nur in »aller Munde« (in aller Lungen ist er ja schon seit Jahrzehnten), weil eine Studie mit über einer halben Million Menschen aus Nordamerika keinen Zweifel mehr daran lässt, dass die winzigen Ruß- und Staubteilchen Lungenkrebs hervorrufen können. Die Wissenschaftssendung »Sonde« des Südwest-Rundfunks titelte daraufhin: »Tod vom Feinsten – Stäube als unsichtbare Killer«.

Laser, Licht und Leben. Susanne Liedtke und Jürgen Popp

ISBN 3-527-40636-0

Der alltägliche Tod

Krebs ist als Bedrohung also nahezu allgegenwärtig. Leider kennt fast jeder von uns jemanden, der an einem Tumor erkrankte oder sogar daran gestorben ist. Krebs in seinen unterschiedlichen Erscheinungsformen ist nach den Herz-Kreislauf-Erkrankungen die zweithäufigste Todesursache in Deutschland. Jährlich erkranken hierzulande nach Schätzungen des Berliner Robert-Koch-Institutes fast 400.000 Menschen neu an Krebs. Allein im Jahre 2003 starben knapp 210.000 Patienten an den Folgen ihrer Krebserkrankung. Weltweit hat das Problem Krebs noch weitaus erschreckendere Dimensionen: Im Jahr 2000 erkrankten 10 Millionen Menschen neu an Krebs, weltweit lebten mehr als 22 Millionen Menschen mit einem Tumor, 6,2 Millionen erlagen ihrer Krankheit. Das bedeutet, dass über 12 % aller Todesfälle auf das Konto von Krebserkrankungen geht. Damit sterben weltweit, so die vielleicht für viele von uns überraschende Bilanz, mehr Menschen an Krebs als an Aids, Tuberkulose und Malaria zusammen.

Trotz aller milliardenschweren Forschungsprogramme und aufwändigen Präventionskampagnen ist die Zahl der Krebstoten nicht in dem Maße zurückgegangen, wie es wünschenswert wäre. Im Gegenteil: Die Deutsche Krebshilfe stellt die düstere Prognose auf, dass bis zum Jahr 2020 die Neuerkrankungsrate weltweit auf 15,7 Millionen steigen wird. Der Hauptgrund für diesen Anstieg ist die steigende Lebenserwartung. Die Menschen werden immer älter und damit häufen sich auch die Tumorfälle: Etwa 70 % der in Deutschland neu an Krebs erkrankenden Menschen sind älter als 60 Jahre. Das Phänomen der »Überalterung«, das die Medien gerne heraufbeschwören, stellt uns also nicht nur vor erhebliche finanzielle und gesellschaftliche, sondern auch vor medizinische Probleme, wobei natürlich alle drei Bereiche eng zusammengehören.

Krebs ist aber nicht nur eine Geißel der entwickelten Welt. Auch in den Entwicklungsländern gehört er zu den drei häufigsten Todesursachen bei Erwachsenen. Dabei haben die Menschen ihr Krebsschicksal zumindest ein Stück weit selbst in der Hand, betont die Deutsche Krebshilfe: Wenn die derzeitigen Raucherquoten und die oft ungesunde Lebensweise unverändert bleiben, wird die Zahl der Krebs-Neuerkrankungen in Zukunft sogar noch höher sein, schätzt die Organisation.

Die Diagnose Krebs bedeutet für den Betroffenen Schmerzen und Angst, für Freunde und Familie Sorge und Trauer. Nicht zu unterschätzen sind aber auch die Belastungen, die für die Gesellschaft entstehen. Die amerikanischen Gesundheitsbehörden schätzen die Gesamtkosten, die im Jahr 2000 durch Krebs entstanden sind, auf 180,2 Milliarden US-Dollar. Davon entfallen 60 Milliarden Dollar auf die direkten Kosten für die medizinische Behandlung. Eine weitaus größere Summe aber, über 120 Milliarden Dollar, verliert die Gesellschaft durch die Kosten, die durch den von Krankheit und Tod verursachten Produktionsausfall entstehen. Krebs hat also für jeden Amerikaner einen hohen Preis, auch wenn er selbst von der Krankheit verschont bleibt: 212 Dollar hat jeder US-Bürger im Jahr 2000 »ausgegeben«, um die von Tumorerkrankungen verursachten Kosten zu decken.

An dieser Stelle zeigt sich noch einmal die Brisanz der Tatsache, dass Krebs auch in den Entwicklungsländern immer mehr Menschen betrifft. Die 212 Dollar der Amerikaner sind nämlich das 19fache dessen, was ein Land wie Äthiopien für die gesamte medizinische Versorgung pro Kopf ausgeben kann. Das lässt befürchten, dass viele ärmere Gesellschaften schlicht zusammenbrechen könnten, wenn sich der Krebs weiter wie von der WHO befürchtet ausbreitet. Konsequenterweise müssen alle Anstrengungen dahin gehen, Krebs zu verhindern oder zumindest so früh wie möglich zu diagnostizieren.

Krebs ist dabei natürlich kein modernes Phänomen, sondern war schon immer ein dunkler Begleiter der Menschen. Im dritten Jahrhundert vor Christus lastete der griechisch-römische Arzt Galen die Entstehung von Geschwüren einem Ungleichgewicht zwischen den vier Körpersäften Blut, Schleim, gelbe und schwarze Galle an. Er glaubte, dass ein Tumor entstand, wenn sich zu viel schwarze Galle (lat. *melancholia*) im Körper ausbreitete. Galens Theorie beeinflusste die Medizin bis in die Neuzeit: Krebs galt immer als systemische Krankheit, die den Körper als Ganzes betrifft und nicht als örtlich begrenztes Versagen eines Organs angesehen werden kann. Außerdem brachte man in Anlehnung an die Ausbreitung der schwarzen Galle die Krebsentstehung mit Depressionen in Zusammenhang.

Den Gedanken, dass die Ursachen für eine Krebserkrankung auch von außen kommen könnten, führte der Londoner Arzt Percival Pott in die Medizin ein: Er hatte um 1775 beobachtet, dass Männer, die in ihrer Jugend als Schornsteinfeger gearbeitet hatten, später ungewöhnlich häufig an Hodenkrebs erkrankten. Ursache dafür war offensichtlich der Teer aus den Kaminen. Mitte des 19. Jahrhunderts stellte man fest, dass Arbeiter in ostdeutschen Pechblendegruben sehr oft an Lungenkrebs starben und wenig später stellten einige Ärzte bereits einen Zusammenhang zwischen dem Tabakschnupfen oder dem Zigarrerauchen und Krebserkrankungen des Mundes her. Krebs galt damit nun immer mehr als Krankheit der Zivilisation und des Luxus: Die noch junge Wissenschaft der Epidemiologie offenbarte zu Beginn des 20. Jahrhunderts eine Verbindung zwischen Fleischkonsum und Krebs, denn bei den viel Fleisch essenden Deutschen, Iren und Skandinaviern waren Tumorerkrankungen viel häufiger zu beobachten als bei Italienern und Chinesen, die sich hauptsächlich von Nudeln bzw. Reis ernährten.

Krebs ist dabei kein einheitliches Krankheitsbild. Hinter dem Begriff verbergen sich weit mehr als hundert verschiedene bösartige Erkrankungen. Die amerikanischen Forscher Harold Varmus und Robert A. Weinberg beschreiben die Krankheit in ihrem Buch »Gene und Krebs« als einen »Irrweg der Natur«. Krebszellen, so erläutern sie, überschreiten Grenzen, die sie eigentlich einhalten müssten, und zeigen nicht mehr die Eigenschaften des Zelltyps, von dem sie abstammen. Dennoch, so betonen Varmus und Weinberg »haben gerade diese Zellen mit ihrer gefürchteten Wirkung auf den Gesamtorganismus den Biologen viele Aufschlüsse über die entscheidenden Vorgänge geliefert, die den normalen Ablauf von Wachstum und Entwicklung bestimmen«.

Wenn Zellen Amok laufen

Die wichtigste Erkenntnis der letzten Jahre war, und der eben zitierte Robert Weinberg hat dazu entscheidend beigetragen, dass Krebs eine genetische Erkrankung ist. Er entsteht, wenn sich bestimmte Abschnitte der Erbsubstanz, die Gene, verändern und diese Veränderungen nicht mehr repariert werden können. Man kann es sich so vorstellen: Tumore entstehen aus Amok laufenden Zellen. In jeder friedlichen Körperzelle schlummert das Potenzial, zur Killerzelle zu werden, wenn ihr fein reguliertes Gleichgewicht aus wachstumshemmenden und -fördernden Faktoren aus den Fugen gerät. Die Entstehung eines Tumors geht stets von einer einzelnen Zelle aus, in deren genetischer Ausstattung Veränderungen auftreten. Meist kommen mehrere zusammen, die über einen längeren Zeitraum nacheinander in Erscheinung treten. Sie verschaffen der Zelle vermeintliche Vorteile: Sie kann besser und schneller wachsen und sich vermehren. Doch in unserem Körper ist es nicht vorgesehen, dass ein Einzelner sich rücksichtslos durchsetzt, vielmehr beruht das reibungslose Funktionieren aller Organe auf einem präzise austarierten Wechselspiel zwischen den Zellen und Organen. Tanzt da eine Zelle aus der Reihe und verdrängt durch ungebremstes Wachstum und Teilung andere, dann führt das zu schweren Erkrankungen, vor allem, wenn die »Töchter« einer solchen aggressiven Zelle in andere Gewebe und Organe auswandern.

Mit diesen genetischen Ursachen der Tumorentstehung hängt es auch zusammen, dass mit steigendem Alter das Krebsrisiko steigt: Je älter der Mensch wird, desto unzuverlässiger arbeitet das Reparatursystem der Gene. Es ist quasi keine Polizei mehr da, die den Amokläufer Krebszelle einfängt.

Auf der anderen Seite waren Chemiker und Physiologen sehr aktiv bei der Suche nach Faktoren, die diese Gentypen so beeinflussen, dass es schließlich tatsächlich zur Tumorentstehung kommt. Sehr viele Krebserkrankungen – der Berliner Pharmakologe Jürgen Brockmüller spricht sogar von »den meisten« – können auf chemische Umwelteinflüsse zurückgeführt werden, die in unserer Atemluft als Abgase oder Tabakrauch und als Belastungen unserer Nahrung und unseres Wassers leider fast allgegenwärtig sind – so wie wir es zu Beginn des Kapitels für belastete Knabberwaren und Feinstaub beschrieben haben. Polyzyklische aromatische Kohlenwasserstoffe zum Beispiel treten in gegrillten Speisen, im Tabakrauch oder in Abgasen auf. Aromatischen Aminen sind manche Menschen an ihrem Arbeitsplatz ausgesetzt, sie sind aber auch im Zigarettenrauch enthalten und heterozyklische aromatische Amine entstehen, wenn Fleisch oder Fisch bei großer Hitze zubereitet werden. Nun kann man es sich aber nicht so einfach vorstellen, dass wir einen dieser Stoffe schlucken und schon beeinflusst er an der einen oder anderen Stelle unseres Körpers ein Gen so, dass es die Entartung der Zelle in Gang bringt. Vielmehr ist es meistens erst die Umwandlung der Schadstoffe durch die Enzyme unseres Organismus, die zur Krebsentstehung führt. Hier spielen also sehr viele Faktoren eine Rolle, die die Wissenschaftler erst nach und nach entdecken und benennen können.

Die Komplexität dieses Zusammenspiels macht es der Medizin schwer, die Entstehung eines Tumors zu beeinflussen – sein Wachstum also zu verlangsamen, zu stoppen oder möglichst ganz zu verhindern.

Hier gilt die Devise: Gefahr erkannt, Gefahr gebannt – je früher ein Krebsherd aufgespürt wird, desto besser ist die Krankheit heilbar. Doch das stellt trotz aller Fortschritte die Mediziner nach wie vor vor ein großes Problem: Auch der größte Tumor fängt ganz klein an, nämlich mit einer einzelnen Zelle. Diese kann sich – oft zunächst völlig unbemerkt – über Jahre und Jahrzehnte vermehren. Schließlich lösen sich einzelne Nachkommen aus dem Gewebe und siedeln sich anderswo im Körper an und erst damit wird der Krebs eigentlich zur tödlichen Erkrankung. Wird ein Tumor entdeckt, bevor er »gestreut« hat, wie die Mediziner sagen, gelingt es meist, ihn durch Operation zu entfernen und/oder ihn durch Bestrahlung und Chemotherapie abzutöten. Die Frage ist und bleibt: Wie erkenne ich, dass eine Zelle dabei ist, auf den »Irrweg« zu geraten, von dem Varmus und Weinberg sprechen? Kann ich bereits der allerersten Zelle eines Krebsherdes ansehen, dass sie dem Organismus gefährlich werden kann?

Leistungsfähige Diagnosen

Wenn wir uns die Fülle der bösartigen Tumorerkrankungen vor Augen führen, leuchtet es ein, dass nicht alle Typen einer frühen Diagnose gleich gut zugänglich sind. Je nachdem, wo der Tumor vermutet wird, sind heute das Röntgen (z. B. bei Lungen-, Magen- oder Brustkrebs), die Endoskopie (z. B. bei Darm- und Gebärmutterkrebs) sowie Blut- und Gewebeuntersuchungen die Methoden der Wahl. In zunehmendem Maße erobern aber auch optische Technologien das Gebiet der Krebsdiagnose und wir wollen uns, bevor wir zwei hochinnovative Ansätze aus der neuesten Forschung kennen lernen, zunächst einen allgemeinen Überblick über diese Techniken verschaffen.

Auch die optischen Methoden in der Krebsdiagnose beruhen auf der Information, die wir aus der Wechselwirkung von Licht mit biologischem Gewebe gewinnen können. Hier begegnen wir alten Bekannten aus den einleitenden Kapiteln – nämlich den Lichteigenschaften Polarisation, Wellenlänge, Kohärenz und der räumlichen und zeitlichen Ausdehnung. Die optischen Diagnosetechniken lassen sich je nach der beobachteten Eigenschaft einteilen – da gibt es welche, die räumliche Informationen über das Gewebe liefern, wie zum Beispiel die In-situ-Mikroskopie. Diese Verfahren sind zur Erkennung früher Krebsstadien besonders wichtig, da dann noch keine Biopsien vorgenommen werden können. Größere Tumore dagegen zeigen schon deutlich andere optische Eigenschaften als ihre gesunde Umgebung und können deshalb mit Methoden, die sich der Lichtstreuung bedienen, untersucht werden. Hier ist als Beispiel die Optische Tomographie zu nennen. Für endoskopische Untersuchungen sind spektroskopische Methoden geeignet, die unter anderem die Phänomene der Fluoreszenz und der Biolumineszenz nutzen.

Eine Methode der In-situ-Mikroskopie ist die Kolposkopie. Das Wort leitet sich aus dem Griechischen ab, wobei der Wortteil *Kolpo* für »Scheide« steht, *skopie* bedeutet »spähen« oder »betrachten«. Die Kolposkopie ist eine frauenärztliche Untersuchung, bei der die Scheide und vor allem der Muttermund mit einem speziellen Mikroskop, dem Kolposkop betrachtet werden. Sie ist der erste Diagnoseschritt für Frauen, die einen auffälligen Befund bezüglich des Gebärmutterhalses oder eine Papilloma-Virus-Infektion haben. Das Kolposkop ist ein stereoskopisches Instrument, das eine um den Faktor 4 bis 40 vergrößerte dreidimensionale Darstellung des Gebärmuttereinganges und der angrenzenden Regionen erlaubt. Anhand der Oberflächenkontur und -farbe des Gewebes sowie der Beobachtung, wie klar sich eventuelle Läsionen gegenüber den anderen Geweben abgrenzen und ob sie schon von Gefäßen durchzogen sind, kann der Arzt Schlussfolgerungen über das Vorliegen und den Grad einer Krebserkrankung ziehen.

Um die Genauigkeit der schon seit 1925 angewandten kolposkopischen Diagnose zu erhöhen, sind in den letzten Jahren neue Techniken wie die Kombination mit digitalen Imaging-Systemen und mit größeren medizinischen Datennetzen entwickelt worden. Gerade Letzteres, auch Telekolposkopie genannt, verbessert die medizinische Versorgung von Frauen in ländlichen Gebieten, deren Befunde via Datenleitung an Experten in entfernten Spezialkliniken übermittelt werden können, und die Qualitätskontrolle in klinischen Studien.

Je früher, desto besser?!

Die Idee, Tumore so früh wie möglich aufzuspüren, ist bereits mehr als 100 Jahre alt. Anfang des 20. Jahrhunderts appellierten deutsche Ärzte erstmals an die Bevölkerung, bei verdächtigen Symptomen nicht zu lange mit dem Arztbesuch zu warten. Kampagnen, die zur Krebsfrüherkennung aufforderten, gab es in allen Jahrzehnten, unabhängig vom politischen System. 1971 schließlich entschied man, die Krebsvorsorge in Westdeutschland als kostenlose Leistung der gesetzlichen Krankenkassen anzubieten. Gestuft nach Altersgruppen können sich Frauen seitdem jährlich auf Brust-, Gebärmutterhals-, Haut- und Darmkrebs untersuchen lassen und Männer auf Haut-, Darm- und Prostatakrebs. Doch die Akzeptanz des Angebotes ist eher niedrig: So nahmen 1999 nur etwa jede zweite Frau und jeder sechste Mann die Vorsorge in Anspruch. Die Deutsche Krebshilfe und die Deutsche Krebsgesellschaft investieren viel Geld und Ideen in Initiativen, um die Menschen zu einer Beteiligung an den Programmen zu ermuntern.

Früherkennung in der Diskussion

Grundsätzlich gilt, dass eine frühe Diagnose die Heilungschancen bei Krebserkrankungen erhöht. Dennoch hat die Früherkennung abhängig von der Krebsart, dem angewendeten Verfahren und der persönlichen Situation des Betroffenen ein ganz unterschiedliches Potenzial. Entsprechende Programme werden deshalb vor dem Hintergrund negativer Erfahrungen manchmal durchaus kritisch gesehen.

Das erste Problem: Die Früherkennung entdeckt auch Tumore, die so langsam wachsen, dass sie für den Patienten zu Lebzeiten nie ein Problem darstellen. Prostatakarzinome zum Beispiel können sehr unterschiedliche Folgen habe. Es gibt aggressiv wachsende Tumore, die nach kurzer Zeit zum Tode führen. Auf der anderen Seit gibt es aber auch sehr langsam wachsende Formen, die dem Betroffenen nie Schwierigkeiten bereiten. Gewebeuntersuchungen bei Männern, die an anderen Ursachen verstorben waren, zeigen, dass bei jedem dritten Mann ab fünfzig und sogar jedem zweiten ab achtzig ein kleiner Tumor in der Prostata wächst. Die Krebsstatistiken zeigen aber, dass nur 3 % der Männer an einem solchen Tumor sterben. Bei sehr vielen ihrer Geschlechtsgenossen würde ein frühes Erkennen ihres Krebses nur dazu führen, dass sie ihre restlichen Lebensjahre in großer Sorge verbringen.

Das zweite Problem entsteht dort, wo die Früherkennung Tumore aufspürt, die nicht heilbar sind. Dies ist bei bestimmten Formen von Brustkrebs der Fall, die bereits in einem sehr frühen Stadium metastasieren, manchmal schon, bevor sie mit Hilfe der Früherkennung erfasst werden können. Erfährt eine Patientin dann von ihrem Tumor, ist die Konsequenz nicht, dass die tödliche Gefahr zu bannen ist, sondern nur, dass die Betroffene früher davon erfährt – es verlängert sich unter Umständen nicht die Überlebenszeit, aber die Leidenszeit für Patientin und Angehörige.

Das dritte Problem ist, dass es immer wieder zu so genannten falsch-positiven Diagnosen kommt, die Krebsfrüherkennung also einen Krebs vermutet, wo gar keiner ist. Die Zeit, bis sich der Verdacht als falsch erweist, ist für die Leidtragenden eine lange schwere Phase. Dass insgesamt in der Früherkennung mehr falsch- als richtig-positive Ergebnisse auftreten, liegt nach einem Artikel im »Spektrum der Wissenschaft« aus dem Jahr 2003 daran, dass die Krebsarten, die untersucht werden, für sich genommen keine sehr häufigen Todesursachen sind. Das Magazin macht folgende Rechnung auf: Von 1000 Frauen im Alter von 65 Jahren werden in den nächsten zehn Jahren neun an Brustkrebs sterben. Ein Test könnte im Idealfall diesen neun Frauen durch Früherkennung das Leben verlängern. Doch bei rund 990 besteht die Gefahr einer Fehldiagnose und im Fall der Mammographie erhalten tatsächlich je nach Qualität des Programms zwischen 250 und 500 dieser Frauen einen unberechtigt verdächtigen Befund.

Die Weltgesundheitsorganisation legt aufgrund dieser auftretenden Probleme eine hohe Messlatte an Früherkennungsprogramme:

- Der zu untersuchende Tumor muss tödlich sein.
- Er muss sich so langsam entwickeln, dass es eine heilbare Phase gibt.
- Er muss in einer sehr frühen Phase erkennbar sein.
- Der Nutzen der verwendeten Diagnosemethode muss den Schaden überwiegen (Röntgenstrahlen, wie sie beispielsweise in der Mammographie verwendet werden, können unter Umständen selbst Krebs auslösen).
- Es sollten keine anderen Vorbeugungsmaßnahmen existieren (beispielsweise ein Verzicht auf das Rauchen bei Lungenkrebs.)

So ordnete die Deutsche Krebshilfe den einzelnen Krebsarten Monate zu, um in dieser Zeit spezielle Aktionen rund um das Thema zu veranstalten.

Seit 2002 ist der März in Deutschland »Darmkrebsmonat«. Diese Krebsart gehört in Deutschland zu den häufigsten, jährlich erkranken nach Angaben der Deutschen Krebshilfe 66.000 Menschen neu an Darmkrebs. Und sie ist die zweithäufigste Krebstodesursache in Deutschland, 30.000 Menschen sterben jedes Jahr daran. Die Hälfte davon, betont die Deutsche Krebshilfe, könnte durch eine konsequente Darmkrebs-Früherkennung gerettet werden. Zu den von den Krankenkassen finanzierten Untersuchungen gehören für 50–55-jährige einmal im Jahr ein Test auf verborgenes Blut im Stuhl und für Menschen über 56 eine Darmspiegelung alle zehn Jahre. Bei einer solchen Darmspiegelung wird vom After her ein Endoskop in den Darm eingeführt. An dem Endoskop befindet sich eine Lichtquelle mit deren Hilfe der Arzt die Darmschleimhaut ausleuchten und mit Lupenvergrößerung betrachten kann. Findet er dabei Polypen – gutartige Wucherungen, die mögliche Vorläufer des Dickdarmkrebses darstellen – kann er diese gleich entfernen und so hundertprozentig heilen. Kleine Tumore, die auf diesem Weg in sehr frühem Stadium erkannt werden, können zu 90 % durch eine rechtzeitige Operation und meist ohne künstlichen Darmausgang entfernt werden. Die Deutsche Krebshilfe geht davon aus, dass heute 85 % aller Darmkrebsfälle geheilt werden können, wenn alle Warnzeichen rechtzeitig beachtet werden.

Bösartige Dickdarmtumore entwickeln sich hauptsächlich aus der Darmschleimhaut. Ihre Zellen sterben, genau wie die unserer Haut, regelmäßig ab und werden nach und nach in das Darminnere abgeschilfert. Um Ersatz für die verlorenen Zellen zu schaffen, finden in Vertiefungen der Schleimhautoberfläche ständig Zellteilungen statt. Dort liegen undifferenzierte Stammzellen, die sich dauernd vermehren. Nach ihrer Entstehung in der Vertiefung wandern die Zellen langsam zur Oberfläche der Darmschleimhaut. Auf diesem Weg erwerben sie die Fähigkeit, Nährstoffe und Wasser zu absorbieren und beginnen hier auch mit der Ausscheidung des Schleims, der die Darminnenwand schützt und als eine Art Gleitmittel den leichten Transport des Stuhls durch den Darm ermöglicht.

Alle bisher angewendeten Diagnosemethoden für Darmkrebs haben einen entscheidenden Nachteil: Mikroskopisch kleine Tumore, die sich noch mit minimalem chirurgischen Aufwand entfernen lassen, können sie nicht aufspüren. Hier kommt den Medizinern wieder einmal das Licht zu Hilfe. Hinter der Abkürzung PLOMS verbirgt sich ein Forschungsverbund, der eine neuartige hochempfindliche optische Methode zur Diagnostik von Darmkrebs entwickelt.

Dr. Andreas Frey ist der Koordinator dieses Forschungsverbundes, dem außerdem die Laser- und Medizin-Technologie GmbH in Berlin und die Gesellschaft für Silizium-Mikrosysteme mbH im sächsischen Großerkmannsdorf angehören. Der Leiter einer Laborgruppe am Leibniz-Zentrum für Medizin und Biowissenschaften in Borstel beschäftigt sich mit der Immunabwehr, die die Schleimhäute unseres Körpers leisten. Sie bilden die flächenmäßig größte Kontaktstelle des Menschen mit seiner Umgebung – allein die Darmschleimhaut würde auseinander gefaltet 300 Quadratmeter bedecken – und stellen natürlich damit eine große Angriffsfläche für krankheitserregende Stoffe oder Organismen dar. Die Immunabwehr an diesen Körpergrenzflächen ist jedoch noch wenig erforscht und genau das ist das Arbeitsgebiet von Andreas Frey und seinen Mitarbeitern der Laborgruppe »Mukosaimmunologie«.

Den Krebs zum Leuchten bringen

Freys Idee dabei ist: Wenn die Schleimhaut, zum Beispiel im Darm, eine Art Einfallstor für Substanzen aller Art ist, dann muss man sie doch auch dafür nutzen können, Impfstoffe oder Substanzen, die zur Diagnose oder Behandlung von Krankheiten dienen, in den Körper zu bringen.

Doch bevor Stoffe von den Zellen der Darmschleimhaut aufgenommen werden, müssen sie eine Barriere überwinden: Auf der dem Darminneren zugewandten Seite der Zellen befindet sich eine Art Vlies aus zuckerhaltigen Eiweißmolekülen, die der Fachmann als Glykokalyx bezeichnet. »Man kann sich diese Schicht wie ein dicht gewebtes Tuch vorstellen, das von der Zelle selbst produziert wird und in ihr verankert ist«, erläutert Frey. Zur eigentlichen Oberfläche der Zelle mit ihren vielfältigen Bindestellen können deshalb nur ganz bestimmte Stoffe vordringen. »Das ist einerseits ein wirksamer Schutz für unseren Körper«, betont der Molekularbiologe, »andererseits hindert die Glykokalyx uns daran, gezielt Stoffe zu den Schleimhautzellen zu bringen.«

Bei ihren Untersuchungen zur Schleimhautimmunität machten die Borsteler Forscher eine interessante Entdeckung: Das Vlies auf den Zellen verändert sich, wenn diese zu Krebszellen entarten – die Schicht wird mit fortschreitender Krebsentwicklung immer durchlässiger. Könnte man also ein Maß oder eine Markierung für die Durchlässigkeit der Glykokalyx finden, dann könnte man in der Darmwand diejenigen Stellen ausfindig machen, an denen ein Tumor in Entstehung begriffen ist – im Idealfall schon von der ersten entarteten Zelle an.

Stellen Sie sich vor, Sie haben eine Lieblingsdecke, die Sie sehr oft benutzen. Mit der Zeit wird sie fadenscheinig werden, das Gewebe verliert seine Dichte und es entsteht auch das eine oder andere Loch. So ähnlich verhält es sich mit der Glykokalyx auf entartenden Tumorzellen. Während Sie aber die Größe der Löcher in Ihrer Kuscheldecke sehen und fühlen können, haben Mediziner diese Möglichkeiten nur eingeschränkt, wenn sie in den Darm eines Patienten schauen: Sie sehen die Schäden erst, wenn es zu spät ist, und dem Tastsinn entzieht sich das Innere des Darmes sowieso (auch hier bietet die Biophotonik eine faszinierende Alternative, das »optische Fühlen«. Aber das wird uns erst an einer späteren Stelle beschäftigen).

Der Trick, den die Wissenschaftler des Verbundes PLOMS anwenden möchten, um die auf eine Tumorbildung hinweisenden Schwachstellen in der Glykokalyx zu finden, ist nun folgender: Sie lassen, vereinfacht ausgedrückt, Kügelchen unterschiedlicher Größe durch das Zellvlies fallen. Sie bleiben dann auf der Oberfläche der Zelle haften. Nur dort, wo die Glykokalyx »fadenscheinig« geworden ist, gelangen die Partikel auf die Zelle. Da Frey die Kügelchen vorher mit einem Fluoreszenzfarbstoff markiert hat, kann er sie leicht ausfindig machen, wenn er die Darmwand mit Licht bestrahlt. Und da er weiß, welche Größe die Partikel hatten, die er eingesetzt hat, kann er auf die »Löchrigkeit« der Glykokalyx schließen und mit dem Stadium der Entartung der Zellen ins Verhältnis setzen (Abb. 3.1).

Idealerweise können so schon kleinste Krebsherde im Darm erkannt und gleich entfernt werden. In einem weiteren Schritt hoffen die Wissenschaftler dieses System auch für die Therapie einsetzen zu können: Dazu würden sie an die Partikel keine fluoreszierenden Substanzen anbringen, sondern Farbstoffe, die bei der Bestrahlung mit Licht eine extrem reaktive Sauerstoffverbindung erzeugen, die wiederum den Tumor zerstört. Dies nennt man eine photodynamische Therapie.

Die Lösung, die die PLOMS-Forscher für das Problem einer möglichst frühen Diagnose von Schleimhauttumoren gefunden haben, scheint ebenso einfach wie wirkungsvoll zu sein. Aber noch haben die Wissenschaftler mit einer großen Herausforderung zu kämpfen: Sie müssen Stoffe finden, die an die Oberfläche der Scheimhautzellen binden. Und zwar an Stellen, die nur dann zugänglich sind, wenn die Glykokalyx nicht mehr da ist. Denn nur dann können Frey und seine Kollegen die Fluoreszenzfarbstoffe zum Nachweis fest in der Zellmembran verankern und sicher sein, dass sich über der entsprechenden Stelle kein Vlies mehr befunden hat. Außerdem müssen die Substanzen natürlich auch soweit den Verdauungssäften widerstehen können, dass sie überhaupt bis zu den Schleimhautzellen vordringen.

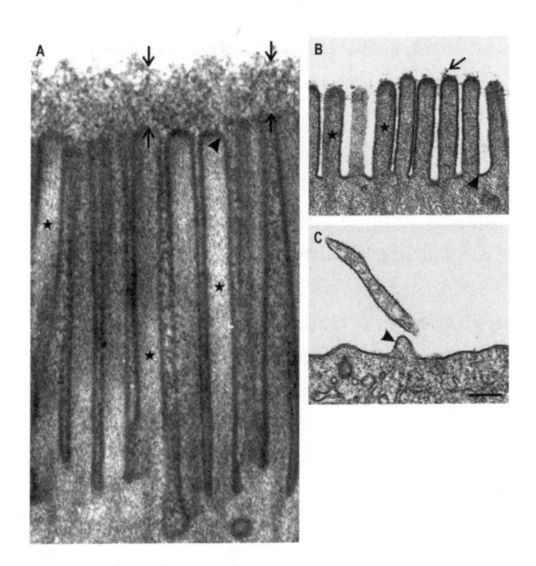

Abb 3.1 Glykokalyx. Die Membran von Darmtumorzellen ist besser zugänglich als die gesunder Darmschleimhautzellen. Elektronenmikroskopische Aufnahme von gesunden (A), schwach (B) und stark entarteten (C) humanen Darmschleimhautzellen nach Färbung mit reduziertem Osmiumtetroxid. Während die gesunden Darmepithelzellen eine ausgeprägte Glykokalyx aufweisen, welche die Zellmembran abschirmt, gehen Glykokalyx und Mikrovilli mit zunehmender Entartung der Zellen verloren. Die Glykokalyx ist durch offene Pfeile, die Zellmembran durch Pfeilspitzen und die Mikrovilli sind durch Sterne hervorgehoben. (Mit freundlicher Genehmigung der Arbeitsgruppe PLOMS.)

Weil Andreas Frey eigentlich Immunologe ist und sich unter anderem mit Mikroorganismen beschäftigt, die es schaffen, in unseren Darm einzudringen und dort schädliche Substanzen freizusetzen, hat er einfach abgeschaut, wie die Mikroben es machen.

Die Erreger der Cholera, kommaförmige Bakterien der Art *Vibrio cholerae*, produzieren ein Gift, das so genannte Cholera-Toxin, das die schweren Durchfälle und den Wasserverlust verursacht, die mit der Krankheit einhergehen. Das Cholera-Toxin besteht aus 755 Aminosäuren, die sich in fünf identische B-Untereinheiten und eine A-Untereinheit aufteilen (ohne auf diese Einheiten genauer eingehen zu wollen). Über die B-Untereinheit bindet das Cholera-Toxin an einen Rezeptor auf der äußeren Oberfläche der Plasmamembran der Darmschleimhautzellen. Diesen Rezeptor bezeichnet man als Gangliosid G_{M1}. In der Folge ist die Signalabschaltung in der Zelle blockiert, was schwere Konsequenzen hat.

Da das Cholera-Toxin äußerst »erfolgreich« dabei ist, die Darmschleimthautzellen zu erreichen – es kann über mehrere Stunden den Verdauungsenzymen widerstehen und bringt den richtigen »Schlüssel« mit (nämlich die B-Untereinheit), um in ein zelluläres »Schloß« (das Ganliosid G_{MI}) zu passen – hat Andreas Frey das Bakteriengift als Modell für seine Zwecke ausgewählt. Cholera-Toxin konnte eingesetzt werden, um Antigene an die Schleimhautoberfläche zu bringen.

Nach diesem Vorbild suchen Frey und die Kollegen aus dem PLOMS-Projekt nun nach kleinen Eiweißkörpern, so genannten Peptiden, die die zur Tumordiagnostik einzusetzenden Partikel an die Wand der Krebszelle binden. Peptide sind in ihrer Zusammensetzung aber ungeheuer variabel, da die Anzahl und Reihenfolge ihrer einzelnen Bausteine, der Aminosäuren, frei wählbar ist. Insgesamt sind auf dem Markt zur Zeit 100 solcher Aminosäurebausteine erhältlich. Wenn man sich ein Peptid mit 20 Elementen zusammenstellen will, hat man also 20^{100} Möglichkeiten – und bräuchte mehr Kohlenstoffatome, als auf der ganzen Erde vorhanden sind. Davon, diese Peptide alle auf ihre Eignung testen zu wollen, kann natürlich gar keine Rede sein. Deshalb hat Andreas Frey mal wieder bei der Natur »abgeguckt«: In dem von ihm koordinierten PLOMS-Projekt spielen die Wissenschaftler Evolution. Sie wollen so ein Leitpeptid finden, dass die Eigenschaften Verdauungsstabilität und möglichst gute Bindung an das Gangliosid G_{MI} miteinander verbindet. »Heute gibt es noch kein Verfahren, mit dem man eine solche Struktur in angemessener Zeit und mit vertretbaren Kosten entwickeln kann«, sagt Andreas Frey. Deshalb »züchten« die Forscher die Peptide im Computer. Dabei imitieren sie genau den natürlichen Evolutionsprozess, wie er sich auf der Ebene der DNS vollzieht. Sie folgen den Regel der genetischen Rekombination und lassen auch Punktmutationen zu. »Die neue vielversprechende Generation von Peptiden wird dann von unseren Chemikern synthetisiert, muss sich in biologischen Bindungsstudien neu bewähren und die besten Kandidaten werden dann in einer neuen Runde im Computer miteinander gekreuzt,« verdeutlicht Frey das Verfahren. »Es ist wie ein Ping-Pong-Spiel bei dem der Ball ständig zwischen Biologie, Chemie und Informatik hin und her gespielt wird«. Eine Disziplin alleine könnte eine solch anspruchsvolle Aufgabe wie die Entwicklung dieser Technologie-Plattform niemals bewältigen, ist der Molekularbiologe überzeugt.

Tumore fühlen ohne sie zu berühren

Auch im Rahmen des Verbundprojektes MIKROSO haben sich Wissenschaftler unterschiedlichster Disziplinen zusammengefunden, um nach einem Unterscheidungsmerkmal zwischen gesundem Gewebe und Krebszellen in frühestem Stadium zu suchen. Gerd von Bally von der Universität Münster koordiniert diese Anstrengungen, die Diagnose von Tumoren zu optimieren. Die MIKROSO-Verfahren, die zugegebenermaßen äußerst komplizierte Namen wie »Optische Kohärenztomographie« und »holographische Mikro-Interferometrie« tragen, nutzen die Tatsache aus, dass zwischen gesundem und krankem Gewebe Unterschiede in den zellulären Eigenschaften bestehen, die sich bereits sehr früh in Änderungen der Elastizität oder in Form von Mikrobewegungen äußern. Bisher hat man die zellulären Lebensvorgänge hauptsächlich anhand von morphologischen und biochemischen Indikatoren analysiert.

Um die Methoden verstehen zu können, müssen wir uns aber zunächst kurz mit der Holographie beschäftigen. Sie alle haben wahrscheinlich mindestens ein Hologramm in ihrer Brieftasche – jedenfalls soweit Sie in Besitz einer Kredit- oder EC-Karte sind. Darauf befindet sich in einer Ecke ein kleines reflektierendes Bild, das, wenn man die Karte hin- und herdreht, bunt schillert und dreidimensional erscheint. Was wir heute so selbstverständlich in die Tasche stecken, geht zurück auf eine Erfindung des ungarisch-stämmigen englischen Wissenschaftlers Dennis Gabor. Der wollte 1947 ein Elektronenmikroskop mit einer höheren Auflösung bauen und nutzte dazu eine Technik, die er »Wellenfront-Rekonstruktion« nannte. Damals hatte er mit dieser Entwicklung keinen Erfolg, aber in den 1960er Jahren eröffnete sie der Fotographie plötzlich völlig neue Möglichkeiten: In Verbindung mit der gerade aufkommenden Lasertechnologie war man mit Hilfe von Gabors Entdeckung in der Lage, dreidimensionale Bilder zu machen. Man nannte sie »Hologramme«, was aus dem Griechischen stammt und frei übersetzt »Beschreibung des Ganzen« heißt.

Um ein Hologramm zu erzeugen, teilt man einen Laserstrahl in zwei Teile. Den einen nutzt man, um das zu untersuchende Objekt zu beleuchten, seine reflektierte Wellenfront nennt man die »Objektwellenfront«. Der andere Teil, die so genannte Referenzwelle, ist direkt auf das holographische Aufzeichnungsmedium gerichtet. Die Objekt-

und die Referenzwelle interferieren und formen ein mikroskopisches Interferenzmuster, das Hologramm. Die Holographie zeichnet also ein präzises Muster des Lichtes auf, das von dem Untersuchungsobjekt reflektiert wird. Daraus resultiert ein Bild, das zunächst langweilig und nichtssagend aussieht: Man sieht bei normalem Licht nur schwarz-weiße Muster aus Streifen und Wirbeln. Betrachtet man das Hologramm allerdings mit einem Laserstrahl, offenbart sich einem ein dreidimensionales Bild des ursprünglichen Objektes. Das Bild auf Ihrer Kreditkarte ist dagegen ein Weißlichthologramm. Für die Betrachtung dieser Variante ist kein Laserlicht notwendig (was im Alltag ja auch unpraktisch wäre). Vielmehr wählt ein so genanntes Tiefengitter aus dem weißen Licht die »passende« Wellenlänge für die Rekonstruktion des Bildes aus. Solche Hologramme sind jedoch in der Herstellung sehr viel aufwendiger.

Die im Projekt MIKROSO verwendete holographische Interferometrie beruht auf der Überlagerung von Hologrammen verschiedener Bewegungszustände eines Objektes auf einem Medium. Man kann sich das wie Doppelbelichtungen auf einem normalen Fotofilm vorstellen. Die Forscher verfolgen damit ein ehrgeiziges Ziel: Sie wollen den Medizinern ein Verfahren an die Hand geben, mit dem sie Zellen im Innern des Patienten berührungslos, zerstörungsfrei und ohne die Verwendung von Markern untersuchen können. Ihre Vision geht dabei weit über das Schicksal des einzelnen Betroffenen hinaus: Sie wollen nicht nur dem Einzelnen bessere Heilungschancen eröffnen und Operationen ersparen, sondern der Gesellschaft insgesamt über eine verbesserte Vorsorge und kürzere Krankenhausaufenthalte Kosten im Gesundheitswesen einsparen.

Die Methoden der MIKROSO-Wissenschaftler haben sich bereits in anderen Bereichen bewährt. Mit ihnen ist es möglich, Bewegungen eines Objekts im Mikrometer-Bereich zu analysieren – also zum Beispiel Vibrationen und Verformungen. Die Materialforschung macht sich diese Eigenschaften zu Nutze, um die Schwingungen von Automotoren zu untersuchen oder Flugzeugreifen auf kleinste Defekte zu testen. In der Medizin wurde die holographische Interferometrie schon erfolgreich zu Untersuchungen an künstlichen Herzklappen eingesetzt.

Medizinern ermöglicht die Methode das »endoskopische Fühlen«: Wenn eine normale Zelle zur Krebszelle entartet, wird auch der Stützapparat der Zelle, das so genannte Zytoskelett, angegriffen. Ein Gewebe, das aus vielen solchen entarteten Zellen besteht, hat eine ganz andere Stabilität und Elastizität als gesundes Gewebe. Und das könnte man fühlen, wenn man denn in den Darm oder den Magen hineinfassen könnte. Da man das nicht kann, greifen die Wissenschaftler zu einem optischen Trick: Sie stimulieren das Gewebe, zum Beispiel durch einen Luftdruckimpuls und zeichnen dann mit Hilfe der holographischen Interferometrie auf, mit welchen Bewegungen das Gewebe antwortet (Abb. 3.2).

Dieses Prinzip lässt sich nicht nur bei der Untersuchung von Patienten einsetzen, sondern auch bei der Analyse von Krebszellen unter dem Mikroskop. So lassen sich Gestaltsveränderungen und Wanderungsbewegungen der lebenden Zellen beobachten, und man kann studieren, wie Umwelteinflüsse oder Medikamente auf diese Prozesse einwirken.

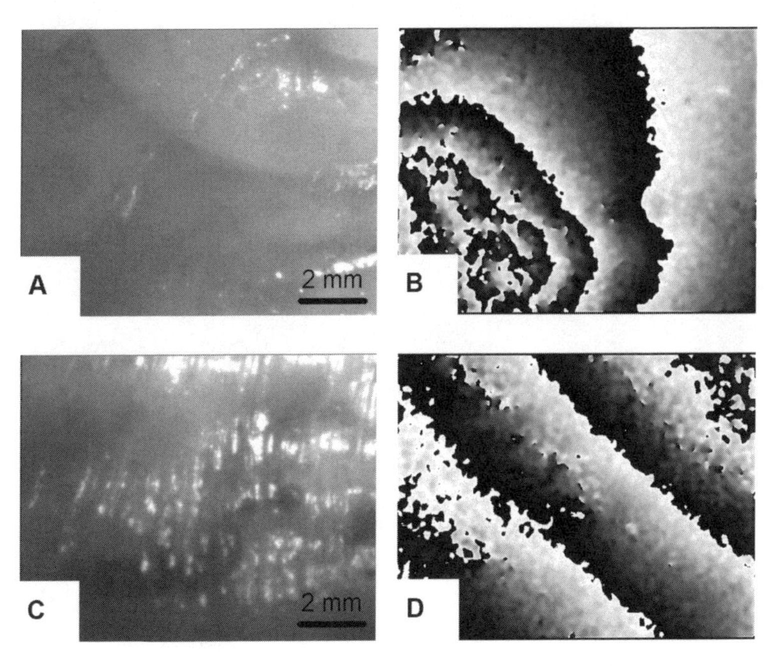

Abb 3.2 »Endoskopisches Fühlen«. Die Unterscheidung von gesundem (weichem) und krankhaft verändertem (hartem) Gewebe ist im herkömmlichen endoskopischen Bild (A und C) nicht möglich. Erst mikrointerferometrisch bestimmte Differenzphasenbilder ermöglichen eine Unterscheidung in der Elastizität (B und D). Die Daten stammen von gesundem (obere Reihe) und krankem (untere Reihe) menschlichen Darmgewebe. (Mit freundlicher Genehmigung der Arbeitsgruppe MIKROSO.)

4
Kampf gegen den unsichtbaren Feind

Optische Methoden erleichtern die Erkennung von Krankheitserregern und ermöglichen eine bessere Behandlung von Infektionskrankheiten.

Hand aufs Herz – fühlen Sie sich so richtig sicher, wenn Sie an Bord eines Flugzeuges gehen? Haben Sie, vielleicht gerade bei Fernreisen, manchmal ein wenig Bedenken, dass nicht doch etwas schief gehen könnte?

Ohne Ihnen die Lust auf den nächsten Urlaub verderben zu wollen – Ihre Ängste sind durchaus berechtigt. Damit ist jetzt aber nicht das Risiko gemeint, mit dem Flugzeug abzustürzen. Laut statistischen Daten der Bundesstelle für Flugunfalluntersuchung müsste man mindestens 67 Jahre lang ununterbrochen fliegen, um ein sicherer Kandidat für einen Flugzeugabsturz mit Todesfolge zu werden. Viel höher ist die Wahrscheinlichkeit, dass Sie sich in Ihrem Urlaubsland durch einen Schluck Wasser oder einen Insektenstich eine Krankheit einfangen. Das muss nicht gleich eine lebensbedrohliche neue Seuche wie SARS sein, auch wenn sich uns die Bilder der Fließband-Fiebermessungen auf den großen asiatischen Flughäfen besonders eingeprägt haben. Das kann ein harmloser Schnupfen oder vielleicht eine unangenehme Durchfallerkrankung sein. In Deutschland, dem »Urlaubsweltmeister«, ist darüber hinaus aber seit Jahren eine deutliche Zunahme von tropischen Krankheiten wie Malaria zu beobachten. Auch die Tuberkulose breitet sich dank der Touristen- und Einwandererströme aus Osteuropa wieder stärker aus.

Laser, Licht und Leben. Susanne Liedtke und Jürgen Popp

ISBN 3-527-40636-0

Ein globales Problem

Infektionen sind damit nach Einschätzung des Mikrobiologen Prof. Dr. Jörg Hacker von der Universität Würzburg »ein zentrales Problem des 21. Jahrhunderts.« In den vergangenen 25 Jahren wurden über 30 neue Erreger beschrieben, so zum Beispiel der Verursacher der Legionärskrankheit, das AIDS-Virus oder eine neue Variante des eigentlich harmlosen Darmbakteriums *Escherichia coli*, EHEC genannt, die gefährliche Darm- und Nierenerkrankungen auslösen kann. Betrachtet man das Problem global, so erkennt man, wie sehr ein Bericht der amerikanischen Gesundheitsbehörde aus dem Jahr 1969 irrte, der die Zeit gekommen sah, »das Buch der Infektionskrankheiten zu schließen«. 2,4 Millionen Menschen, vor allem Kinder, sterben jährlich an Durchfallerkrankungen. Die Immunschwächekrankheit AIDS fordert jährlich 2,3 Millionen Opfer, von den rund 500 Millionen Menschen, die jedes Jahr neu an Malaria erkranken, sterben 2 Millionen innerhalb von zwölf Monaten. Abgesehen von allen finanziellen und logistischen Problemen macht vor allem eins die Eindämmung und Bekämpfung der Seuchen so schwierig: das Auftreten von Resistenzen. Deren Ausbreitung ist auf den oftmals unnötigen Gebrauch von Antibiotika in der Medizin und der Landwirtschaft zurückzuführen. Bisher haben ausnahmslos alle Antibiotika, die in die Human- und Tiermedizin eingeführt wurden, nach nur kurzer Zeit zu entsprechenden Resistenzen geführt.

Um einen Infekt wirksam behandeln zu können, kommt es vor allem auf eines an: Schnelligkeit. Der Mediziner muss vor dem Einsatz eines Medikamentes genau wissen, mit welchem Erreger er es zu tun hat und ob dieser eventuell schon Resistenzen gezeigt hat. Bei der Beantwortung beider Fragen kann die Biophotonik den Ärzten den entscheidenden Zeitvorteil verschaffen.

Sehen wir uns dazu noch mal am Flughafen um. Dr. Walter Gaber, Leiter des Medizinischen Dienstes am Frankfurter Airport, kennt den Wettlauf mit der Zeit nur zu gut. 36.000 Patienten landen jährlich mit den unterschiedlichsten Krankheiten in seiner weltweit größten Flughafenklinik. Wer Anzeichen von Infektionskrankheiten zeigt, kommt sofort in ein Isolierzimmer. Und dann beginnt eine oft langwierige Prozedur. So müssen zum Beispiel im Fall der Tuberkulose die Bakterien erst kultiviert werden, bevor man eine sichere Diagnose stellen kann – und das dauert bis zu zehn Tage. »Ein Gerät zur direkten und unmittelbaren Diagnose von Infektionen wäre für uns von unschätzbarem Wert«, sagt der Mediziner. Neben dem Patienten würden auch dessen Angehörige, die Mitreisenden und letztlich die gesamte deutsche Bevölkerung profitieren. Denn je schneller die eindeutige Diagnose feststeht, desto eher können die Mediziner andere Menschen schützen oder Entwarnung geben.

Zeit ist Leben!

Um Dr. Gaber zu verstehen, müssen wir uns die derzeitigen Möglichkeiten zur Identifizierung von Mikroorganismen ein bisschen näher ansehen. Normalerweise benötigt man für die Diagnose von Infektionskrankheiten eine Kultur der Erreger, die man aus einem Abstrich oder einer Gewebeprobe gewinnt. In der überwiegenden Zahl der Fälle identifiziert man die kultivierten Mikroorganismen über ihr biochemisches Profil, indem man auf bestimmte Stoffwechselreaktionen oder die Anwesenheit von Virulenzfaktoren testet. Diese Art der Routinediagnostik stößt jedoch schnell an ihre Grenzen, vor allem dadurch, dass die Kultivierung viel Zeit verschlingt. Je nach Bakterienart dauert sie bis zu drei Tage, da die Wachstumsdauer für eine Kolonie mit rund einer Million Organismen meist schon einen ganzen Tag beträgt.

Im Fall der meisten Viren versagt sie völlig, da diese sich, wenn überhaupt, nur in sehr komplexen Kultursystemen halten lassen. Auch einige bakterielle Krankheitserreger, wie zum Beispiel der die Syphilis verursachende Keim *Treponema pallidum*, weigern sich, im Labor zu wachsen, andere brauchen dazu unverhältnismäßig viel Zeit, wie der Tuberkulose-Erreger *Mycobacterium tuberculosis*, mit dem wir uns später noch eingehender beschäftigen werden.

Mitte der 1980er Jahre änderte sich die Situation in den Diagnostiklabors dramatisch: Eine neue Methode, die Polymerasekettenreaktion (aus dem Englischen abgekürzt PCR) betrat die Bühne (Abb. 4.1). Mit ihrer Hilfe kann man Erbgutabschnitte in kurzer Zeit so stark vervielfachen, dass man eine ausreichende Menge für Tests erhält. Wenn in der Probe keine solche Vervielfältigung stattfindet, dann enthält sie den gefürchteten Keim nicht.

Die großen Vorteile der PCR sind, dass sie sowohl ohne Kultivierung vor sich geht, also Zeit spart, als auch besonders sensitiv ist. Die-

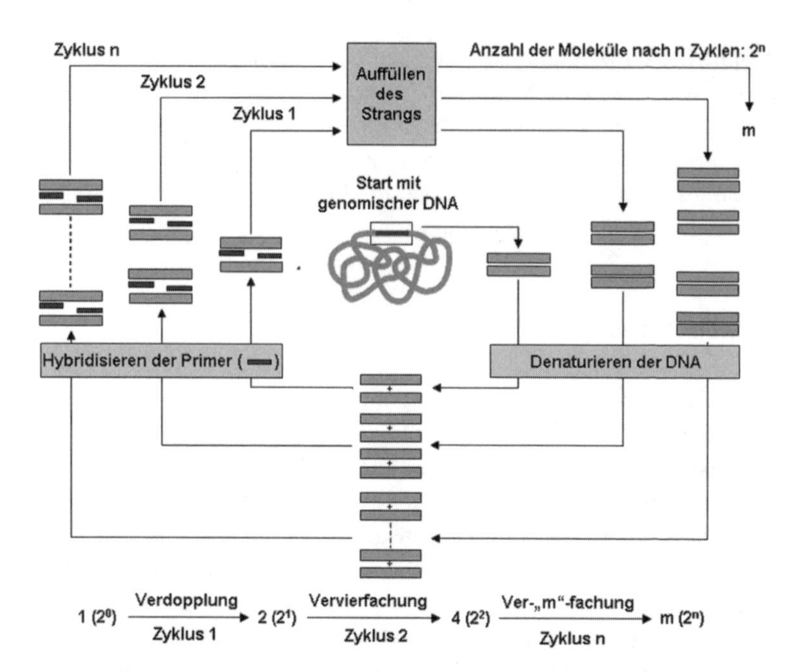

Abb. 4.1 Polymerasekettenreaktion. Die PCR wird eingesetzt um einen kurzen, genau definierten Teil eines DNS-Strangs (Mitte) zu vervielfältigen. Dabei kann es sich um ein Gen oder auch nur um einen Teil eines Gens handeln oder auch um nicht kodierende DNS-Sequenzen. Die Polymerasekettenreaktion findet in einem so genannten Thermocycler statt. Diese Maschine erhitzt und kühlt die in ihr befindlichen Reaktionsgefäße präzise auf die Temperatur, die für den jeweiligen Schritt benötigt wird. Um Verdunstung zu verhindern, wird ein beheizbarer Deckel auf den Reaktionsgefäßen oder eine Ölschicht auf dem Reaktionsgemisch benutzt. Der PCR-Prozess besteht aus einer Serie von 20 bis 30 Zyklen. Jeder Zyklus besteht aus drei Schritten. Zunächst wird die doppelsträngige DNS auf 96 °C erhitzt um die Stränge zu trennen. Dieser Schritt wird Denaturierung oder Melting (Schmelzen) genannt. Die Wasserstoffbrückenbindungen, die die beiden DNS-Stränge zusammenhalten, werden aufgebrochen. Im ersten Zyklus wird die DNS oft für längere Zeit erhitzt um sicherzustellen, dass sich sowohl die Ausgangs-DNS als auch die Primer vollständig voneinander getrennt haben und nur noch Einzelstränge vorliegen. Der Primer ist eine Spiegelbildkopie eines charakteristischen Abschnitts aus der nachzuweisenden DNS-Sequenz. Er besteht meist aus 18 bis 24 Basenpaaren. Bei einem PCR-Nachweis heftet sich der Primer an die nachzuweisende DNS-Sequenz an und startet einen Kopiervorgang. Die zu suchende DNS-Sequenz wird anschließend so oft vervielfältigt, bis eine analytisch messbare Menge vorhanden ist. Nach der Trennung der Stränge wird die Temperatur gesenkt, so dass die Primer sich an die einzelnen DNS-Stränge anlagern können. Dieser Schritt heißt Annealing (Anlagern). Die Temperatur während dieser Phase hängt von den Primern ab und liegt normalerweise 25 °C unter ihrem Schmelzpunkt. Wird die Temperatur falsch gewählt, kann das dazu führen, dass die Primer sich nicht oder an der falschen Stelle an der Ausgangs-DNS anlagern. Schließlich füllt die DNS-Polymerase die fehlenden Stränge mit Nukleotiden auf. Sie beginnt am angelagerten Primer und folgt dann dem DNS-Strang. Dieser Schritt heißt Elongation (Verlängerung). Der Primer wird nicht wieder abgelöst, da er den Anfang des Einzelstrangs bildet.

se Sensitivität kann erhöht werden, in dem man in dem vervielfältigten Erbgut mit ganz spezifischen Fluoreszenzmarkern nach bestimmten Abschnitten sucht, die typisch für den Erreger sind, den man hinter der Infektion vermutet. Seit die PCR vor etwa 15 Jahren Eingang in die Routine-Mikrobiologie gefunden hat, ist sie in Hinblick auf viele verschiedene Anwendungen verfeinert und optimiert worden. Sie erfordert jedoch Voraussetzungen, die nicht für alle Keime gegeben sind, zum Beispiel detailliertes Wissen über das Erbgut.

Unser Flughafenmediziner hatte ja nun aber von einem Gerät zur direkten und unmittelbaren Diagnose von Infektionskrankheiten geträumt. Die gute Nachricht: Das Gerät gibt es bereits. Entwickelt haben wir es in unserer Arbeitsgruppe an der Universität Jena zusammen mit Kollegen in Freiburg, am Fraunhofer-Institut IPA in Stuttgart, und den Firmen RapID, KayserThrede und Schering. Es ist das Ergebnis unseres Verbundprojektes OMIB (»Online Monitoring und Identifizierung von Bioaerosolen«), das Teil eines vom Bundesforschungsministerium geförderten Forschungsschwerpunktes Biophotonik ist (siehe Abb. 4.2).

Mit Hilfe des Lichtes, genauer des Laserlichtes, lässt sich Bakterien und Pilzen das Geheimnis ihrer Identität schnell und einfach entreißen.

Um die wissenschaftlichen Grundlagen für den Bau des Gerätes zu legen, hat unsere Kollegin Petra Rösch sehr viele Stunden im Dunkeln gesessen. Die Fenster ihres Labors am Institut für Physikalische Chemie in Jena sind mit dicken schwarzen Vorhängen verdeckt. Petra Rösch sitzt an einem Mikroskop und nimmt einzelne Bakterienzellen ins Visier. Dann bestrahlt sie eine solche einzelne Zelle mit Laserlicht und zeichnet ein Spektrum auf, das für jeden Keim absolut charakteristisch ist – ähnlich wie der Fingerabdruck für einen Menschen. Sie verwenden dazu die Raman-Spektroskopie, die wir ja in den einleitenden Kapiteln schon näher beschrieben haben.

Mit Hilfe der aus den Raman-Spektren gewonnenen Informationen kann Kollegin Rösch ihre Bakterien identifizieren. Doch das ist schwieriger, als es sich zunächst anhört. Denn Bakterium ist nicht gleich Bakterium. Je nachdem, unter welchen Bedingungen ein Keim wächst, ob er viel oder wenig Nahrung bekommt, wie viel Feuchtigkeit und Sauerstoff in seiner Umgebung sind und welche Temperaturen herrschen, unterscheiden sich die Mikroben voneinander, ähnlich wie Menschen, von denen auch der eine groß, der andere klein sein kann, der eine wohlbeleibt, der andere dagegen mager. Dennoch haben wir gelernt, Menschen also solche zu erkennen.

Dass das auch das Gerät zur schnellen Erkennung von Mikroorganismen lernt, dafür sorgen Informatiker der Universität Freiburg. Klaus-Dieter Peschke, Olaf Ronneberger und Hans Burkhardt und sein Team haben eine lernfähige Software entwickelt, die normaler-

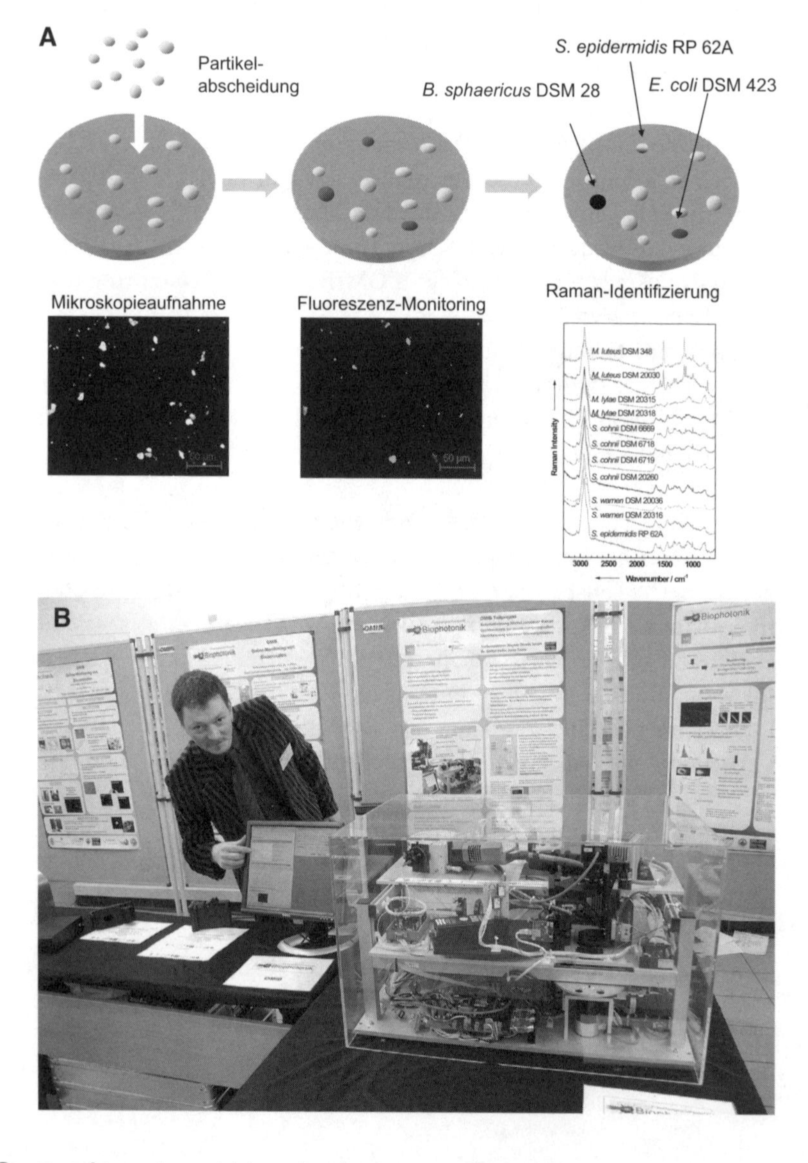

weise dazu verwendet wird, von Sicherheitskameras aufgezeichnete Fotos zu analysieren. Sie wird nun kontinuierlich mit Daten über verschiedene Bakterienarten und -stämme gefüttert, wobei die unterschiedlichen Wachstumsbedingungen berücksichtigt werden. Langfristiges Ziel der Arbeiten ist der Aufbau einer Datenbank, in dier Spektren möglichst vieler Organismen eingehen.

Der besondere Clou an dem OMIB-Gerät ist, dass die Spektroskopie und die anschließende Auswertung völlig automatisch geschehen. Die zu untersuchende Probe wird auf einem speziellen Filter in das Gerät eingelegt und von da an läuft alles wie von selbst: Zunächst ermittelt das Gerät mit Hilfe der Fluoreszenzmikroskopie, wie viele lebende Partikel die Probe enthält und wo auf dem Filter sich diese befinden. Dann werden die Keime, Pilze oder Sporen direkt angesteuert und mit Laserlicht bestrahlt. Die Spektren werden aufgezeichnet und direkt vom angeschlossenen Computer ausgewertet. Und das alles in nur wenigen Minuten.

Die Methode zeichnet sich gegenüber allen bisher verwendeten durch mehrere entscheidende Vorteile aus: Sie misst berührungslos und zerstörungsfrei. Das erlaubt es, die identifizierten Mikroorganismen nach der Messung in Kultur zu nehmen. So kann dann zum einen das Messergebnis der Raman-Spektroskopie mikrobiologisch be-

◀ **Abb. 4.2** Die OMIB-Technologie. (A) Die zu identifizierenden Partikel werden auf eine geeignete Oberfläche abgeschieden. In nächsten Schritt wird die Oberfläche mikroskopisch charakterisiert. Das heißt, die auf der Oberfläche abgeschiedenen biotischen und abiotischen Mikropartikel werden erfasst. Es werden sowohl Größe als auch Form aller Partikel ausgewertet. Da gewöhnlich nur die biologischen Partikel von Interesse sind und diese in einem Reinraum ohnehin sehr selten sind, würde man sehr viel Zeit darauf verwenden, abiotische Partikel zu charakterisieren. Um möglichst nur die biologische Kontamination zu erfassen, ist der eigentlichen Raman-spektroskopischen Identifizierung ein so genannter Monitoring-Schritt vorgelagert. Mittels UV-Beleuchtung können biologische Zellinhaltsstoffe wie beispielsweise das Riboflavin in der Zelle zum Fluoreszieren angeregt werden. Die fluoreszierenden Partikel geben somit einen Hinweis daraus, welche Partikel biologischen Ursprung sind. Es kommt natürlich auch vor, dass nichtbiologische Partikel bei diesen Wellenlängen fluoreszieren. Dies ist jedoch eher die Seltenheit. Kennt man nun die Lage der biologischen Partikel, so werden diese im nächsten Schritt einzeln angesteuert, mit dem Laser bestrahlt und der molekulare Raman-Fingerabdruck aufgezeichnet. Abschließend werden die Spektren über speziell entwickelte Mustererkennungssoftware ausgewertet und den Namen der Bakterien, Hefen oder Pilze zugeordnet. (b) Labormuster des OMIB-Gerätes. Es beherbergt die Optik zur Identifizierung, die Auswertung erfolgt an einem angeschlossenen Rechner.

stätigt werden, zum anderen sind weitere Untersuchungen an den Organismen, zum Beispiel bezüglich Antibiotikaresistenzen, möglich. Ein weiterer Vorzug besteht darin, dass das Verfahren bereits auf einzelne Zellen anspricht. Bei hoch gefährlichen Mikroben wie Tuberkulose-Erregern oder Staphylokokken ist das bei der Diagnose unter Umständen lebensrettend, und auch in Reinräumen für die Identifikation von Bakterien- oder Pilzsporen, die auch längere Zeiträume überdauern und sich dann schnell ausbreiten können, ist das äußerst relevant.

Die Methode hat nicht nur eine sehr hohe Erkennungsrate – zur Zeit liegt sie bei über 95 % auf der Artebene und bei 89 % auf der Stammebene und wird ständig gesteigert – sondern sie ist auch sehr flexibel: Bakterien- oder Pilzzellen können je nach Wachstumsbedingungen, also bei unterschiedlichen Temperaturen, Feuchtigkeitsverhältnissen oder Nährstoffzusammensetzungen, erhebliche Unterschiede aufweisen. Die Raman-Spektroskopie ist aber in der Lage, Art und Stamm der Mikroben trotz all dieser Unterschiede eindeutig zu bestimmen.

Erste Bewährungsprobe für das Gerät ist eine Testphase in den Reinräumen der Berliner Schering AG. In solchen speziellen Räumen werden zum Beispiel Medikamente hergestellt, die absolut keimfrei sein müssen. Für den Produktionsablauf ist es sehr wichtig, die Raumluft ständig auf Keime zu untersuchen und im Fall einer Verunreinigung deren Relevanz sofort beurteilen zu können. Wir haben uns den Reinraum als Testfeld für unser Gerät ausgesucht, weil wir es hier mit einer überschaubaren Zahl und Artenvielfalt von Mikroben zu tun haben. Wenn sich das Gerät in diesem Zusammenhang bewährt, wird es später auch in der Überwachung von Klimaanlagen eingesetzt werden können und in einem weiteren Schritt schließlich zur Identifizierung von Mikroorganismen aus Boden- oder Wasserproben oder Patientenmaterial dienen können.

Das Gerät trifft die Bedürfnisse der molekularen Diagnostik im 21. Jahrhundert. Wie wir schon gesehen haben, muss das Problem der Infektionskrankheiten global gedacht werden. Krankheiten und ihre Erreger breiten sich von Land zu Land, ja von Kontinent zu Kontinent innerhalb weniger Stunden oder Tage aus. Bio-Terrorismus und biologische Kriegsführung stellen weitere große Herausforderungen für die Mikrobiologie als Wissenschaft und die Gesundheitssysteme dar. Die Diagnosemethoden der Zukunft müssen also schnell und effizient reproduzierbare Ergebnisse liefern. Sie müssen erschwinglich sein, auch für Labors in den weniger entwickelten Ländern. Die nötigen Instrumente sollten robust und leicht zu handhaben sein, damit man sie auch vor Ort, außerhalb von hochspezialisierten Labors, anwenden kann.

Wichtig vor allem ist jedoch, dass diese zukunftsfähigen Diagnosesysteme nicht nur allein den Erreger bestimmen können, sondern auch erkennen, ob er bereits gegen bestimmte Medikamente unempfindlich geworden ist. Das Problem der so genannten Antibiotikaresistenzen ist nämlich heute brisanter denn je.

Die »natürlichen Waffen« werden stumpf

Der Begriff Antibiotikum kommt aus dem Griechischen, wo *anti* »gegen« und *Bios* »Leben« heißt. Nach einer Definition des amerikanischen Mikrobiologen Selman Abraham Waksman aus dem Jahr 1945 sind Antibiotika natürliche Stoffwechselprodukte von Bakterien und Pilzen, die andere Mikroorganismen abtöten oder an ihrem Wachstum hindern. Heute handelt es sich bei vielen der als Antibiotika eingesetzten Substanzen allerdings nicht mehr um solche Naturstoffe, sondern um synthetische oder semi-synthetische Stoffe. Generell wirken Antibiotika auf Bakterien auf zwei unterschiedliche Arten: Entweder hemmen sie das Wachstum bzw. die Vermehrung von Mikroben oder sie töten sie ab. In beiden Fällen greifen die Wirkstoffe meist am Eiweißaufbau an. Das ist der Grund dafür, das Viren mit Antibiotika nicht zu bekämpfen sind. Wie wir bereits in der Einleitung beschrieben haben, können die Viren sich nicht selbst fortpflanzen. Um ihre Erbsubstanz zu vermehren, müssen sie sich in eine Wirtszelle einschleusen und diese dazu bringen, neue Viren zu erzeugen. Da die Viren also keine eigene Proteinsynthese betreiben, können hier auch keine Medikamente angreifen.

Nachdem vor gut einem halben Jahrhundert Alexander Fleming durch einen Zufall das Penicillin entdeckte, haben die Mediziner die meisten Kämpfe gegen Infektionskrankheiten gewinnen können.

Seit einigen Jahren gibt es nun aber ein großes Problem: »Antibiotika sind Arzneimittel, die sich durch ihren Einsatz selbst verbrauchen«, fasst es Dr. Michael Kresken von der Gesellschaft für klinisch-mikrobiologische Forschung und Kommunikation mbH in Bonn zu-

Ein Pilz in Nährlösung: Die Geburt der Antibiotika

Einige antibiotisch wirksame Substanzen waren bereits Ende des 19. Jahrhunderts bekannt. Doch ihren Siegeszug im Kampf gegen die großen Seuchen begannen die Medikamente im Labor des Alexander Fleming. Der britische Bakteriologe fand dort 1928 eine verschimmelte Nährbodenschale, auf der er Bakterien gezogen hatte. Bevor er sie wegwarf, fiel ihm auf, dass dort, wo sich die Pilze ausgebreitet hatten, keine Bakterien mehr wuchsen – der Pilz namens *Penicillium notatum* hatte die Keime abgetötet und gab dem »Wundermedikament« Penicillin seinen Namen. Ernst Boris Chain und Howard Florey isolierten den Stoff später und bekamen zusammen mit Fleming dafür 1945 den Nobelpreis.

Die große Karriere machte das Antibiotikum aber erst während des Zweiten Weltkrieges. Zahlreiche Soldaten litten an schweren Infektionen, die mit dem kostbaren Medikament, das in den USA in großem Maßstab gewonnen wurde, in Schach gehalten werden konnten.

Mittlerweile kennen Wissenschaftler mehr als 6000 verschiedene Antibiotika, von denen etwa 100 therapeutisch genutzt werden können. Nach ihrer chemischen Zusammensetzung gehören die Bakterienkiller zu sehr unterschiedlichen Stoffklassen. Man unterscheidet unter anderem Penicilline, Tetracycline, Betalaktame, Aminoglykoside und Glykopeptid-Antibiotika, zu denen auch das »Reserve«-Antibiotikum Vancomycin gehört.

Die Wirkungsweise der einzelnen Stoffe ist sehr unterschiedlich: Sie können den Aufbau der Bakterienzellwand unterbinden, den Energiestoffwechsel, Transportvorgänge oder die Herstellung von Enzymen hemmen. Wichtig für eine gute Verträglichkeit ist die Tatsache, dass Antibiotika spezifisch in den Bakterienstoffwechsel eingreifen. Trotzdem können bei einer Behandlung Nebenwirkungen wie Durchfall, Übelkeit oder Hautausschlag auftreten.

Die pharmazeutische Industrie bedient sich heute nicht mehr der ursprünglichen Form der Mikroorganismen, um Antibiotika zu gewinnen, sondern leistungsfähiger Mutanten. Flemings Schimmelpilz produzierte etwa drei Tausendstel Milligramm Penicillin pro Milliliter Nährlösung. Die heute eingesetzten Stämme schaffen etwa das 2000fache. Einige Antibiotika kann die Industrie inzwischen zum Teil künstlich herstellen.

sammen. Mit anderen Worten: Setzt man das Schwert Antibiotika zu oft im Kampf gegen Infektionen ein, wird seine Klinge stumpf.

Bakterien sind nämlich in der Lage, gegen die Antibiotika unempfindlich zu werden, man spricht davon, dass sie Resistenzen entwickeln (Abb. 4.3). Das ist eigentlich ein ganz natürlicher Prozess: So kann ein Pilz wie *Penicillium notatum* antibiotisch wirksame Substanzen in seine Umgebung abgeben, um sich die bakterielle Konkurrenz vom Leibe zu halten. Die Mikroben lassen sich das aber nicht so ohne Weiteres gefallen und entwickeln Strategien, um sich dennoch in der Nähe des Pilzes vermehren zu können. Irgendwann stellt sich in der Natur ein Gleichgewicht ein und Pilz und Bakterien kommen letztendlich ganz gut miteinander aus. Der Mensch hat nun den Druck auf die Mikroorganismen extrem erhöht, indem er sie mit immer neuen Antibiotika konfrontiert. Er setzt sie zur Therapie von Krankheiten ein, aber auch als Wachstumsförderer in der Tiermast oder in der Veterinärmedizin. Da sich Bakterien ja rasend schnell vermehren und dadurch viele Mutationen in sehr kurzer Zeit durchspielen können, sind sie in der Lage, den Medizinern ein Schnippchen zu schlagen und auch neuen Medikamenten »auszuweichen«.

Die Pharmaindustrie kommt kaum hinterher: Rund 500 Millionen US-Dollar kostet es, einen neuen wirksamen Arzneistoff zu entwi-

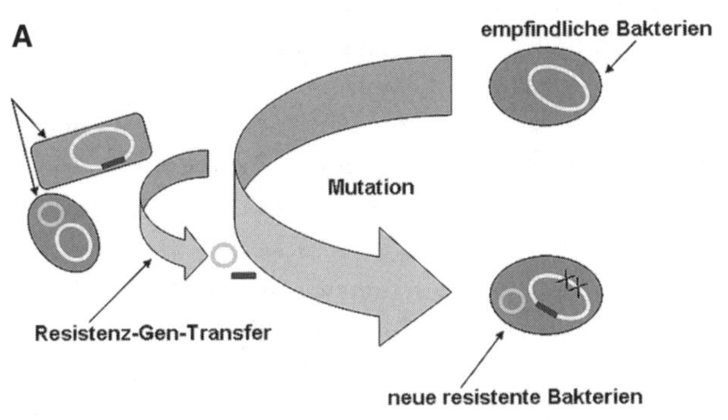

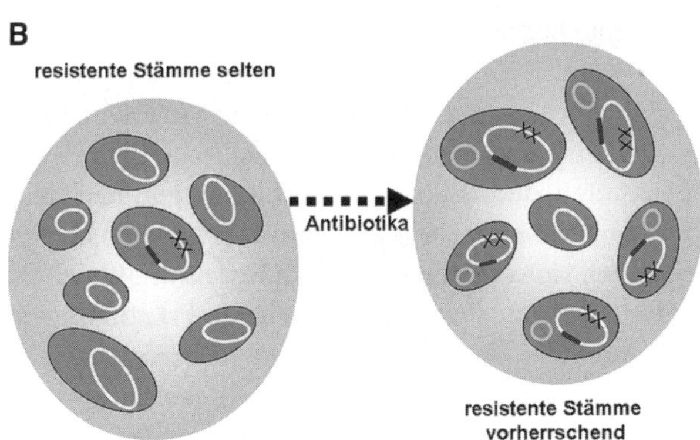

Abb. 4.3 (A) Gegen ein Medikament empfindliche Bakterien können entweder durch eine spontane Mutation resistent werden oder ein Resistenzgen durch Gentransfer von anderen Mikroorganismen erhalten. (B) In jedem Fall ist die Resistenz unter Antibiotikabedingungen ein Selektionsvorteil, d. h. die resistenten Stämme setzen sich gegenüber den empfindlichen durch und beherrschen schließlich die Situation – das Antibiotikum ist machtlos geworden.

ckeln. Doch neben diesem enormen finanziellen Aufwand besteht die größte Gefahr darin, dass sich die bakteriellen Zielstrukturen natürlich mit der Zeit verbrauchen – irgendwann haben die Pharmazeuten jede Angriffsstelle im Stoffwechsel der Mikroben schon einmal als Ziel für ihre Waffen genutzt und finden keine neuen Strategien mehr.

Ein Problem für die Forschung ist dabei, dass von vielen Substanzen zwar bekannt ist, *dass* sie wirken, aber nicht *wie*. Was auf chemischer und molekularer Ebene genau passiert, wenn ein Medikament seine Wirkung entfaltet, weiß man oft nicht. Und es ist ja eigentlich auch ein bisschen egal – solange es einem Patienten für die Bekämpfung der Krankheit nutzt und nicht an anderer Stelle Schaden anrichtet (und beides wird ja in den klinischen Studien, die jedes Arzneimittel durchlaufen muss, bevor es eine Zulassung für den deutschen Markt erhält, gründlich getestet), stellt es auf jeden Fall einen Gewinn dar. Schwierig wird es erst, wenn diese Wirksamkeit nicht mehr gegeben ist und man sie optimieren will. Solange man nicht verstanden hat, wie der ursprüngliche Wirkmechanismus funktioniert, tappt man bei der Suche nach neuen hoffnungsvollen Ansätzen im Dunkeln.

Und da kommt uns, Sie ahnen es schon, wieder das Licht zu Hilfe, und zwar ein weiteres Mal in Gestalt der Raman-Spektroskopie.

Warum Medikamente helfen

Die Chemikerin Ute Neugebauer untersucht im Rahmen ihrer Doktorarbeit bei uns am Jenaer Institut für Physikalische Chemie die Effekte von so genannten Fluoroquinolonen auf Bakterien. Nachdem man diese 1962 erstmals erfolgreich gegen Harnwegsinfektionen eingesetzt hatte, erlangten sie eine immer größere Bedeutung als effektive Substanzen für die Behandlung von bakteriellen Erkrankungen. Fluoroquinolone sind auch bei problematischen Keimen wie Chlamydien wirksam, die Entzündungen der Bindehaut, der Lunge oder der Nasennebenhöhlen hervorrufen, aber vor allem Erreger der häufigsten Geschlechtskrankheiten sind. Je nach Altersgruppe sind bis zu 10 % der Bevölkerung mit Chlamydien infiziert. Gefahr besteht vor allem für junge Menschen. Infolge der Infektion kann bei jungen Frauen eine schwere Unterleibsentzündung auftreten, die zu Unfruchtbarkeit oder einem erhöhten Risiko von Eileiterschwangerschaften führen kann. Außerdem kommen Fluoroquinolone heute auch bei Infektionen mit Mykobakterien zum Einsatz, zu denen unter anderem die Erreger der Tuberkulose gehören, sowie bei Lungenentzündung verursachenden Pneumokokken und den gefürchteten Krankenhauskeimen der Art *Pseudomonas aeruginosa*. 1994 machten die Fluoroquinolone rund ein Viertel aller verschriebenen Antibiotika aus.

Dessen ungeachtet ist aber der Wirkmechanismus auf molekularem Niveau noch nicht verstanden. In enger Kooperation mit der Universität Würzburg und dem dortigen Sonderforschungsbereich 630 »Erkennung, Gewinnung und funktionale Analyse von Wirkstoffen gegen Infektionskrankheiten«, untersucht Ute Neugebauer nun Raman-spektroskopisch das Zusammenspiel zwischen Arzneistoff und Bakterienzelle.

Bekannt ist, dass die Substanz an einem Komplex aus bakteriellem Erbgut und einem Enzym, dem so genannten DNS-Gyrase-Komplex, angreift, weshalb man sie auch als »Gyrase-Hemmer« bezeichnet. Dieser Komplex ist für das so genannte Supercoiling der Bakterien-DNS verantwortlich. Das ist eine Art Verpackungsstrategie, die notwendig ist, weil die DNS wie wir schon gesehen haben, als lange Kette betrachtet mehrere Meter lang sein kann, im Zellkern aber nur wenige µm Platz ist. Die DNS wird daher um basische Proteine, so genannte Histone herumgewickelt, bis ein dickes »Knäul« oder englisch *supercoil* entsteht. DNS-Gyrase-Komplex spielt eine entscheidende Rolle für die Vermehrung der Bakterien. Die Doppelstrang-DNS wird an das Enzym gebunden, geschnitten und die beiden Stränge werden so gegeneinander bewegt, dass die Supercoils entstehen. Wird dieser Prozess durch ein Fluoroquinolon gestört, ist das tödlich für das Bakterium. Interessanterweise binden die Fluoroquinolone weder an die DNS selber noch an das Enzym Gyrase allein, sondern ausschließlich an den DNS-Gyrase-Komplex. Mutationsexperimente und Röntgenstrukturanalysen haben gezeigt, dass die Interaktion über Bindungs-«Taschen« stattfindet, von denen eine auf der DNS und eine auf einer Untereinheit des Enzyms liegt.

»Um diese Interaktion im Detail aufklären zu können, müssen wir zunächst den Wirkstoff selbst und den Effekt äußerer Einflüsse wie Konzentration und pH-Wert genau untersuchen«, erläutert Ute Neugebauer ihren Ansatz. Sie setzt dafür die Raman-Spektroskopie ein und kombiniert sie mit theoretischen Berechnungen der dreidimensionalen Struktur und Eigenschaften der therapeutisch wirksamen Fluoroquinolone. Denn die therapeutische Wirkung hängt ganz entscheidend von der Struktur einer Substanz und den Bedingungen in der Zelle ab (Abb. 4.4).

Solche Struktur-Eigenschaftsuntersuchungen sind eine große Herausforderung für die Forschung. Sogar die Röntgenkristallographie, ein sehr leistungsfähiges Werkzeug, zeigt nur Schnappschüsse dieser hoch dynamischen Prozesse, die mit starken strukturellen Veränderungen des Enzyms während des Supercoilings der DNS einhergehen. Die Raman-Spektroskopie dagegen ist gut geeignet, um Einblick in den Mechanismus zu bekommen.

»Wenn es uns gelingt, Licht in dieses Zusammenspiel zwischen dem Medikament und seinem Angriffsort zu bringen, werden wir wertvolle neue Erkenntnisse haben, um leistungsfähige neue Therapeutika entwickeln und dem Problem der wachsenden Zahl von Re-

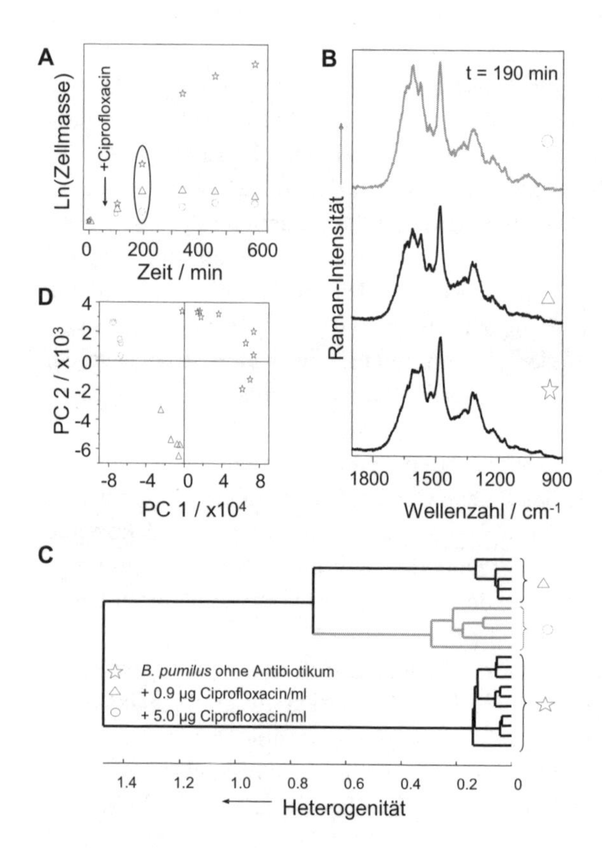

◀ **Abb. 4.4** (A) Wachstumskurve von *B. pumilus* DSM 361 ohne (★) und mit 0,9 µg (▲) und 5,0 µg (●) Ciprofloxacin/ml in statischer Kultur in halblogarithmischer Darstellung (natürlicher Logarithmus der Zellmasse als Funktion der Wachstumszeit). Der Pfeil kennzeichnet den Zeitpunkt der Zugabe des Antibiotikums zur Bakteriensuspension. Ohne Zusatz des Antibiotikums Ciprofloxacin (Kurve ★) durchläuft die Zellkultur ungestört die einzelnen Wachstumsphasen: Lag-Phase (< 60 min), exponentielle Wachstumsphase (Log-Phase; ca. 60–360 min), gefolgt von der stationären Phase (> 370 min). Durch Zusatz des Gyrasehemmstoffs Ciprofloxacin zu Beginn der exponentiellen Wachstumsphase wird der Bakterienstoffwechsel gestört und damit das Bakterienwachstum gehindert. Der Effekt ist stärker bei hohen Ciprofloxacin-Konzentrationen (5 µg/ml, Kurve ●) zu beobachten, als bei einer Konzentration von nur 0,9 µg Ciprofloxacin/ml (Kurve ▲), einer Konzentration kurz über der minimalen Hemmkonzentration (MHK) von 0,8 µg/ml. Resonanz-Raman-Spektren wurden nach verschiedenen Wachstumszeiten aufgenommen. (B) zeigt die UV-Resonanz-Raman-Spektren (Anregung 244 nm) der Bakterien nach einer Wachstumszeit von 190 min (Zeitpunkt in Abb. A mit einem Oval markiert) ohne Antibiotikum (★) und nach Zusatz von 0,9 µg (▲) und 5,0 µg (●) Ciprofloxacin/ml. Bei einer Anregungswellenlänge von 244 nm werden besonders die Schwingungsbanden der aromatischen Aminosäuren und der Nukleinsäurebasen verstärkt. Veränderungen an Proteinen und DNS spiegeln sich daher im Spektrum wider, auf den ersten Blick vor allem durch veränderte Intensitätsverhältnisse im Bereich der Amidbanden (1700–1500 cm^{-1}) in Teilabbildung B erkennbar. Fluorochinolone wie Ciprofloxacin stören das Enzym Gyrase beim Spiralisieren der DNS während der Replikation und wirken dadurch bakterizid. Um die spektralen Änderungen in den komplexen Bakterienspektren deutlicher zu visualisieren, wurden die Spektren mit unüberwachten multivariaten statistischen Methoden (HCA und PCA) ausgewertet. In (C) ist das Dendrogramm der hierarchischen Clusteranalyse (HCA) der Bakterienspektren aus Teilabbildung B nach einer Wachstumszeit von 190 min dargestellt. Der spektrale Abstand (Heterogenität) wurde nach der Standard-Methode berechnet und die Cluster unter Verwendung des Wards Algorithmus zusammengefasst. Es ist eine klare Aufspaltung der Spektren von *B. pumilus* mit (▲,●) und ohne (★) Antibiotikum in zwei Cluster erkennbar. Innerhalb des Clusters der Bakterienspektren nach Zusatz von Ciprofloxacin bilden die beiden verschiedenen Antibiotikakonzentrationen (0,9 µg (▲) und 5,0 µg (●)) zwei Teilcluster. Die spektralen Unterschiede innerhalb der einzelnen Teilcluster, die viel geringer sind, als die Unterschiede zwischen den Clustern, sind auf Inhomogenitäten der Probe (Bulk-Messungen, d. h. Mittelung der Spektren über viele Bakterienzellen) bei Wiederholungsmessungen zurückzuführen. (D) Zweidimensionale Darstellung der Scores der ersten und zweiten Hauptkomponente (PC1 und PC2) der Hauptkomponentenanalyse (PCA, principle component analysis) der Bakterienspektren nach einer Wachstumszeit von 190 min. Die Spektren nach Zusatz der verschiedenen Antibiotikakonzentrationen bilden einzelne Cluster, die mit steigender Ciprofloxacinkonzentration entlang der negativen Achse der ersten Hauptkomponente angeordnet sind. Die erste Hauptkomponente (PC 1) beschreibt schon 99 % des Datensatzes.

sistenzen begegnen zu können« hofft der Sprecher des Würzburger Sonderforschungsbereichs Gerhard Bringmann. Neben bekannten Antibiotika werden auch neueste Wirkstoffe aus dem Labor von Ulrike Holzgrabe (Universität Würzburg, Institut für Pharmazie) auf ihre Wirkweise hin untersucht.

Diese Resistenzen sind, wie wir schon eingangs erläutert haben, der Grund dafür, dass wir uns heute immer noch mit dem Problem der Infektionskrankheiten herumschlagen müssen. Die trickreichen Mikroben haben nämlich all jenen Ärzten und Gesundheitsbehörden einen Strich durch die Rechnung gemacht, die, begeistert von den neuen Möglichkeiten der Antibiotika und Chemotherapeutika, in den 1970iger Jahren euphorisch verkündet hatten, dass Cholera, Pest, Tuberkulose, Wundinfektionen und Geschlechtskrankheiten nicht länger zu fürchten seien.

Tückische Tuberkel

Die Realität sieht freilich ganz anders aus: Heute sterben mehr Menschen an Tuberkulose als je zuvor, nämlich rund 8000 Menschen am Tag, das sind knapp 3 Millionen in jedem Jahr. Damit ist die Tuberkulose einer der weltgrößten Killer von Jugendlichen und Erwachsenen.

In Deutschland gab es im Jahr 2002 insgesamt 7684 Neuerkrankungen. Das weiß man deshalb so genau, weil Tuberkulose in Deutschland zu den meldepflichtigen Erkrankungen gehört, das heißt, Erkrankung oder Tod durch Tuberkulose muss vom behandelnden Arzt an das zuständige Gesundheitsamt gemeldet werden.

In Westeuropa ging die Tuberkulose durch verbesserte Lebensbedingungen und wirksame medikamentöse Behandlungsmöglichkeiten in den letzten hundert Jahren stark zurück. Der Anstieg der Krankheitszahlen in den GUS-Staaten ist jedoch höchst besorgniserregend.

Die Ansteckung erfolgt in der Regel durch die Einatmung infizierter Speicheltröpfchen (Tröpfcheninfektion). Danach entsteht in der Lunge, an der Haut oder im Darm im Laufe von etwa sechs Wochen eine kleine knötchenförmige Entzündung, der so genannte Primärkomplex, der meistens keine Beschwerden verursacht. Er bleibt in fast 90 % der Krankheitsfälle das einzige Zeichen der Tuberkulose. Ist ein

Mensch in seiner Abwehr geschwächt, verteilen sich die Bakterien möglicherweise gleich über die Blutbahn in den Körper. Konsequenz ist ein Anschwellen der Lymphknoten der Lunge oder Entzündungen des Rippenfells, des Herzbeutels, der Hirnhäute oder der Lunge. Die schlimmste Sonderform der tuberkulösen Lungenentzündung ist die »galoppierende Schwindsucht«.

Im Primärkomplex und anderen abgekapselten Herden können die Bakterien lange im Körper überleben, werden jedoch von Blutabwehrzellen ringartig eingeschlossen. Ob sich die Krankheit später weiter ausbreitet, hängt erneut von der Abwehrlage des Körpers ab. Sind die körpereigenen Abwehrkräfte intakt, bricht die Krankheit nicht aus. Sie kann jedoch Jahre später aktiv werden, wenn das Immunsystem geschwächt ist, sich die Tuberkuloseherde öffnen und Verbindung zum übrigen Körper bekommen. Dies passiert etwa bei Mangelernährung, Alter, Stress, Alkoholismus, Drogeneinnahme, Krankheiten (vor allem HIV-Infektion, Diabetes mellitus, Tumorerkrankungen) oder bei bestimmten Medikamenten, welche die körpereigene Abwehr herabsetzen. Dann kann es zur Organtuberkulose kommen, deren häufigste Form eine Lungentuberkulose ist. Jedoch erkranken neben der Lunge auch andere Organe, vor allem Knochen, Gelenke und Nieren, aber ebenso fast alle anderen Körperteile.

Infizierte Menschen geben die Bakterien nur dann an andere Leute weiter, wenn die Tuberkuloseherde eine Verbindung nach außen haben: in der Lunge durch Aufbrechen eines oder mehrerer Tuberkulosehöhlen in einen Atemweg (oder bei der selteneren Nierentuberkulose durch das Ausscheiden der Erreger über den Urin). Diesen ansteckenden Zustand der Tuberkulose nennt man »offene Tbc«. Das heißt: Nicht jeder, der sich selbst infiziert hat, ist auch Überträger der Krankheit.

Hustet jedoch ein Patient mit offener Tbc in einem Raum, so halten sich die Tuberkulosebakterien dort einige Stunden. Aufgrund der ernsten Komplikationen durch die Tuberkulose gibt es in Deutschland strenge Vorschriften über die geschlossene Unterbringung von Patienten mit offener Tbc. Wer trotzdem Tuberkelbakterien in großer Zahl einatmet, infiziert sich möglicherweise, wobei die Ansteckungsgefahr im Vergleich zu anderen Infektionskrankheiten gering ist. Zudem wehrt der Körper die Infektion mit 90 %iger Wahrscheinlichkeit erfolgreich ab.

Medikamente zur Tuberkulosebehandlung werden immer miteinander kombiniert und über einen langen Zeitraum gegeben, um zu verhindern, dass die Bakterien auf einen einzelnen Wirkstoff nicht mehr ansprechen. Nach Angaben der WHO sind jedoch Antibiotikaresistenzen bei Tuberkulose-Erregern weltweit verbreitet, und in einigen Regionen, darunter Osteuropa, haben sie erschreckende Ausmaße angenommen. Für die Patienten bedeutet dies eine tödliche Gefahr. In Deutschland liegt die Resistenzrate bei etwa 12 %.

Ein schneller Nachweis, ob eine Resistenz vorliegt oder nicht, ist also für eine erfolgreiche Behandlung das A und O. Für schnell wachsende Erreger gibt es eine Reihe von Kultur-basierten Methoden, um zu prüfen, ob eine Antibiotikaresistenz vorliegt. Dabei setzt man die Bakterienkulturen einem Testplättchen aus, das ein bestimmtes Antibiotikum enthält. Nach 24 Stunden schaut man nach, ob sich die Mikroben weiter vermehrt, sich also als unempfindlich gegen das Medikament erwiesen haben oder nicht. Dieses Verfahren setzt man auch bei langsam wachsenden Keimen wie den Mykobakterien ein, allerdings vergehen hier mindestens zehn Tage, bis man über eine eventuell bestehende Resistenz Sicherheit hat – und das nachdem es schon mehrere Wochen in Anspruch nimmt, die Erreger überhaupt in Kultur zu nehmen.

Die Forscher des Verbundes »Smart Probes« haben sich ein ehrgeiziges Ziel gesetzt, um Antibiotikaresistenzen im Idealfall schon nach wenigen Stunden nachweisen zu können. Wie wir schon gesehen haben, liegen die Unterschiede zwischen resistenten und nichtresistenten Bakterien in Veränderungen des Erbgutes begründet. Diese können sehr gering sein – manchmal ist nur eine einzige Base verändert. Diese kleinsten Veränderungen können die Wissenschaftler um Markus Sauer von der Universität Bielefeld mit Hilfe ihrer Smart Probes ausfindig machen (Abb. 4.5).

Smart Probes sind Oligonukleotide, also kurze Nukleinsäure-Fäden mit nur wenigen Bausteinen oder Nukleotiden. Oligonukleotide haben die Fähigkeit, sich an ein Stück DNS anzulagern, das ihrer komplementären Sequenz entspricht. Deshalb kann man sie zum Beispiel dazu verwenden, um nach Genen zu suchen. In der Diagnostik können spezifische Oligonukleotide helfen, genetische Marker, etwa für rheumatoide Arthritis, zu finden. Erforscht werden diese kurzen Sequenzen zudem für therapeutische Anwendungen, etwa als Moleküle, die an Krebs beteiligte Gene abschalten oder wie das

Mittel Fomivirsen Zytomegalie-Viren daran hindern, sich zu vermehren.

Die Smart-Probe-Technologie, die auch zur Tumorfrüherkennung und zur Verlaufskontrolle von Krebserkrankungen eingesetzt werden kann, gehört zu den so genannten Einzelmolekül-Techniken. Diese speziellen fluoreszenzspektroskopischen Messverfahren sind inzwischen etablierte Helfer, die in vielen Disziplinen, von der Materialforschung bis zur Zellbiologie gute Dienste leisten. Sie ermöglichen die Messung der Beweglichkeit oder struktureller Veränderungen einzelner Proteine, den Nachweis von Genen, die nur in einer einzigen Kopie vorliegen oder die Bestimmung des Abstandes zu Polymerase-Molekülen in den Transkriptionszentren lebender Zellen.

Was Markus Sauer an der von ihm angewendeten Technik der Einzelmolekül-Fluoreszenzspektroskopie so besonders fasziniert, ist die Tatsache, dass er im Experiment wirklich Informationen über Individuen erhält. Viele andere Ansätze liefern dagegen nur gemittelte Ergebnisse bezüglich durchschnittlicher Eigenschaften.

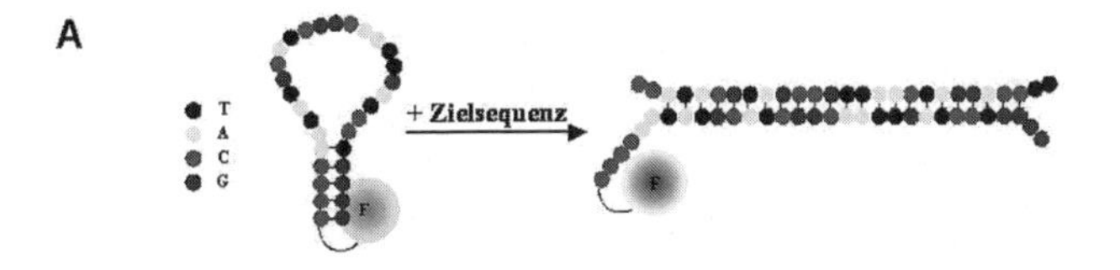

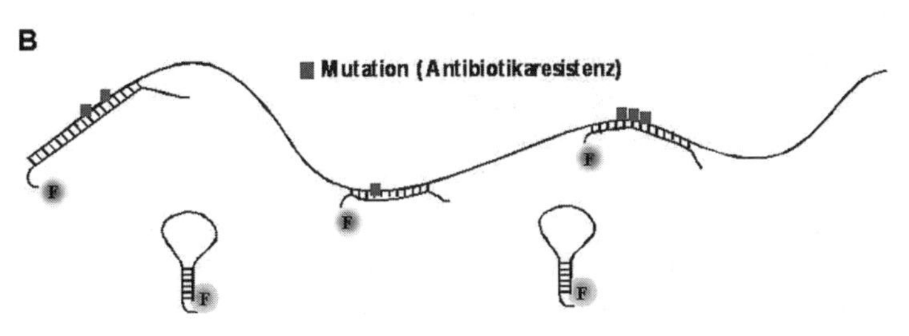

Abb. 4.5 Smart Probes. (A) Die Smart Probes bestehen aus einem Stamm und einer Schleife – der Molekularbiologe spricht von einer Haarnadel-Struktur. Sie sind mit einem Fluoreszenzfarbstoff markiert, der allerdings in der Ausgangsformation der Smart Probe blockiert ist. Trifft das Oligonukleotid nun auf die Ziel-DNS, öffnet sich die Haarnadelschleife und der Farbstoff kann nun unbeeinträchtig fluoreszieren. Diesen Fluorezenzanstieg kann man sehr leicht messen. (B) Smart Probes können darauf zugeschnitten werden, Resistenzmuster Antibiotikaresistenter Erreger zu erkennen (angedeutet durch die Kästchen), so dass sie eine im Vergleich mit bisherigen Methoden dramatisch verbesserte Empfindlichkeit und vor allen einen immensen Zeitgewinn erreichen können.

Eine besonders reizvolle Anwendung der Einzelmolekül-Fluoreszenzspektroskopie ist die DNS-Sequenzierung. Im Gegensatz herkömmlichen Methoden kann die Einzelmolekül-Fluoreszenzmethode die Sequenz eines einzelnen DNS-Fragments von mehreren Zehntausend Basen Länge theoretisch mit einer Geschwindigkeit von mehreren Hundert Basen pro Sekunde lesen, da man bei diesem Konzept dem schrittweisen Einbau der Basen in den DNS-Strang durch Polymerase »zuschauen« kann. Man identifiziert jede Base in dem Moment, in dem sie in den DNS-Strang eingebaut wird, und erhält so direkt die Sequenz. Wie Markus Sauer betont, geht das nicht nur sehr viel schneller als mit herkömmlichen Methoden, sondern man benötigt dafür auch die denkbar geringste Menge an Ausgangsmaterial.

Was den Malaria-Erreger wirklich stoppt

Auch bei der Behandlung einer anderen Krankheit spielen Resistenzen eine große Rolle: Malaria ist eine der fünf Haupttodesursachen in Entwicklungsländern. Sie fordert jährlich bis zu zwei Millionen Menschenleben. Die Weltgesundheitsorganisation (WHO) schätzt, dass jedes Jahr rund 500 Millionen Menschen an Malaria erkranken. In jenen Gebieten, in denen Malaria ständig vorkommt, sterben täglich etwa 3000 Kinder.

Die Malaria begleitet den Menschen seit vorgeschichtlichen Zeiten. Schon die alten Ägypter litten unter ihr, wie aus Aufzeichnungen hervorgeht. Auch in rund 3000 Jahre alten indischen Schriften taucht das Wechselfieber auf, und die Chinesen hatten vor über 2000 Jahren sogar schon ein Gegenmittel: Sie nutzten die Pflanze Qinghao, ein Beifußgewächs. Im 20. Jahrhundert, also gut 2000 Jahre später, konnten Forscher tatsächlich einen wirksamen Stoff aus der Pflanze isolieren: das Artemisinin.

In der Antike verbreitete sich die Malaria rund um das Mittelmeer. Der griechische Arzt Hippokrates bemerkte, dass Menschen an dem Fieber erkrankten, wenn sie Wasser aus Sumpfgebieten tranken. Über unsichtbare Krankheitserreger wusste man damals noch nichts, daher nahm er an, dass dieses abgestandene Wasser die Körpersäfte ins Ungleichgewicht brächte und so die Krankheit verursachte. Auch im römischen Reich sorgte die Malaria für regelmäßige Epidemien. Manche Wissenschaftler glauben sogar, dass schwere Malariaepidemien mit zum Untergang des Römischen Reiches beigetragen hätten. Aus dem Italienischen kommt übrigens auch der heute geläufige Name: *mala aria* ist italienisch und bedeutet »schlechte Luft«, denn früher glaubten die Mediziner, dass die Sümpfe und ihre Ausdünstungen das Fieber verursachten. Ältere Bezeichnungen sind »Sumpffieber« (franz. *paludisme*) oder »Wechselfieber«. Übrigens gilt die Malaria in Italien erst seit 1969 als endgültig ausgerottet.

Erst 1880 entdeckte der französische Militärarzt Alphonse Laveran bei einem Einsatz in Algerien den Malaria-Erreger. Er untersuchte das Blut von Menschen, die an Malaria gestorben waren, und fand darin halbmondförmige Körperchen, die bis auf kleine schwarze Flecken fast durchsichtig waren. Und sie waren lebendig. Laveran erkannte, dass es sich bei seiner Entdeckung um Parasiten handelte, die sich im menschlichen Blut eingenistet hatten. Anfangs schenkte man seiner Theorie wenig Glauben, denn der Parasit war weder ein Bakterium noch sonst etwas, was man bis dahin kannte. Erst als der Italiener Camillo Golgi die gesamte Entwicklung des Parasiten im Blut unter dem Mikroskop darstellen konnte, war Laverans Theorie bestätigt. Doch wie der Parasit ins Blut gelangte, war noch immer nicht geklärt. Forscher aus Afrika, Indien und China stellten schon seit langem eine Verbindung zwischen der Krankheit und Stechmücken her. In Europa formulierte erst 1895 der britische Tropenmediziner Patrick Manson den Verdacht, dass Stechmücken den von Laveran entdeckten Parasiten übertragen und so die Krankheit verbreiten. Der britische Arzt Ronald Ross ging der Sache systematisch nach. Im Jahr 1897 stellte er in Indien fest, dass die Malaria dort verschwand, wo man die Mücken vernichtet hatte. Also musste es zwingend einen Zusammenhang zwischen den Mücken und der Krankheit geben. Ross ließ Mücken das Blut von Malariapatienten saugen und sezierte danach die Insekten. Und tatsächlich fand er am 20. August 1897 im Magen einer Anophelesmücke seltsame kugelförmige Fremdkörper: eine Form des Malariaparasiten Plasmodium. Der komplizierte Kreislauf des Malariaerregers war entdeckt: Die Einzeller durchlaufen ihre geschlechtliche Entwicklung in der weiblichen Anopheles-Mücke und eine ungeschlechtliche Phase im Menschen. Sie dringen durch den Stich der Mücke in den Menschen und dort in die roten Blutkörperchen ein, in denen sie sich entwickeln und vermehren.

Infizierte rote Blutkörperchen sind nicht mehr so verformbar, wie dies eigentlich erforderlich ist. Sie können deshalb nicht mehr die

Ein Gegenmittel aus Südamerika

In Amerika verbreitete sich die Malaria offenbar erst, als die Europäer kamen. Wissenschaftler vermuten, dass die Krankheit dort im 16. Jahrhundert durch den Sklavenhandel eingeschleppt wurde, denn aus vorheriger Zeit sind keine Hinweise auf Malaria überliefert. Doch ausgerechnet von dort kam ein Heilmittel, das heute noch verwendet wird: Peruanische Arbeiter bekämpften Fieber erfolgreich mit der Rinde eines Baumes aus der Familie der Rötegewächse, zu denen auch die Kaffeepflanze gehört. Mitglieder des Jesuitenordens beobachteten diese Wirkung und brachten das Mittel in Pulverform nach Europa, wo es auch »Jesuitenpulver« genannt wurde. Der Baum wurde später als »Chinarinde« (*Cinchonia*) bekannt, das Medikament als »Chinin«. Chinin hat einen äußerst bitteren Geschmack und wird deshalb auch als Aromastoff für Tonicwater und Bitter Lemon verwendet. Bis heute hält sich die Legende, regelmäßiges Trinken von Gin-Tonic schütze vor Malaria – jedoch ist heutzutage die Chininkonzentration in einem Gin-Tonic-Drink viel zu gering. In Europa suchte man dringend nach einem solchen Gegenmittel. Die Malaria hatte sich dort weiträumig verbreitet und grassierte unter anderem in Spanien, Polen, Russland und England. Auch die versumpften Auengebiete des Rheins boten den Stechmücken, die die Malaria übertragen, ideale Bedingungen. Der Apotheker Friedrich Koch aus Oppenheim experimentierte mit der Rinde und konnte 1823 reines Chinin daraus isolieren. Bald stellte er das Chinin industriell her, und aus seinem Geschäft wurde das erste pharmazeutische Unternehmen Deutschlands.

kleinsten Blutgefäße, Kapillaren genannt, passieren. Stattdessen verstopfen sie die Kapillaren und unterbrechen die Blutversorgung in den lebenswichtigen Organen, besonders im Gehirn, den Nieren und der Lunge. Bei der komplizierten *Malaria tropica* kann das zum Organversagen und in der Folge zu einem raschen Tod führen. Der Parasit bewirkt darüber hinaus einen vermehrten Zerfall der betroffenen roten Blutkörperchen, so dass deren Lebensdauer verkürzt ist.

Heute werden verschiedene Malariamedikamente eingesetzt, die gebräuchlichsten sind die schon seit Jahrzehnten verwendeten Substanzen Chinin und Chloroquin. Allerdings stellen auch bei der Malariabehandlung Resistenzen ein großes Problem dar – die Erreger werden gegen die Arzneimittel unempfindlich. Das erfordert die Entwicklung immer neue Anti-Malaria-Mittel, und hierfür ist mehr Wissen darüber nötig, wie die Mittel auf molekularer Ebene wirken.

Torsten Frosch beschäftigt sich in seiner Doktorarbeit bei uns am Institut für Physikalische Chemie in Jena hauptsächlich mit dem

Wirkstoff Chloroquin. Auch dieses Thema wird in enger Kooperation mit dem Würzburger SFB630 durchgeführt. Viel versprechende neue Wirkstoffe werden hierbei aus tropischen Lianen in der Arbeitsgruppe von Prof. Bringmann isoliert und auf ihre Anti-Malaria-Wirkung getestet. Wenn der Malaria-Erreger ein rotes Blutkörperchen befällt, baut es den roten Blutfarbstoff (Hämoglobin), der für den Transport von Sauerstoff benötigt wird, zum Farbstoff Hämin ab. Dieser ist für das Plasmodium giftig, weshalb es ihn allmählich durch Biokristallisation in eine unlösliche, inaktive Form, das Hämozin, überführt. Folge ist eine Verschlechterung der Sauerstoffversorgung des Patienten bis hin zur Anämie. Außerdem kann sich der Erreger nach Beseitigung des giftigen Häms im Körper ungehindert weiter vermehren.

Der Wirkstoff Chloroquin verhindert die Umwandlung in Hämozin, indem er einen stabilen Hämatin-Chloroquin-Komplex bildet, der für die Plasmodien unverträglich ist. Die Vermehrung des Parasiten wird verhindert, der Krankheitsverlauf abgeschwächt. Um diesen Vorgang auf molekularer Ebene zu verstehen, untersuchte Torsten Frosch zunächst gelöstes Hämatin und gelöstes Chloroquin getrennt und später in einem stöchiometrischen Gemisch und wendete auch dafür die Raman-Spektroskopie an. Erste erfolgreiche Tests konnten bereits auch an einzelnen Erythrozyten durchgeführt werden. Hierbei bekommt Torsten Frosch eine sehr nachhaltige Unterstützung durch die Arbeitsgruppe von Katja Becker-Brandenburg von der Universität Gießen, die für unsere Experimente speziell mit *Plasmodium falciparum* infizierte und mit Wirkstoff versetzte (abgetötete) Erythrozyten zur Verfügung stellt. Mit diesen Proben sind wir erstmals in der Lage neue Einblicke in die molekulare Entwicklung der Plasmodien als auch der Wirkweise von Anti-Malaria-Wirkstoffen zu erlangen. Ein typisches Raman-Image von mit *Plasmodium falciparum* infizierten Erythrozyten ist in Abb. 4.6 gegeben.

Die bisherigen Resultate bestätigen Ergebnisse aus der Magnetresonanz (NMR)-Spektroskopie, die darauf hinweisen, dass es zwischen Hämatin und Chloroquin nicht zu einer kovalenten chemischen Bindung kommt. Vielmehr lässt sich auf eine Blockierung der Polymerisation schließen.

Längerfristiges Ziel der Arbeiten ist es, diese Wechselwirkungen so gut zu verstehen, dass Naturstoffchemiker daraus Optimierungsstrategien für die Weiterentwicklung von Malariamedikamenten ableiten können.

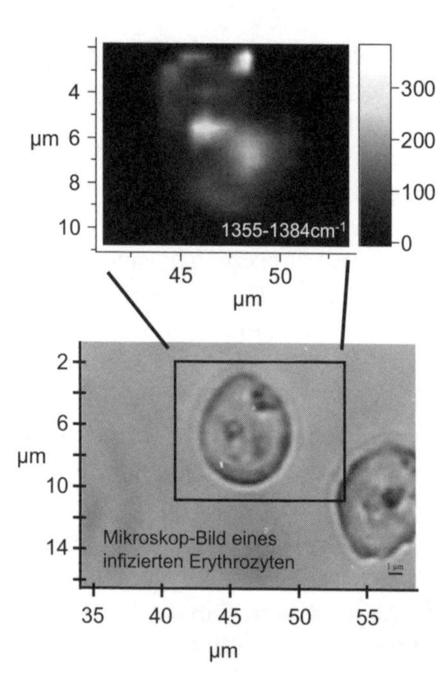

Abb. 4.6 Im unteren Teilbild ist eine Mikroskopieaufnahme von einzelnen Erythrozyten gezeigt, die mit *Plasmodium falciparum* infiziert sind. Im oberen Teilbild ist ein Raman-Image des eingerahmten Ausschnittes dargestellt. Für die Erstellung des Raman-Bildes wurde der Spektralbereich 1355 bis 1384 cm^{-1} verwendet. Dieser Spektralbereich enthält u. a. signifikante molekulare Informationen über das Malariapigment Hämozoin. Über diesen molekularen Raman-Fingerabdruck können somit die dunkelfarbenen Einschlüsse, die in der Mikroskopaufnahme sichtbar sind, dem Malariapigment Hämozoin zugeordnet werden.

5
Durchatmen!

Der Einsatz moderner bildgebender Verfahren verbessert die Pollenflugvorhersage erheblich. Millionen Allergiker können so teilweise auf Medikamente verzichten und gewinnen dadurch Lebensqualität.

Stellen Sie sich eine blühende Sommerwiese vor. Der Wind streicht über die Gräser, im satten Grün leuchten bunte Tupfen von Mohn- und Kornblumen. Am Rand stehen vielleicht ein paar Birken. Was löst dieses Bild bei Ihnen aus? Lust auf einen spontanen Ausflug in die freie Natur oder Gedanken an die Flucht in einen abgeschlossenen Raum? Wenn Letzteres der Fall ist, gehören Sie womöglich zu den rund zwölf Millionen Pollenallergikern in Deutschland, die beim Stichwort Frühling eher an Nasenspray und Augentropfen denken als an romantische Spaziergänge. Und wenn Sie selbst betroffen sind, wissen Sie vermutlich auch, dass eine Allergie nicht auf die leichte Schulter zu nehmen ist: Das Weißbuch »Allergie in Deutschland 2000« stellt fest, dass Allergien keine Bagatell-Erkrankungen sind, sondern vielmehr chronisch werden und sogar lebensbedrohliche Formen annehmen können. Aus einem harmlosen Heuschnupfen wird allzu oft ein schweres allergisches Asthma.

Der einzige Trost für Sie: Sie sind nicht allein. Rund 16 % der Deutschen treibt es Jahr für Jahr die Tränen in die Augen, wenn die Blütenpollen von Birke und Erle, Roggen oder Beifuß durch die Luft geweht werden. Die Gesamtzahl der Allergiker ist darüber hinaus erschreckend hoch: In Europa sind laut Weltgesundheitsorganisation WHO 80 Millionen Menschen über 16 Jahre Allergiker, bis zu einem Viertel davon hat Asthma. Und die Zahl der Allergiker und Asthmatiker steigt in den Industrieländern dramatisch an: Die Asthmarate ist nach WHO-Angaben bei Kindern von Mitte der 1970iger Jahre bis Mitte der 1990iger Jahre in dem meisten EU-Ländern um rund

Laser, Licht und Leben. Susanne Liedtke und Jürgen Popp

ISBN 3-527-40636-0

200 % gestiegen. Die Zahl der Asthma-Todesfälle liegt in Deutschland mittlerweile über der Zahl der Verkehrstoten.

Von einer Allergie spricht man, wenn das Immunsystem über sein Ziel hinausschießt, gefährliche Krankheitserreger zu bekämpfen. Dann reagiert es nämlich auch auf harmlose Fremdstoffe, wie eben Pollen, mit zum Teil heftigen Reaktionen: Lidschwellung und Bindehautentzündung, Schwellungen der Atemwege oder Fließschnupfen, Ekzeme auf der Haut oder auch Übelkeit und Durchfall können die Symptome von Allergien sein. Dabei kann prinzipiell jeder Stoff in unserer Umwelt Allergieauslöser, ein so genanntes Allergen, sein, vom Apfel bis zur Zwiebel, vom Angorafell bis zur Zahnpasta. Für rund 20.000 einzelne Substanzen ist nach vorsichtigen Schätzungen des Deutschen Allergie- und Asthmabundes inzwischen eine allergieauslösende Wirkung bekannt. Meistens handelt es sich um Proteine tierischer oder pflanzlicher Herkunft, neben Blütenpollen können die Verursacher Schimmelpilzsporen oder auf Tierhaaren sitzende Milben sein.

Die große Vielzahl möglicher Auslöser, die den Beschwerden – Schnupfen, Asthma, Hautausschlag, Übelkeit – gegenüberstehen, stellt die Mediziner bei der Diagnose allergischer Erkrankungen vor ein großes Problem. Da bedarf es aufwendiger Methoden und viel detektivischen Spürsinns. Nachdem der Arzt in der Anamnese die Lebensbedingungen des Patienten erfasst hat, zum Beispiel ob und welche Haustiere er hält, mit welchen Stoffen er beruflich zu tun hat, wie seine Ernährung aussieht, macht er einen so genannten »Prick-Test«. Diese Hauttests stellen das Fundament der Allergiediagnostik dar. Der Arzt ritzt die Haut an einigen Stellen an und bringt mögliche Allergene auf die Haut auf. Dann beobachtet er, wie der Patient reagiert. Zeigen sich Pusteln oder Quaddeln, liegt eine Allergie gegen den entsprechenden Auslöser vor. Ergänzt wird die Diagnose durch Bluttests, die die Reaktionsbereitschaft auf die identifizierten Allergene untersuchen, und Provokationstests. Hierbei wird der Patient direkt mit dem Allergen konfrontiert, indem ihm zum Beispiel das Milbenallergen in die Atemwege geblasen wird, wenn die vorhergehenden Tests eine Hausstaubmilbenallergie ergeben haben. Dies dient zur letzten Bestätigung der Diagnose.

Medikamente gegen Allergien können immer nur die Beschwerden mindern, also zum Beispiel die Augenentzündungen oder Schleimhautschwellungen in der Nase lindern, aber nicht die Ursachen bekämpfen. Im Mittelpunkt der Behandlung steht das Histamin, ein Botenstoff, der im Verlauf einer allergischen Antwort vermehrt freigesetzt wird und die Reaktionen des Körpers veranlasst. Die so genannten Antihistaminika unter den Allergiepräparaten wirken diesem Effekt entgegen und können so schon nach wenigen Minuten Erleichterung bei Niesattacken und Juckreiz verschaffen.

Auch die Gabe von Dinatriumcromoglycat blockiert die Histaminausschüttung, aber nicht im akuten Fall, sondern vorbeugend. Deshalb können sie nicht nur bei Bedarf eingenommen werden, wie die Antihistaminika, sondern müssen in der Heuschnupfensaison täglich geschluckt werden.

Kortison wird ebenfalls bei Allergien eingesetzt, um bleibende Folgen der ständigen Entzündungen zu verhindern, auch dieser Wirkstoff ist vorbeugend einzusetzen, zum Beispiel als Nasenspray oder Spray zur Inhalation bei Asthma.

Pollenallergie: Fenster zu!

Die beste und sicherste Therapie für Allergiker ist jedoch, wie der Deutsche Allergie- und Asthmabund betont, das Meiden des Kontakts mit dem Beschwerden verursachenden Allergen. Bei Nahrungsmitteln ist das relativ leicht zu bewerkstelligen, indem man seinen Speisezettel darauf abstimmt. Bei einer Pollenallergie ist das schon deutlich schwieriger. Pollen können kilometerweit durch die Luft fliegen, in den Haaren und auf der Kleidung trägt man sie auch in die Wohnung. Wenn der Heuschnupfen Sie plagt, wäre es am günstigsten, wenn Sie während der Blütezeit Ihres Auslösers in Klimazonen verreisen, in denen die Pflanzen früher oder später blüht oder am besten gar nicht vorkommt. Aber wer kann schon das gesamte Frühjahr im Hochgebirge oder auf einer Nordseeinsel verbringen?

Der Deutsche Allergie- und Asthmabund empfiehlt daher den Einbau von Pollenfiltern ins Auto, tägliches Staubsaugen mit speziellen Filtergeräten, um Pollenablagerungen auf Möbeln und Teppichen zu vermeiden, allabendliches Haarewaschen und das Entkleiden außerhalb des Schlafzimmers, um in der Nacht keine Pollen um sich herum zu haben. Und leider müssen Allergiker in den kritischen Zeiten des Jahres weitgehend hinter verschlossenen Fenstern leben. In ländlichen Gebieten sollte man nur abends zwischen 19 und 20 Uhr lüften, da dann die Pollenkonzentration am geringsten ist. In Städten dagegen muss man morgens lüften, denn hier sind zwischen 6 und 8 Uhr nur wenige Pollen in der Luft.

Auch während des Rest des Tages versuchen viele Heuschnupfengeplagte, ihre Lebensweise der aktuellen Pollenfluglage anzupassen. Dabei hilft ihnen die Pollenflugvorhersage, die der Deutsche Wetterdienst in Zusammenarbeit mit der Stiftung Deutscher Polleninformationsdienst seit 25 Jahren in den Tageszeitungen und anderen Medien anbietet.

Hinter diesem Service verbirgt sich ein erheblicher Aufwand: Die kurz- und mittelfristigen Wettervorhersagen werden analysiert und auch aktuelle botanische Daten zum Pflanzenwachstum fließen in die Prognose ein. Hauptaspekt der Vorhersage sind allerdings die an den gut 40 Stationen des Pollenmessnetzes täglich genommenen Luftstaubproben, die von geschultem Personal unter dem Mikroskop per Hand und Auge auf allergologisch relevante Pollenarten untersucht werden. So kommt es, dass man in der »aktuellen« Vorhersage immer nur die Daten vom Vortag angeben und außerdem nur zwischen sechs Blütenpollen (Hasel, Erle, Birke, Süßgräser, Roggen und Beifuß) unterscheiden kann.

Das ist ja durchaus akzeptabel, mögen Sie jetzt einwenden, aber man darf nicht vergessen, dass die Allergie für die Betroffenen eine erhebliche Einschränkung ihrer Lebensqualität bedeutet. Aber nicht nur das: Auch die Volkswirtschaft erleidet erhebliche Verluste, betont Wolfgang Kusch, Vize-Präsident des Deutschen Wetterdienstes. Die Leistungsfähigkeit von Allergiepatienten ist stark eingeschränkt. Nach Angaben des EU-Forschungsnetzes sind Asthma und schlechte Luftbedingungen für jeden fünften Krankentag in Wirtschaft und Verwaltung verantwortlich, Allergien sind darüber hinaus der häufigste anerkannte Grund für eine Berufskrankheit.

Wegen der Nebenwirkungen versuchen viele Betroffene, ohne Medikamente auszukommen und statt dessen ihre Lebensweise an die Pollenfluglage anzupassen, heikle Tageszeiten also zum Beispiel nicht im Freien zu verbringen. Deshalb, so Kusch, sind gerade Pollenallergiker auf gute und rechtzeitige Informationen angewiesen, die auch zwischen den verschiedenen Pollenarten unterscheidet. Wer bei Birke und Erle Niesanfälle kriegt, kann trotz Roggenpollen frei aufatmen – ein pauschales »es sind Pollen unterwegs« nutzt also nicht sehr viel.

Pollen in drei Dimensionen

Seit einiger Zeit setzen deshalb auch die Experten des Deutschen Wetterdienstes auf das Licht. In Zusammenarbeit mit den Fraunhofer-Instituten für Physikalische Messtechnik und Toxikologie und experimentelle Medizin, dem Lehrstuhl für Mustererkennung und Bildverarbeitung der Universität Freiburg und verschiedenen Firmen haben sie ein neuartiges Gerät entwickelt, das schnellere und ortsgenauere Pollenflugvorhersagen als die bisherigen Systeme liefern kann (abb. 5.1).

Herzstück des Pollenmonitors ist ein Laser-Scanning-Mikroskop, das ein dreidimensionales Bild von den Pollen liefert. Diese werden eingesammelt, indem das Gerät eine definierte Luftmenge ansaugt. Aus dem Luftstrom werden die Pollen dann auf eine Sammelfläche gelenkt und dort abgeschieden. In dieser Form sind sie allerdings nicht zu identifizieren. Pollen trocknen nämlich an der Luft aus – ein Trick der Natur, der sie leicht und widerstandsfähig macht. Für die dreidimensionale Bestimmung muss den Pollen im Monitor erst wieder Wasser zugeführt werden, das sie prall und rund macht.

Jetzt erfolgt der eigentliche Erkennungsschritt durch die mikroskopische Optik und die anschließende Bildverarbeitung. Zunächst muss man ja feststellen, ob es sich bei den eingefangenen Partikeln um Pollen oder um Staub oder sonstige Teilchen handelt. Dabei nutzen die Wissenschaftler des Verbandes OMNIBUSS die Tatsache aus, dass nur organisches Material fluoresziert, wenn man sie in violettem oder ultraviolettem Licht betrachtet. Die Pollen leuchten dann grün. Um die dreidimensionale Struktur erfassen zu können, nimmt das Gerät ganze Bildstapel auf. Dann beginnt der Mustererkennungsprozess, der im Wesentlichen in drei Schritten abläuft: Zunächst wird ein Bereich gesucht, der nur ein Partikel enthält. Anschließend werden die Merkmale des entsprechenden Pollens berechnet und schließlich werden diese Merkmale einer Pollenart zugeordnet. Auf diese Weise können die allergologisch relevanten Pollen mit fast hundertprozentiger Genauigkeit richtig identifiziert werden.

Dreidimensionale bildgebende Sensoren, wie sie bei dem Pollenmonitor verwendet werden, gewinnen zunehmend an Bedeutung in Biologie und Medizin, zum Beispiel in den verschiedenen Tomographieverfahren. Das im Rahmen der Entwicklung des Pollenmonitors erarbeitete Verfahren zur Klassifikation von dreidimensionalen biolo-

Abb. 5.1 (A) Gräserpollen haben eine Größe von 10–50 µm. Da Gräser Windblütler sind, liegen zu bestimmten Zeiten hohe Konzentrationen an Pollen in der Luft vor. Für Pollenallergiker ist es wichtig, möglichst umfangreich über die vorliegenden Pollenarten und Pollenkonzentrationen informiert zu sein. (B) Der neuartige Pollenmonitor vereint alle Arbeitsschritte von der Probennahme bis zur Auswertung in einem Gerät.

gischen Strukturen füllt nach Ansicht von Hans Burkhardt, dem Inhaber des Lehrstuhls für Mustererkennung und Bildverarbeitung der Universität Freiburg, eine Lücke: Bedarf für solche Klassifikation sieht er in der Biologie zum Beispiel bei 3D-Genexpressionsanalysen, in der Medizin bei der Zell- und Zellkernanalyse und in der Mikroskopie bei der Bestimmung von Materialmorphologien.

6
Licht an im Ersatzteillager

Ob Transplantation oder Tissue Engineering: Die Biophotonik trägt zu besseren Heilungschancen nach dem Austausch von Geweben oder Organen bei.

Haben Sie einen Organspendeausweis? Die Frage ist Ihnen unangenehm? Mit dieser Empfindung sind Sie nicht allein. Laut Umfragen der Deutschen Stiftung Organtransplantation sind nur sieben von zehn Bürgern bereit, Organe zu spenden, ein Organ annehmen würde aber nahezu jeder. Viele Menschen haben nach wie vor Probleme damit, ihren Willen, Organe zu spenden, schriftlich niederzulegen. Sie scheuen den Gedanken an den eigenen Tod, haben vielleicht die Befürchtung, nicht optimal versorgt zu werden, weil Mediziner auf die Organe »lauern« könnten, oder haben, vielleicht aus religiösen Gründen, ein Problem damit, dass ihr Körper nicht als Ganzes begraben wird.

Fakt ist: Der Bedarf an Spenderorganen ist groß. Dies wird deutlich, wenn man sich die aktuellen Zahlen der Deutschen Stiftung Organtransplantation anschaut: Im Jahr 2004 haben die Deutschen insgesamt 4061 Organe gespendet. Das sind immerhin 700 mehr als 1995 gespendet wurden. Doch ein Blick auf die Wartelisten offenbart, dass dies nur ein Tropfen auf den heißen Stein ist: Rund 11.500 Menschen warten derzeit in Deutschland auf die lebensrettende Möglichkeit einer Transplantation, die meisten davon, rund 10.000, auf eine Niere. Sie können die Wartezeit mit einer Dialysebehandlung überbrücken. Viele Anwärter auf ein neues Herz oder eine neue Lunge dagegen verschwinden wieder von der Liste, weil ihr schlechter Allgemeinzustand eine Transplantation nicht mehr zulässt oder, auch das traurige Realität, weil sie sterben, bevor ein geeignetes Organ für sie gefunden ist. Wollte man verhindern, dass Patienten während dieser Zeit sterben und die Warteliste für Nierentransplantationen abbauen,

Laser, Licht und Leben. Susanne Liedtke und Jürgen Popp

ISBN 3-527-40636-0

bräuchten wir allein in Deutschland pro Jahr 8300 Organe. Also mehr als doppelt so viele wie derzeit gespendet werden.

Wie nun diese Lücke schließen? Auf mehr Spendebereitschaft zu hoffen, scheint wenig aussichtsreich. Zwar ist im ersten Halbjahr 2005 die Zahl der Spender im Vergleich zum Vorjahr leicht gestiegen (von 530 auf 610), aber die Bereitschaft der Angehörigen, einer Organsspende zuzustimmen, wenn der Verstorbene sich zu Lebzeiten nicht festgelegt hatte, ist im gleichen Zeitraum gesunken.

In diesem Kapitel wollen wir uns nun damit beschäftigen, inwieweit die Biophotonik dazu beitragen kann, die Situation zu entschärfen. Zum einen bieten uns optische Technologien unter dem Stichwort »Telepathologie« die Möglicheit, den Erfolg von Organtransplantationen zu erhöhen, indem sie eine bessere Qualitäts- und Verlaufskontrolle auch über weite Entfernungen garantieren. Zum anderen erlauben spezielle Mikroskopiesysteme ganz neue Ansätze bei der Zucht von »Ersatzteilen«, wie zum Beispiel Knorpelgewebe, im Labor.

Optimale Nachsorge – egal, wo Sie wohnen

Wenden wir uns zunächst der Telepathologie zu. In Deutschland gibt es heute rund 45 Transplantationszentren – eine ganze Menge, aber nicht genug, um eine flächendeckende Versorgung auch in der Vor- und Nachsorge von Organverpflanzungen zu garantieren. Beides ist wichtig, denn der Erfolg einer Transplantation hängt entscheidend davon ab, dass die Gewebemerkmale zwischen Spender und Empfänger möglichst ähnlich sind und – falls es doch zu Abstoßungsreaktionen kommen sollte – schnell eingegriffen werden kann. Vor jeder Herz- oder Nierenverpflanzung werden deshalb Gewebeproben des Spenderorgans mit solchen des Empfängers verglichen. Eine Beurteilung erfordert viel Erfahrung und wird deshalb nur von speziell ausgebildeten Pathologen in den Transplantations-Spezialkliniken vorgenommen. Die Übertragung eines Organs auf einen Patienten ist aber immer ein Wettlauf mit der Zeit: Während also Lunge oder Leber schon unterwegs zum Patienten sind, werden die Gewebeproben noch in den Spezialkliniken geprüft. Ist dann bei der OP alles glatt gegangen, muss auch der weitere Verlauf von Spezialisten überwacht werden. Dazu müssen sich die Patienten zeitlebens in regelmäßigen

Abständen wieder in die Transplantationszentren begeben, was natürlich gerade in der Anfangsphase für jemanden nach einem solch schwerwiegenden Eingriff eine große Belastung ist. Frei nach dem Motto »wenn der Prophet nicht zum Berg kommt, muss der Berg zum Propheten kommen«, wäre es viel einfacher, wenn der Spezialist die Proben jedes einzelnen Patienten vor Ort auf Anzeichen von Abstoßungsreaktionen untersuchen könnte. Da aber Pathologen nicht gerade ein fahrendes Völkchen sind, hat die Biophotonik hier eine andere Lösung gesucht: die Telepathologie. Mit ihrer Hilfe können Ärzte digitalisierte Patientendaten, Gewebeproben und -schnitte untereinander austauschen und jeder Mediziner untersucht sie so, als hätte er sie selbst unter dem Mikroskop. Das funktioniert innerhalb einer Stadt genauso gut wie über Kontinente hinweg – ein großer Vorteil für die Versorgung von Patienten in unzugänglichen oder medizinisch wenig entwickelten Gebieten.

Wo Tod und Leben dicht beieinander liegen

Der Weg von der Organspende zur Transplantation ist lang und wird von der Deutschen Gesellschaft für Organtransplantation folgendermaßen beschrieben: Er beginnt, wenn in der Intensivstation eines Krankenhauses ein Patient an einer Hirnschädigung gestorben ist und die Ärzte ihn als möglichen Spender der Deutschen Stiftung Organstransplantation (DSO) melden. Bevor jedoch einem anderen Patienten die gute Nachricht »Wir haben ein Organ für Sie« übermittelt werden kann, sind bereits viele Stunden vergangen, wurde schwierige persönliche und medizinische Entscheidungen getroffen.

Zunächst muss im Krankenhaus – unabhängig von einer Organspende – der Hirntod nach den Richtlinien der Bundesärztekammer durch zwei erfahrene, unabhängige Ärzte festgestellt werden. Erst dann tritt die DSO in Aktion.

In den sieben deutschen Spenderegionen sind die Organisationszentralen der DSO rund um die Uhr besetzt, um Spendermeldungen aus umliegenden Krankenhäusern entgegenzunehmen. Zunächst ist die Frage zu klären, ob es eine Zustimmung zu einer Organentnahme gibt: Hat der Verstorbene zu Lebzeiten eine Erklärung dazu abgegeben? Falls dies nicht der Fall ist, entscheiden die Angehörigen. Dabei orientieren sie sich an dem mutmaßlichen Willen des Verstorbenen. Können die Angehörigen nicht ermittelt oder erreicht werden und liegt keine Willenserklärung des Verstorbenen vor, ist eine Organspende nicht möglich.

Bei einem Ja zur Organspende übernimmt ein Koordinator der DSO zusammen mit dem behandelnden Arzt und den Pflegekräften auf der Intensivstation die medizinische Betreuung des Spenders. Bis zur Organentnahme wird das Herz-Kreislauf-System des Hirntoten künstlich – durch Beatmung und Medikamente – aufrechterhalten. Nur so bleiben die Organe für eine Transplantation funktionstüchtig.

Gleichzeitig leitet der Koordinator eine Vielzahl von Untersuchungen ein. Er prüft die Organe auf mögliche Schäden und veranlasst virologische Tests, um die Organempfänger vor Risiken zu schützen. Die Bestimmung der Blutgruppe und der Gewebemerkmale des Spenders sind wichtige Daten für die Suche nach den passenden Empfängern.

Die vorliegenden Daten werden an Eurotransplant in Leiden, die zentrale Organvermittlungsstelle für Deutschland, die Beneluxstaaten, Österreich und Slowenien gemeldet. Eurotransplant sucht nach von der Bundesärztekammer erstellten Regeln die geeigneten Empfänger aus und benachrichtigt die Transplantationszentren.

Stehen die Empfänger fest, erarbeitet der DSO-Koordinator einen Zeitplan für die Explantation. Bei einer Mehrorganentnahme sind mehrere Ärzteteams beteiligt, deren Einsatz zeitlich genau aufeinander abgestimmt sein muss. Welche Organe des Spenders zur Übertragung geeignet sind, entscheiden definitiv erst die Chirurgen während der Entnahmeoperation. Fällt ihr Votum positiv aus, erhalten die entsprechenden Transplantationszentren grünes Licht, um die Empfänger auf die Organübertragung vorzubereiten.

Dann ist Schnelligkeit angesagt. Herz und Lunge können ohne Blutversorgung nur wenige Stunden in einer Konservierungslösung überleben. Bei Nieren und in geringerem Umfang auch bei Lebern besteht ein größerer zeitlicher Spielraum. Aber auch hier gilt: Je schneller ein Organ transplantiert wird, desto besser sind auch seine Überlebenschancen.

Während die Organe unterwegs zum neuen »Besitzer« sind, verschließt der Entnahmechirurg die Wunden und stellt die äußere Integrität des Verstorbenen her. Der Leichnam kann aufgebahrt werden, die Bestattung ohne nennenswerte Verzögerung stattfinden. Der würdevoll Umgang mit dem Verstorbenen und der Respekt vor den trauernden Angehörigen bleiben in jeder Phase oberstes Gebot.

Der Koordinator der DSO bedankt sich in einem Brief bei den Angehörigen. Er würdigt ihre Zustimmung zu der Entnahme und teilt mit, welche Organe transplantiert werden konnten. Die Empfänger bleiben jedoch für die Familie des Organsspenders anonym.

Ein Verfahren der Telepathologie ist das ferngesteuerte Mikroskop: Es besteht aus zwei Komponenten, die räumlich beliebig weit voneinander entfernt sein können, solange sie durch eine ISDN-Verbindung miteinander in Kontakt stehen. An einem klinischen Arbeitsplatz wird die Probe unter ein motorisiertes Mikroskop gelegt, das der Pathologe von seinem Fernarbeitsplatz aus steuern kann. An das Mikroskop ist eine Kamera angeschlossen, deren Bild bei ihm auf einem Monitor erscheint. Diese Methode birgt jedoch einige Nachteile: Am klinischen Arbeitsplatz muss immer eine Person präsent sein, um Proben aufzulegen und zu wechseln und die nichtmotorisierten Mikroskopkomponenten zu bedienen. Die Fernsteuerung des Mikroskops kostet Übertragungskapazität und die Erstellung komplexer

Befunde ist nur mit Einschränkungen möglich. Deshalb wird das ferngesteuerte Mikroskop heute meist nur verwendet, wenn ein Arzt bereits ausgewählte Proben mit Kollegen diskutieren will, um seine Diagnose abzusichern (Abb. 6.1).

Einen anderen Ansatz verfolgt das Projekt ODMS (*O*kularloses *D*igitales *M*ikroskopie-*S*ystem), das zum Ziel hat, die diagnostische Begutachtung von Gewebeproben über große räumliche Entfernungen überall auf der Welt zu ermöglichen, ohne dabei Kompromisse in Bezug auf die Bildqualität oder die Beurteilungszeit eingehen zu müssen. Das bereits existierende Funktionsmuster des ODMS, das die Firmen Zeiss und Schering zusammen mit dem EMBL-Forschungsinstitut in Heidelberg und der Pathologie der Universität München entwickelt haben, erzeugt aus Gewebeschnitten virtuelle mikroskopische Präparate, die an jedem beliebigen Ort begutachtet werden können.

Mit dieser Technologie wird es in Zukunft möglich sein, in jedem Krankenhaus, das mikroskopische Schnitte herstellen kann, zeitnah eine Expertenmeinung aus einem spezialisierten Zentrum, also zum Beispiel einem Transplantationszentrum, einzuholen. Dem Patienten erspart das lange Anfahrtswege und Wartezeiten bei den regelmäßigen Kontrollen des übertragenen Organs. Neben einer Verbesserung

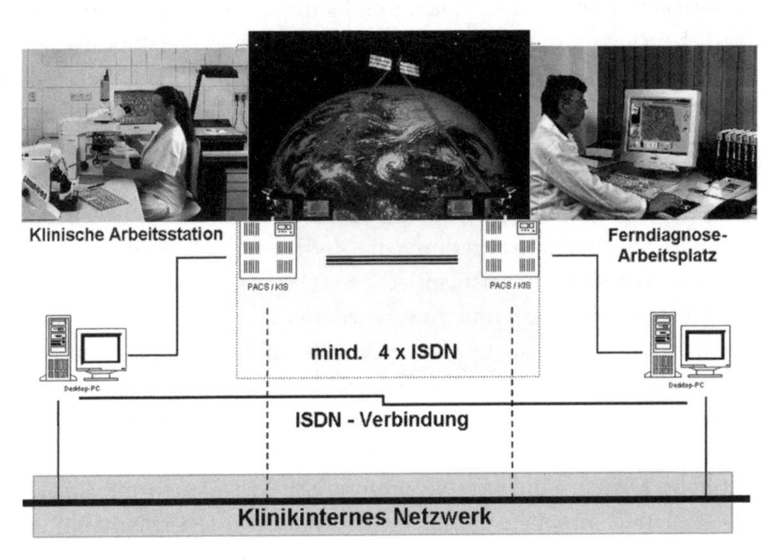

Abb. 6.1 Telepathologie. Aufbau eines heutigen Telepathologiesystems aus klinischem und Ferndiagnose-Arbeitsplatz. Die Fernsteuerung des motorisierten Mikroskops erfolgt über ISDN-Datenleitungen.

der Lebensqualität für die Betroffenen wird so auch eine nicht zu unterschätzende Reduzierung der Kosten für das Gesundheitssystem erreicht.

Neben diesen Vorteilen bietet das ODMS aber auch noch weitere neue Möglichkeiten: So kann es zum Beispiel den Unterricht von Medizinstudenten und die Fortbildung von Ärzten noch anschaulicher machen.

Mit eigenen Geweben schneller gesund

Wie wir zu Beginn des Kapitels beschrieben haben, lösen größere Erfolge von Organtransplantationen die Probleme in diesem Bereich nicht, da schlicht zu wenig Spender bereit sind, ihre Organe zur Verfügung zu stellen. Einen möglichen Ausweg weist hier das »Tissue-Engineering«, wie die Kultivierung von Geweben im Labor genannt wird. Offiziell wurde diese relativ neue wissenschaftliche Disziplin, die als Weiterentwicklung der Transplantationsmedizin gesehen werden kann, auf einer Konferenz der amerikanischen National Science Foundation 1988 folgendermaßen definiert: Tissue-Engineering ist die »Anwendung von Prinzipien und Methoden der Ingenieurs- und der Lebenswissenschaften, um ein fundamentales Verständnis der Struktur-Funktions-Beziehungen in normalem und krankhaftem Gewebe zu erhalten, sowie die Entwicklung biologischer Ersatzteile, um die Gewebefunktionen zu erhalten, wiederherzustellen oder zu verbessern.«

Zellbiologen, Bioingenieure und Chirurgen arbeiten dazu eng zusammen. Sie sind motiviert durch die Hoffnung der Patienten auf ein besseres Angebot an transplantierbaren Organen, das den bevorstehenden Tod verhindern und ihnen wieder ein lebenswertes Leben ermöglichen kann. Doch steht – wie fast überall in der modernen Medizin – nicht nur das gesundheitliche Wohl der Menschen im Vordergrund, sondern auch die wirtschaftliche Komponente: Gewebe- und Organschäden verursachen lange Krankenhausaufenthalte und damit hohe Kosten. Eine gute Versorgung der Betroffenen mit Ersatzgeweben und -organen könnte helfen, diese Kosten nachhaltig zu senken.

Die großen Vorteile liegen auf der Hand: Das Tissue-Engineering nutzt wo möglich das Gewebe des betroffenen Patienten selbst. Man bezeichnet die Übertragung solcher Zellen, Gewebe und Organe als »autolog«, im Gegensatz zur allogenen Organtransplantation, also der Übertragung von Mensch zu Mensch, und der xenogenen Transplantation, bei der Organe tierischen Ursprungs übertragen werden. Die autologe Transplantation ruft keine immunologischen Abstoßungsreaktionen hervor. Um zu verstehen, welche Erleichterung das für die Patienten bringen würde, muss man sich deren Sitution genau anschauen. Die Zahl der akuten Abstoßungen eines neuen Organs konnte die Medizin zwar durch die Entwicklung hochwirksamer Arzneimittel, die das Immunsystem unterdrücken, drastisch senken und damit die Überlebenszeit vieler Patienten verlängern. Doch müssen die Betroffenen nach einer Organtransplantation lebenslang die Immunsuppressiva einnehmen, um eine Abstoßung des fremden Organs durch das körpereigene Immunsystem dauerhaft zu verhindern.

Dennoch kommt es immer wieder zum Verlust des lang ersehnten neuen Organs. Rund 30 bis 40 % dieser Verluste entstehen trotz aller Medikamente durch chronische Abstoßung, die restlichen 10 bis 20 % durch akute Abstoßung. Und die Dauereinnahme kann zudem bedrohliche Folgen haben: Transplantierte, immunsupprimierte Patienten erkranken im Vergleich zur Normalbevölkerung wesentlich häufiger an Krebs. Nach Daten des holländischen Krebsregisters erkranken 40 bis 45 % der Patienten innerhalb von 20 Jahren nach der Operation an einem Tumor. Diese Zahl wird für ganz Europa mit 35 bis 50 % angegeben. Die Universitätsklinik für Chirurgie in München-Großhadern berichtet in einer Untersuchung an 2100 Nierentransplantierten, dass man bei jedem Vierten innerhalb von zehn Jahren solide Tumoren entdeckt habe. Dabei dominieren viral, zum Beispiel durch Papilloma- oder Herpesviren, bedingte Krebsarten, da Viren sich bei geschwächter Immunabwehr besser entwickeln können.

All das könnte nun die Verwendung eigenen Gewebes den Patienten ersparen. Am weitesten fortgeschritten ist das Tissue-Engineering bei der Herstellung von Hautgewebe für Patienten mit schweren Verbrennungen. Aber auch Knorpeltransplantate, die bei notwendigen Operationen im Hals-, Nasen-, Ohrenbereich eingesetzt werden können oder bei Verletzungen der Kniegelenke stehen heute schon zur Verfügung.

Und damit sind wir mal wieder bei einem Projekt aus dem Bereich der Biophotonik.

Züchtung unter optischer Kontrolle

Im Verbundprojekt MeMo entwickeln vier Partner – die Universität Bielefeld, die Firmen LaVision BioTec und Verigen sowie das Institut für Bioprozess- und Analysenmesstechnik eV (iba) in Heiligenstadt – ein laseroptisches Messsystem, das einen Bioreaktor mit einem sehr speziellen hochauflösenden Laserrastermikroskop kombiniert. Diese Methode ermöglicht die Beobachtung und qualitative Begutachtung von neuen Kultivierungs- und Züchtungsmethoden im Bereich des Tissue-Engineering, vor allem im Bereich der Knorpeldefekte. Ziel ist es, dass in Zukunft nur noch optimal funktionsfähige Zellen für ein Implantat verwendet werden. Dies würde natürlich nicht nur dem Patienten enorme Vorteile bringen, sondern ist ein weiteres Beispiel dafür, wie optische Technologien in der Medizin Kosten sparen können.

Um das Verfahren genauer verstehen zu können, müssen wir uns kurz mit unseren Gelenkknorpeln beschäftigen: Die zueinander in Kontakt stehenden, gelenkbildenden Knochenflächen des Kniegelenks sind von einer weißen, matt-glasigen Schicht überzogen. Man nennt diese Schicht den »hyalinen Gelenkknorpel«. Seine Oberfläche ist sehr glatt, so dass ein praktisch reibungsfreier Bewegungsablauf ermöglicht wird. An dieser Stelle können wir über die Effizienz der Natur mal wieder nur staunen. Der Gelenkknorpel ist nur zwei bis fünf Millimeter dick, aber seine Reißfestigkeit und Druckelastizität sind enorm. Der Knorpel kann Belastungskräfte aushalten, die mehr als dem fünf- bis siebenfachen des Körpergewichtes entsprechen. Im Aufbau des hyalinen Knorpels unterscheidet man die eigentlichen Knorpelzellen, auch Chondrozyten genannt, und die Knorpelmatrix, die die Knorpelzellen umgibt. Obwohl die Chondrozyten den einzigen lebenden Bestandteil des Knorpels darstellen, machen sie nur ca. 1 % des Gewebes aus. Es ist die komplex strukturierte Matrix, die die Zugfestigkeit und Kompressionsfähigkeit des Knorpels gewährleistet. Blutgefäße oder Nervenfasern gibt es im Knorpel selbst nicht. Er wird durch Diffusion von Nährstoffen aus der Gelenkflüssigkeit ernährt.

Die Knorpelmatrix wird von den Chondrozyten gebildet. Ihr steter Auf- und Abbau bewahrt einen gesunden Zustand. Dieses Gleichgewicht kann aber durch Fehlstellungen oder Veränderungen im Hormonhaushalt zugunsten des Abbaus verschoben werden und dieser kontinuierliche Verlust von Knorpelsubstanz führt schließlich zur Arthrose.

Das Tissue-Engineering bietet nun die Möglichkeit, neue patienteneigene Knorpelzellen in Kultur zu vermehren und in das geschädigte Gelenk zu reimplantieren (Abb. 6.2). Das kann im Idealfall zur weitestgehenden Wiederherstellung des Gelenkknorpels führen, da die »neuen« Zellen wieder vermehrt Knorpelmatrix produzieren können.

Um ein optimales Ergebnis zu erhalten, ist eine genaue Überwachung des gesamten Kultivierungsvorganges erforderlich. Hier kommt das MeMo-Verfahren ins Spiel: Es soll die berührungslose und damit zerstörungsfreie Bestimmung der komplizierten Wechselwirkungen innerhalb des Biosystems Knorpel erlauben. Dazu ist eine hohe dreidimensionale Auflösung erforderlich, wie sie heute nur die konfokale Mikroskopie und die Zwei-Photonen-Laserrastermikroskopie ermöglichen. Während die konfokale Mikroskopie nicht zur Darstellung der Zellkulturen geeignet ist, da diese zu stark streuen, kann die Zwei-Photonen-Mikroskopie hier Anwendung finden. Sie bietet aufgrund der langen Anregungswellenlängen im nahen Infrarot-Bereich eine dreidimensionale Abbildung und eine geringe Streuung und Absorption im Gewebe. Um die Wechselwirkungen im Gewebe auch zeitlich auflösen zu können, verwenden die Partner des Projektes MeMo ein weltweit patentiertes Verfahren: die gleichzeitige Rasterung mehrerer Laserstrahlen über die Probe.

Eine Ausweitung dieser Technologie ist nicht nur auf andere Knorpelimplantate wie zum Beispiel Schulter- und Sprunggelenke möglich, sondern auch auf andere Bereiche des Tissue-Engineering, wie die Herstellung künstlicher Haut.

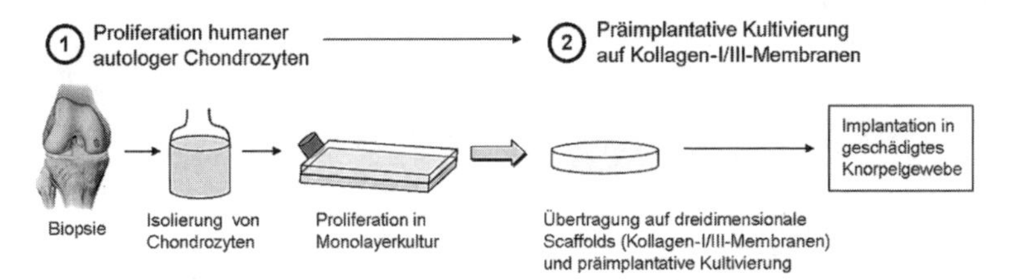

Abb. 6.2 Ersatz von Knorpelgewebe. Arthroskopisch wird eine kleine Knorpelprobe aus dem Knie entnommen. Die darin enthaltenen Zellen werden über drei bis vier Wochen im Labor gezüchtet und auf eine Kollagenmembran aufgebracht. Nach dem Einsetzen in das kranke Knie wandern die Zellen innerhalb weniger Tage in die defekten Stellen ein und bilden dort eine neue Knorpelmatrix aus. Die Kollagenmembran wird vom Körper abgebaut. (Mit freundlicher Genehmigung der Arbeitsgruppe MeMo.)

Literatur

Kapitel 1: Am Anfang war das Licht

Perkowitz, Sidney: *„Eine kurze Geschichte des Lichts“*, dtv (1998)

Zajonc, Arthur: *„Die gemeinsame Geschichte von Licht und Bewusstsein“*, Rowohlt, Reinbek (1994)

Walther, Thomas: *„Was ist Licht?“*, C.H.Beck (2004)

Morsch, Oliver: *„Licht und Materie“*, Wiley-VCH (2003)

Prasad, Para N: *„Introduction to Biophotonics“*, Wiley Interscience (2003)

Fischer, Peter: *„Licht und Leben. Ein Bericht über Max Delbrück, den Wegbereiter der Molekularbiologie“*, Universitätsverlag Konstanz (1985)

Kleinig, Hans und **Peter Sitte**: *„Zellbiologie. Ein Lehrbuch“, Spektrum Akademischer Verlag* (1999)

Plattner, Helmut und **Joachim Hentschel**: *„Zellbiologie“*, Thieme, Stuttgart (2002)

Metzner, Helmut: *„Vom Chaos zum Bios – Gedanken zum Phänomen Leben“*, Hirzel, Stuttgart (2000)

Sitte, Peter: *„Horizonte der Biologie“*, Wiley-VCH (1993)

Rheinberger, Hans-Jörg: *„Kurze Geschichte der Molekularbiologie“*, in: **Jahn, Ilse** *„Geschichte der Biologie“*, Nikol Verlagsges. (2004)

Maddox, John R.: *„Was zu entdecken bleibt – Über die Geheimnisse des Universums, den Ursprung des Lebens und die Zukunft der Menschheit“*, Suhrkamp (2002)

Internet-Tipp:

Michael W. Davidson and The Florida State University: *„Exploring the world of optics and microscopy“*, *http://micro.magnet.fsu.edu/primer/*

Kapitel 2: Das Unsichtbare sichtbar machen

Müller, Hans-Joachim und **Thomas Röder**: *„Microarrays“*, Spektrum Akademischer Verlag (2004)

Kapitel 3: Mehr Klarheit in der Krebsdiagnostik

Varmos, Harold und **Robert A. Weinberg**: *„Gene und Krebs. Biologische Wurzeln der Tumorentstehung“*, Spektrum Akademischer Verlag., Heidelberg (2000)

Laser, Licht und Leben. Susanne Liedtke und Jürgen Popp

ISBN 3-527-40636-0

Internet-Tipps:

Deutsche Krebshilfe:
http://www.krebshilfe.de

Deutsche Krebsgesellschaft:
http://www.krebsgesellschaft.de

Kapitel 4: Kampf gegen den unsichtbaren Feind

Winkle, Stefan: *„Geißeln der Menschheit"*, Winkler, Düsseldorf (2002)

Internet-Tipps:

Initiative Zündstoff-Antibiotika-Resistenz: *http://zuendstoff-antibiotika-resistenz.de*

Weltgesundheitsorganisation (WHO)
http://www.who.int/en/

Kapitel 5: Durchatmen!

Internet-Tipp:

Deutscher Allergie- und Asthma-Bund:
http://www.daab.de/index.php

Kapitel 6: Kampf gegen den unsichtbaren Feind

„VDI Technologie-Analyse Nanobiotechnologie II: Anwendungen in der Medizin und Pharmazie", 8. Tissue Engineering 2004 (VDI-Verlag)

Internet-Tipp:

Deutsche Stiftung Organtransplantation: *http://www.dso.de*

Register

Laser, Licht und Leben. Susanne Liedtke und Jürgen Popp

ISBN 3-527-40636-0